湖南省教育科学"十三五"规划立项

湖南省精品在线开放课程配套教材

U0185153

信息技术基础
（医学类）

XINXI JISHU JICHU（YIXUELEI）

主　编　刘艳松

副主编　齐惠颖　曹振丽

新形态
教材

中国教育出版传媒集团

高等教育出版社·北京

内容提要

本书立足高等职业院校学生的认知特点,将计算机基础知识与医药行业实际岗位能力要求相融合,旨在全面提高医药行业从业人员的信息素养及信息技能。

本书力求理论联系实际,深入浅出、通俗易懂,主要内容包括:医学信息基础、操作系统、网络医学信息、WPS 文字、WPS 表格、WPS演示、软件工程基础、数据库基础、医学信息学概论、医院信息系统、社区卫生服务信息管理系统、远程医疗管理系统。

本书既可作为医学类高等职业院校的教材,也可作为卫生保健机构和从事相关工作人员的参考用书。

图书在版编目(CIP)数据

信息技术基础:医学类/刘艳松主编.—北京:
高等教育出版社,2023.9
ISBN 978 - 7 - 04 - 061066 - 6

Ⅰ.①信…　Ⅱ.①刘…　Ⅲ.①电子计算机-高等职业教育-教材　Ⅳ.①TP3

中国国家版本馆 CIP 数据核字(2023)第 162376 号

| 策划编辑 | 张尕琳 | 责任编辑 | 张尕琳 | 万宝春 | 封面设计 | 张文豪 | 责任印制 | 高忠富 |

出版发行	高等教育出版社	网　址	http://www.hep.edu.cn
社　址	北京市西城区德外大街 4 号		http://www.hep.com.cn
邮政编码	100120	网上订购	http://www.hepmall.com.cn
印　刷	江苏德埔印务有限公司		http://www.hepmall.com
开　本	787 mm×1092 mm　1/16		http://www.hepmall.cn
印　张	20.75		
字　数	531 千字	版　次	2023 年 9 月第 1 版
购书热线	010 - 58581118	印　次	2023 年 9 月第 1 次印刷
咨询电话	400 - 810 - 0598	定　价	49.50 元

本书编委会

配套学习资源及教学服务指南

二维码链接资源

本书配套教学视频、拓展阅读、素材等学习资源，在书中以二维码链接形式呈现。手机扫描书中的二维码进行查看，随时随地获取学习内容，享受学习新体验。

打开书中附有二维码的页面　　　　**扫描二维码**　　　　**查看相应资源**

教师教学资源索取

本书配有课程相关的教学资源，例如，教学课件、应用案例等。选用教材的教师，可扫描以下二维码，关注微信公众号"高职智能制造教学研究"，点击"教学服务"中的"资源下载"，或电脑端访问地址（101.35.126.6），注册认证后下载相关资源。

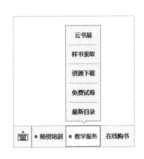

★如您有任何问题，可加入工科类教学研究中心QQ群：243777153。

前　言

Preface

随着现代科技高速发展，信息技术越来越成熟，医药行业信息化的探索越来越深入，智能化应用已经渗透到医院、社区卫生服务中心等各级医疗机构，涉及医疗运行管理和质量控制等方方面面。

医院信息化通过现代信息、网络和自动化控制技术，实现在线预约挂号、自助缴费、信息查询、报告推送、用药指导、院内导航、健康宣教等各类相关医疗服务，并结合医疗运行管理和质量控制方法，有效改善医疗服务质量、提高医院运营效率、降低医院运行成本、避免社会医疗资源浪费。由此可见，医院信息化工作涉及面广、专业技术性强、对人员素质要求高。为满足卫生服务需要，适应新形势下的就业需求，当前医学院校必须注重提升医学生信息技术的认识和能力，培养既懂专业，又熟悉医院业务、诊疗流程的综合型人才，全面提高医护人员的信息技术知识与技能水平，从而全面改善各级医疗机构的服务能力和水平，更好地为人民服务。

本书是湖南省教育科学"十三五"规划立项课题（项目编号：XJK016CXX007）的研究成果之一，是湖南省精品在线开放课程以及校级课程思政示范课程"医用计算机基础"的配套教学用书。本书编写本着"以医药行业为依托、职业需求为导向、任务驱动为主线、够用为度"的原则，将教学内容划分为 12 章。其中第 1～8 章以教育部发布的《高等职业教育专科信息技术课程标准（2021 年版）》为指导，培养医学生基本的办公自动化能力；第 9～12 章以医院信息系统、社区卫生服务信息管理系统等为重点，针对医药岗位核心业务能力设计教学内容。本书主要特点如下：

1. 教学情境真实

采用情境化教学模式，模拟医学生未来可能面对的真实工作环境，学习内容与案例对接医药行业，贴合岗位实际，介绍了医院信息系统、社区卫生服务信息管理系统等相关软件的应用，能有效缩短医学生的临床适应期，提高岗位胜任力。

2. 融入课程思政

为贯彻党的二十大精神，落实《高等学校课程思政建设指导纲要》等文件要求，将思政教育有机融入到教材中。在每章开头明确提出知识、能力和思政目标，并将思政目标具体落实到知识讲授和实训案例中，实现思政教育贯穿教学全过程和各环节，培养医学生诚实守信、包容关爱等做人做事的道理，以及以患者为中心、敬业奉献的责任担当。

3. 教学模式先进

本书配套省级精品在线开放课程的教学资源，学生可登录学银在线平台注册，加入课程后即可参加线上学习（课程网址：https://www.xueyinonline.com/detail/228497759）。同时本书是新形态教材，配套二维码链接资源，学生可以扫描二维码观看教学视频、获取案例素材等，方便快捷。

本书经过编写团队反复打磨、精心设计而成，具体编写分工见下表。

章　节	编　者
第 1 章　医学信息基础	刘艳松
第 2 章　操作系统	王玲
第 3 章　网络医学信息	曹振丽
第 4 章　WPS 文字	田海平
第 5 章　WPS 表格	曹美琴
第 6 章　WPS 演示	王玉
第 7 章　软件工程基础	刘艳松
第 8 章　数据库基础	刘艳松
第 9 章　医学信息学概论	刘艳松
第 10 章　医院信息系统	尹俊艳、邓雪冰、田海平、杨跃、曹美琴、彭剑、谢铭瑶、廖赛恩
第 11 章　社区卫生服务信息管理系统	李林、杨敏
第 12 章　远程医疗管理系统	齐惠颖

在本书编写过程中，借鉴了众多学者的研究成果，参考了相关出版物、文献资料及网络资源，在此向各位专家、学者表示感谢！由于编者水平有限，书中难免有不足之处，敬请广大读者批评指正！

编　者

目 录

Contents

第1章
医学信息基础

近半个世纪来科学技术发展迅速，各种高新技术层出不穷，其中最为突出的当属以计算机技术为核心的信息技术。信息技术是提高人们对信息的获取、加工、存储、管理、表达与交流等能力的技术。随着科学技术的发展，利用卫星通信、光纤通信等设备形成的信息网络，使得信息传播速度更快、影响更大。因此，掌握信息技术的一般应用，已成为国民生产各行业对广大从业人员的基本素质要求之一。了解信息技术与医学信息相关知识，熟悉计算机系统组成结构和应用，是科学、高效开展医药技术学习与医药服务工作的基本前提。

本章围绕计算机的基础知识展开学习，内容主要包括计算工具的起源及发展、计算机的分类与应用、计算机系统的组成、数制与编码以及生物医学信息学等。

📖 学习目标

1. 了解计算机的起源与发展史；了解计算机硬件系统的组成部件；掌握数制的表示与转换；举例说明编码的表示；了解生物医学信息学的研究内容；了解医学信息素养内涵。

2. 掌握微型计算机的简单安装与维护；学会基于具体性能需求配置一台性价比较高的计算机；掌握运用存储单位换算存储容量；掌握数制的相互转换。

3. 强化创新意识，勇于开拓进取；树立四个自信，内化家国情怀。

1.1 计算工具的起源及发展

计算机俗称电脑，是现代一种用于高速计算的电子设备，可以进行数字运算和逻辑运算，全称为"电子数字计算机"。其中，"电子"是指电子设备；"数字"是指在计算机内部能用"0"和"1"两个编码来表示信息。

1.1.1 计算工具的起源

人类自古以来就不断发明和改进计算工具，从古老的"结绳记事"，到算盘、计算尺、差分机，直到电子计算机的诞生，计算工具经历了从简单到复杂、从低级到高级、从手动到自动、从自动到电子的发展过程，而且还在不断发展。回顾计算工具的发展历史，大致可以分为以下四个阶段。

（1）手动式计算工具

最初，人类用手指进行计算，用手指计算虽然方便，但计算范围有限，且结果无法存储。后来，人们就开始用绳子、石子等作为计算工具。我国自古以来就是个数学大国，古书中记载有上古结绳、春秋算筹等计算工具，而之后发明的算盘更助推了计算进程。算盘轻巧灵活、携带方便，应用极为广泛，先后流传到日本、朝鲜和东南亚等国家，后来又传入西方。无论是算筹还是算盘，十进制计数法都贯穿其中，它们是凝聚了我国古人智慧的计算工具。随着对计算工具的不断寻求，人们先后发明了诸多方便计算和加速计算的工具。

17 世纪英国数学家约翰·纳皮尔（John Napier）发明了乘除器，也称纳皮尔算筹（图 1-1），纳皮尔算筹大大简化了数值计算过程。1621 年，英国数学家威廉·奥特雷德（William Oughtred）根据对数原理发明了对数计算尺（图 1-2），也称圆形计算尺。对数计算尺不仅能进行加、减、乘、除、乘方、开方运算，甚至可以计算三角函数、指数函数和对数函数。

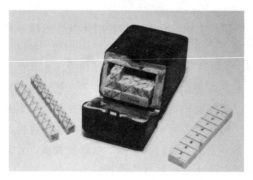 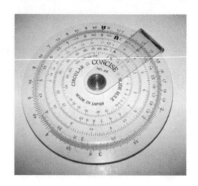

图 1-1　纳皮尔算筹　　　　　　　　　　　图 1-2　对数计算尺

（2）机械式计算工具

许多先驱者相继进行了机械式计算工具的研制，法国数学家布莱士·帕斯卡（Blaise Pascal）、德国数学家戈特弗里德·威廉·莱布尼茨（Gottfried Wilhelm Leibniz）和英国科学家查尔斯·巴贝奇（Charles Babbage）是其中的代表人物。1642 年，帕斯卡设计并制作了一台能进行进位加减计算的帕斯卡加法器（图 1-3）。帕斯卡加法器是由齿轮组成、以发条为动力、通过转动齿轮来实现加减运算、用连杆实现进位的计算装置，该设计理念为以后的计算机设计提供了基本原理。在帕斯卡加法器的启发下，莱布尼茨于 1673 年制成了莱布尼茨四则运算器（图 1-4），这是第一台能够进行加、减、乘、除四则运算的机械式计算机，它在计算工具的发展史上掀起了一个小高潮。在此后的一百多年中，虽有不少类似的计算工具出现，但它们除了在灵活性上有所改进外，都没有突破手动机械的框架。

 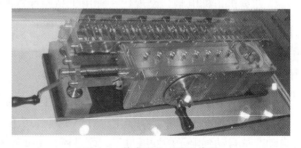

图 1-3　帕斯卡加法器　　　　　　　　　　图 1-4　莱布尼茨四则运算器

1822 年，英国数学家巴贝奇研制成功了巴贝奇差分机（图 1-5），专门用于航海和天文计算。这是最早采用寄存器来存储数据的计算工具，体现了早期程序设计思想的萌芽，使计算工具从手动机械跃入自动机械的新时代。1837 年巴贝奇设计了巴贝奇分析机（图 1-6），他提出了制造自动化计算机的设想，引进了程序控制的概念。尽管由于当时技术上和工艺上的局限性，这种机器未能完成制造，但他已经描绘出有关程序控制计算机的雏形，其设计思想为现代电子计算机的产生奠定了基础。

图 1-5　巴贝奇差分机　　　　　　图 1-6　巴贝奇设计的分析机模型

（3）机电式计算机

19 世纪美国统计学家赫尔曼·何乐礼（Herman Hollerith）采用机电技术取代了纯机械装置，制造了第一台可以自动进行四则运算、累计存档、制作报表的制表机——何乐礼制表机（图 1-7），这台制表机参与了美国 1890 年的人口普查工作，使预计十多年的统计工作仅用两年半就完成了，这是人类历史上第一次利用计算机进行大规模数据处理。1938 年，德国发明家康拉德·楚泽（Konrad Zuse）研制出 Z-1 计算机（图 1-8），这是第一台采用二进制的计算机。在接下来的几年中，楚泽先后研制出采用继电器的计算机 Z-2、Z-3 和 Z-4。Z-3 是世界上第一台真正的通用程序控制计算机，它不仅全部采用继电器，同时采用了浮点记数法、二进制运算、带存储地址的指令形式等。1936 年，美国哈佛大学应用数学教授霍华德·艾肯（Howard Hathaway Aiken）提出用机电的方法实现巴贝奇的设计，1944 年成功研制了世界上第一台大型机电式自动数字计算机 Mark-I。由于 20 世纪 30 年代已经具备了制造电子计算机的技术能力，电子计算机和机电式计算机的研制几乎是同时开始的。

图 1-7　何乐礼制表机　　　　　　图 1-8　Z-1 计算机

（4）电子计算机

1937 年，美国物理学教授约翰·文森特·阿塔纳索夫（John Vincent Atanasoff）等人开始设计，并于 1942 年成功进行了测试的一台称为 ABC（Atanasoff-Berry Computer，阿塔纳索夫–贝瑞计算机）的电子计算机（图 1-9）。当时由于经费的限制，他们只研制了一个能够求解包含 30 个未知数的线性代数方程组的样机。在阿塔纳索夫的设计方案中，第一次提出采用电子技术来提高计算机的运算速度。

第二次世界大战中，美国物理学教授约翰·莫克利（John Mauchly）和普雷斯帕·埃克特（Presper Eckert）受军械部的委托，为计算弹道启动了研制 ENIAC（Electronic Numerical Integrator and Computer）的计划（图 1-10），1946 年 2 月，这台标志人类计算工具史上有重大突破的巨型机器宣告竣工。

图 1-9 阿塔纳索夫-贝瑞计算机

图 1-10 ENIAC 电子计算机

ENIAC 以电子管作为元器件，体积庞大，共使用了 18 000 多个电子管、1 500 多个继电器、10 000 多个电容和 7 000 多个电阻，占地 167 平方公尺，重达 30 吨。ENIAC 的最大特点就是采用电子器件代替机械齿轮或电动机械来执行算术运算、逻辑运算和存储信息，因此，同以往的计算机相比，ENIAC 最突出的优点就是高速度。ENIAC 每秒能完成 5 000 次加法，300 多次乘法，比当时机电式计算机快 1 000 多倍。

1.1.2 计算机的发展过程

1．计算机的分代

自第一台计算机诞生至今不过短短 70 多年的历史，然而，它的发展之迅速、普及之广泛、对整个社会和科学技术影响之深远，是很多学科所不及的。人们常常习惯将计算机硬件发展史上主要器件的变革划分为不同的"代"，计算机发展阶段示意表见表 1-1，表中列举了划分的四代计算机（电子管、晶体管、集成电路、大规模集成电路和超大规模集成电路）使用的存储器、主要特点和应用领域等。

表 1-1 计算机发展阶段示意表

	第一代 （1946—1957）	第二代 （1958—1964）	第三代 （1965—1969）	第四代 1970 年至今
主要物理元件	电子管	晶体管	集成电路	大规模集成电路和超大规模集成电路
主存储器	磁鼓、汞延迟线	磁芯	半导体存储器	半导体存储器
外部辅助存储器	纸带、卡片、磁带	磁带、磁盘	磁带、磁盘	磁盘、光盘、U盘、移动硬盘
软件	机器语言、汇编语言	高级程序设计语言	高级程序设计语言、操作系统	操作系统、应用软件
工作速度	几千～几万次／秒	几十万～百万次／秒	百万～几百万次／秒	几百万～千亿次／秒
主要特点	体积庞大，运算速度低，成本高	体积小、寿命长、速度快、功耗低、可靠性高	体积更小、寿命更长、速度更快、功耗更低	体积越来越小、功能越来越强、价格越来越低
典型机型	ENIAC	IBM 7094	IBM 360	APPLE-I
应用领域	科学计算	数据处理、工程控制	文字处理，图形处理，计算、管理及控制	以计算机网络为特征的各个领域

2. 我国计算机的研发

1956 年，我国制定了《1956～1967 年科学技术发展远景规划》，它标志着我国计算机事业的开始；1958 年，我国第一台电子计算机——103 型通用数字电子计算机研制成功，每秒可进行 30 次运算，后期型号可进行 1 500—3 000 次运算，标志着我国计算机工业的开始。103 机研制成功后一年多，104 机问世，运算速度提升到每秒 1 万次。1964 年，第一部由我国自行设计的大型通用数字电子管计算机 119 机研制成功，运算速度提升到每秒 5 万次。随后，计算机的研发不断加速和升级。

1985 年，长城公司研制了我国第一台中文化、工业化、规模化微型计算机。2020 年，由国内多家企业一起研发的中国第一台芯片和操作系统全部自研的纯国产计算机。

目前，中国在超级计算机领域取得了长足发展。1983 年，"银河 I 号"巨型计算机研制成功，运算速度达每秒 1 亿次以上，这是我国高速计算机研究的一个重要的里程碑。2000 年，我国自行成功研制高性能计算机"神威 I"，其主要技术指标和性能达到国际先进水平，标志着我国成为继美国、日本之后世界上第三个具备研制高性能计算机能力的国家。在国际 TOP500 组织 2022 年 11 月公布的全球超级计算机 500 强榜单中，我国超级计算机"神威·太湖之光"和"天河二号"运算速度分别位居第七和第十位。

我国除了在超级计算机研究取得了突破性成果，同时在量子计算机的研制也不断取得新进展。量子计算机被誉为新一轮科技革命的战略制高点，能够在众多关键技术领域提供超越经典计算机极限的核心计算能力，在新材料研发、生物医疗、金融分析乃至人工智能领域将发挥重要作用。2017 年，中国科学院潘建伟团队构建的光量子计算机实验样机计算能力已超越早期计算机。2020 年，该团队又成功研制了九章量子计算（图 1-11），推动着全球量子计算的前沿研究达到一个新高度。

图 1-11　九章量子计算机

1.1.3　未来计算机的发展

随着计算机应用领域的不断拓展，计算机类型也随之不断分化，这就决定了计算机的发展也必将朝不同的方向延伸。

1. 计算机的发展方向

从采用的物理元件来说，计算机发展目前仍处于第四代水平，还是属于冯·诺依曼型计算机。目前的计算机将朝着巨型化、微型化、网络化和智能化四个方向发展。

（1）巨型化

巨型化是指计算机朝着运算速度更快、存储容量更大、功能更强的方向发展。该类计算机采用并行处理技术改进计算机结构，使计算机系统同时执行多条指令或同时对多个数据进行处理，进一步提高计算机运行速度。巨型计算机和超级计算机就属于巨型化发展的产物。

（2）微型化

微型化是指进一步提高计算机的集成度，研制质量更加可靠、性能更加优良、价格更加低廉、整机更加小巧的微型计算机。

从第一块微处理器问世以来，微处理器的发展速度与日俱增，微型化大规模集成电路和超大规模集成电路是发展的必然。微电子技术几十年来发展一直遵循摩尔定律，即计算机芯片的集成度每18个月翻一番，而价格却减少一半。随着计算机芯片集成度越来越高，计算机所实现的功能越来越强，计算机微型化的进程和普及率也越来越快。笔记本型和掌上型的电脑，就是向微型化方向发展的产品。

（3）网络化

网络化是指利用通信技术和计算机技术，把分布在不同地点的计算机及各类电子终端设备互联起来，按照一定的网络协议相互通信，以达到所有用户都可以共享软件、硬件和数据资源的目的。

目前，随着技术的不断发展和升级换代，网络的功能运用越来越多，且覆盖面越来越广，从而促使网络从以往单一的新闻功能、信息功能应用日益拓展为通信功能、资讯功能、综合服务功能和其他社会功能的全面应用，网络正在从媒体化加速向社会化和体系化转变。网络不仅仅是媒体，而且还是银行、医院、飞机票火车票销售处、大学课堂等。

2015年7月，国务院印发了《国务院关于积极推进"互联网＋"行动的指导意见》，"互联网＋"是把互联网的创新成果与经济社会各领域深度融合，推动技术进步、效率提升和组织变革，提升实体经济创新力和生产力，形成更广泛的以互联网为基础设施和创新要素的经济社会发展新形态。

例如在传统的诊疗模式中，患者普遍存在事前缺乏预防、事中体验差、事后无服务的现象。而移动医疗＋互联网已从根本上改善了这一医疗生态。患者可以从移动医疗数据端监测自身健康数据，做好事前防范；在诊疗服务中，依靠移动医疗实现网上挂号、询诊、支付，节约时间和经济成本，提升事中体验；并依靠互联网在诊疗服务后与医生沟通，从而优化传统的诊疗模式。

（4）智能化

智能化是指计算机在网络、大数据、物联网和人工智能等技术的支持下，所具有的能动态地满足人各种需求的属性，例如具有模拟人的感觉和思维过程的能力，以及解决问题、逻辑推理、知识处理和知识库管理等功能。具备理解自然语言、声音、文字和图像的能力，能用自然语言实现人机对话等。智能化使计算机突破了"计算"这一初级的含意，从本质上扩充了计算机的能力，目前已研制出的各种机器人就是计算机智能化的具体体现。

2. 未来计算机的新技术

从电子计算机的产生及发展可以发现，目前计算机技术的发展都是以电子技术的发展为基础的，集成电路芯片是计算机的核心部件。随着高新技术的研究和发展，计算机技术也将拓展到其他新兴的技术领域，计算机新技术的开发和利用必将成为未来计算机发展的趋势。从目前计算机的研究情况，未来计算机将有可能在量子计算机、光子计算机、生物计算机等方面的研究领域上取得重大的突破。

（1）量子计算机

量子计算机和普通计算机一样都是由许多硬件和软件组成的，软件方面包括量子算法、量子编码等，在硬件方面包括量子晶体管、量子存储器、量子效应器等。它利用量子相干叠加原理，理论上具有超快的并行计算速度和模拟能力的计算机。与传统的电子计算机相比，量子计算机具有存储量大、解题速度快且具有强大的并行处理能力等优点。近年来，多国在量子计算机的研究领域取得了突破性成果。

2011 年 5 月，全球第一家量子计算公司 D-Wave 系统公司发布了一款号称"全球第一款商用型量子计算机"的计算设备"D-Wave One"。2017 年 5 月，中国科学院宣布制造出世界首台光量子计算机。谷歌公司于 2019 年研制完成"悬铃木（Sycamore）"量子计算机（图 1-12）。

图 1-12 "悬铃木"（Sycamore）量子计算机

（2）光子计算机

光学计算机与电子计算机传递信息的载体有显著不同，它利用激光传送信号，以光互连代替导线互连、以光硬件代替电子硬件、以光运算代替电运算，实现数据运算、传输和存储。构成光子计算机的光学器件和设备包括激光器、光学反射镜、透镜、滤波器等。

1990 年初，美国贝尔实验室制成世界上第一台光子计算机。它采用砷化镓光学开关，运算速度达每秒 10 亿次。2015 年，美国杜克大学研发出每秒钟能够开关 900 亿次的 LED 灯管，奠定了光子计算机的硬件基础。2015 年，麻省理工学院研制出一种可以与传统的计算机结合进行深度学习的新型光学计算芯片。2017 年，美国普林斯顿大学研制出首枚可实现超快速度计算的光子神经形态芯片，利用光子解决了神经网络电路速度受限的难题。我国也陆续开展了光子计算机研究，2017 年，上海大学金翊教授研究团队完成三值光学计算机原型机并行运算测试。随着现代光学与计算机技术、微电子技术相结合，在不久的将来，光子计算机有望成为人类普遍的工具。

（3）生物计算机

生物计算机也称仿生计算机，主要构成部分是蛋白质分子，它利用有机化合物存储数据，能够自发调节生物机能，并具有很强的抗电磁干扰能力和巨大的存储能力。

2000 年以色列研制了世界上第一台 DNA 计算机。2022 年德国德累斯顿工业大学的研究人员制造出一台基于芯片的生物计算机，它利用在通道中移动的分子来完成计算任务。在医疗领域，生物计算机不仅能够充当监控设备，发现潜在的致病变化，还可以在人体内合成所需的药物，治疗癌症、心脏病、动脉硬化等各种疑难病症，甚至在恢复盲人视觉方面也将大显身手。

1.2　计算机的分类与应用

1.2.1　计算机的分类

计算机的分类方法有多种，按照其用途可分为通用计算机和专用计算机；按照计算机的运算速度、字长、存储容量、软件配置等多方面的综合性能指标，可将计算机分为高性能计算机、微型计算机、工作站和嵌入式计算机等几类。

1. 高性能计算机

高性能计算机（HPC）是计算机中功能最强、运算速度最快、存储容量最大的一类计算机，一般说的巨型计算机或超级计算机都属于这一类。多用于航空航天、军事、气象、人工智能、生物工程等国家高科技领域和尖端技术研究，高性能计算机的研制水平、生产能力以及应用程度已成为衡量一个国家经济实力和科技水平的重要标志。它一般是通过松散集成的计算机软件或硬件，连接起来高度紧密地协作来实现计算工作的一种集群系统。

2. 微型计算机

微型计算机简称微机，也称个人计算机（personal computer，PC）。微型机包括台式电脑、笔记本和掌上电脑等。具有体积小、重量轻、通用性强、价格便宜等优点，是发展速度最快的一类计算机。PC 机的出现使得计算机真正面向个人，真正成为大众化的信息处理工具。

微机的核心是以超大规模集成电路为基础的微处理器。主要分 IBM 公司的 IBM-PC 和苹果公司的苹果机两大类，两者无论是软件还是硬件均有很大的不同。

IBM 公司研制的小电脑 5150 是 IBM-PC 兼容机硬件平台的原型和前身。1971 年，Intel 公司把运算器和控制器集成在一起，推出了世界上第一个商用微处理器 Intel 4004。1974 年，世界上第一台微型计算机 Altair 8800 研制成功，从此，微机就不断地被优化。按照微处理器处理信息的字长，微处理器先后经历了 4 位、8 位、16 位、32 位和 64 位微处理器等发展阶段。

3. 工作站

自 1980 年美国 Appolo 公司推出了世界上第一个工作站 DN 100 以来，工作站迅速发展，现已成为一种专门处理某类特殊事物的独立的计算机类型。

工作站在工程领域，特别是在图像处理、计算机辅助设计领域得到了广泛的应用。它具有强大的数据处理能力，有直观的人机交换信息的用户接口。工作站还可应用于商业、金融、办公等方面，在缩短产品开发周期、降低高技术产品开发难度、提高产品设计质量、提高工作效率等方面显示出强有力的竞争优势。

工作站的应用领域有计算机辅助设计（computer-aided design，CAD）、计算机辅助制造（computer-aided manufacturing，CAM）、虚拟仿真（virtual reality，VR）、办公自动化（office automation，OA）、图像处理等，不同任务的工作站有不同的硬件和软件配置。

> **知识链接**
>
> 这里的工作站与网络系统中的工作站的含义不同，网络系统中，连接到服务器的终端机也可称为工作站。

4．嵌入式计算机

上述的微机、工作站等都是独立使用的计算机系统，而嵌入式计算机（embedded computer）是作为其他应用系统的组成部分而使用的，它是指嵌入各种设备及应用产品内部的计算机系统。嵌入式系统集嵌入式硬件与嵌入式软件于一体，硬件以芯片、模板、组件、控制器等形式安装于设备内部，软件是实时多任务操作系统和各种专用软件，一般固化在ROM（只读存储器）或闪存中。20 世纪 60 年代，嵌入式计算机系统最早用于各种武器控制，后来用于军事指挥控制和通信系统，现在嵌入式系统几乎包括了所有电器设备，如家用电器、汽车、机器人及医疗仪器等。

1.2.2 计算机的应用领域

计算机硬件和软件技术的发展，使计算机的应用范围从科学计算等传统领域扩展到科学计算、过程控制、信息管理、计算机辅助系统、人工智能和生物信息处理等领域。

1．科学计算

早期的计算机主要用于科学计算。目前，科学计算仍然是计算机应用的一个重要领域。科学计算应用基本上分为两类：一类是面向数学问题的数学软件，如求解线性代数方程组、常微分方程等；另一类是面向应用问题的工程应用软件，如天气预报、油田开发、航天技术等。随着以生物信息学为中心的后基因组时代的到来，计算生物学的兴起，也赋予了科学计算新的内涵。

2．过程控制

过程控制也称实时控制，它是指利用计算机对工业生产过程中的某些信号自动进行检测，把检测到的数据存入计算机，并按最佳值迅速地对控制对象进行自动控制和调节，最早在数控机床和生产流水线的控制中得到应用，近来在新药设计、药物临床研究、手术过程控制、手术器械管理和医疗耗材管理中也起到了重要作用。

3．信息管理

信息管理是人类为了有效地开发和利用信息资源，以现代信息技术为手段，对信息资源进行计划、组织、领导和控制的社会活动。例如在国内外各大医院广泛应用的医院信息管理系统，其作为现代化医院运营的必要技术支撑和基础设施，实现对医院的现代化、科学化和规范化管理。

4．计算机辅助系统

计算机辅助系统是利用计算机辅助完成不同任务的系统的总称。计算机辅助系统主要包括：①计算机辅助设计：指利用辅助设计软件（如 Auto CAD）对产品进行设计，包括对机械、电子产品、土木建筑等的设计；②计算机辅助教学（computer-aided instruction，CAI）：指在计算机辅助下进行的各种教学活动，如网络教学等；③计算机辅助制造：指在机械制造业中，利用计算机通过各种数值控制机床和设备，自动完成产品的加工、装配、检测和包装等过程；④计算机辅助测试（computer-aided testing，CAT）：指利用计算机完成各种产品或者环境的测试，包括利用计算机模拟仿真技术实现核爆炸模拟、地震模拟等；⑤计算机辅助翻译（computer-aided translation，CAT）：能够帮助翻译者优质、高效、轻松地完成翻译工作；⑥计算机辅助药物设计（computer-aided drug design）：是以计算机化学为基础，通过计算机的模拟、计算和预算药物与受体生物大分子之间的关系，对先导化合物进行设计和优化。

5. 人工智能

人工智能（artificial intelligence，AI）是计算机科学的一个分支，它使计算机能模拟人类的感知等智能行为，实现自然语言理解与生成、定理机器证明、自动程序设计、自动翻译、图像识别、声音识别、疾病诊断，并能用于各种专家系统和机器人构造等。自谷歌公司智能机器人 AlphGo 和 AlphGo zero 的出现并击败人类围棋世界冠军以来，全球掀起了人工智能的研究浪潮，其中备受关注的当属 2022 年 11 月美国人工智能公司 OpenAI 推出的一款聊天机器人 ChatGPT 程序，它是人工智能技术驱动的自然语言处理工具，它能够通过学习和理解人类的语言来进行对话，还能根据聊天内容进行互动，像人类一样聊天交流，甚至能完成撰写邮件、视频脚本、文案、代码，论文等任务。

6. 生物信息处理

生物信息处理是用计算机科学、信息技术以及数学理论来处理生物学问题，寻找基因组信息结构的复杂性及遗传语言的根本规律。广义上的生物信息处理也包括了医学影像处理与分析。基因组学、蛋白质组学、系统生物学、比较基因组学和影像组学等均属于该研究范畴。

1.3 计算机系统的组成

一个完整的计算机系统包括两大部分：硬件系统和软件系统。所谓硬件，是指构成计算机的物理设备，即由机械、电子器件构成的具有输入、存储、计算、控制和输出功能的实体部件。软件又称"软设备"，广义上是指系统中的程序以及开发、使用和维护程序所需的所有文档的集合。没有软件系统的计算机称为"裸机"，对用户来说几乎是没有用的。计算机硬件是软件的载体，他们相互依存，缺一不可。

1.3.1 计算机体系结构的形成

继 ENIAC 研制成功后，EDVAC（electronic discrete variable automatic computer，离散变量自动电子计算机）的建造计划就被提出，在 ENIAC 充分运行之前，其设计工作就已经开始，在此期间，美籍科学家冯·诺依曼（Von Neumann）以技术顾问形式加入其研究团队，他总结和详细说明了 EDVAC 的逻辑设计方案，并于 1945 年 6 月发表了一份长达 101 页的报告——《First Draff of a Report on the ENIAC》，该报告确立了现代计算机的基本结构，这种体系结构一直延续至今，鉴于冯·诺依曼在发明电子计算机中所起到关键性作用，他被西方人誉为"计算机之父"。

1.3.2 冯·诺依曼计算机

1. 冯·诺依曼基本理论要点

根据冯·诺依曼提出的存储程序概念设计的计算机被称为"冯·诺依曼计算机"，该结构体系的理论要点主要包括以下三个方面：

（1）计算机由五个基本部分组成

输入数据和程序的输入设备、记忆程序和数据的存储器、完成数据加工处理的运算器、控制程序执行的控制器和输出处理结果的输出设备，它们通过系统总线互连，传递数据、地址和控制信号。

（2）采用二进制

二进制作为数字计算机的数制基础来表示数据和指令，每条指令由操作码和地址码两部分组成，操作码指出操作类型，地址码指出操作数的地址。

（3）采用"存储程序与程序控制"工作方式

教学视频

计算机的
工作原理

存储器使计算机具有长期记忆程序、数据、中间结果及最终运算结果的能力，同时采用程序控制方式，将事先编好的程序和原始数据送入主存储器，程序一旦被启动执行，计算机就能自动完成指定任务，无需人工干预。

2. 计算机的工作原理

冯·诺依曼体系结构是将计算机划分为两大部分——控制部件和执行部件。控制器就是控制部件，而运算器、存储器、输入设备和输出设备相对控制器来说就是执行部件。控制器负责从存储器中取出指令，并对指令进行译码；根据指令的要求，按时间的先后顺序，负责向其他各部件发出控制信号，保证各部件协调一致地工作，一步一步地完成各种操作。计算机五大部件的工作关系如图 1-13 所示。

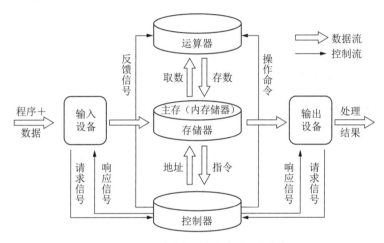

图 1-13　计算机五大部件的工作关系

计算机的工作原理是基于冯·诺依曼的"存储程序与程序控制"的基本思想。存储程序是指人们必须事先把计算机的执行步骤序列（即程序）及运行中所需的数据，通过一定的方式输入并存储在存储器中；程序控制是指计算机运行时能自动地逐一取出程序中的指令，加以分析并执行规定的操作。在计算机运行过程中，存在两种信息流：一种是数据流，包括原始数据和指令，程序运行前先被发送至主存储器中，程序运行时，数据被发送至运算器，并参与运算，指令被送往控制器；另一种是控制信号，它是由控制器根据指令的内容发出，指挥计算机各部件执行指令规定的各种操作，并对执行流程进行控制。

3. 计算机的工作流程

计算机的工作过程就是计算机按照一定的顺序，一条一条地执行指令的过程。执行时，先把指挥计算机进行操作的指令序列（即程序）和原始数据通过输入设备输送到计算机内存储器中；这些指令中包含有操作码和地址码，即包含计算机从何处取数、进行何种操作、将运算结果送往何处等信息；计算机在运行过程中，先从内存中取出一条指令，通过控制器的译码，按指令的要求，从内存储器中取出数据进行指定的运算和加工，然后再根据地址码把结果送回内存中；再从内存中取出第二条指令，在控制器的指挥下完成规定操作；依此进行下去，直至遇到停止指令。

（1）指令和指令系统

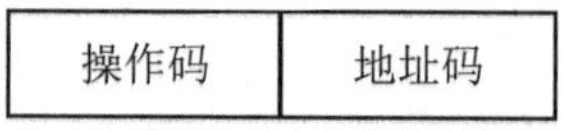

操作码	地址码

图 1-14　指令的组成

计算机的指令，是指向计算机硬件发出的、能完成一个基本操作的命令，是对计算机进行程序控制的最小单位，由一组二进制代码组成。指令的组成（图 1-14）一般包括操作码和地址码两部分，操作码表明进行何种操作（如存数、取数等），地址码则指明操作对象（数据）在内存中的地址。

计算机能识别并能执行的全部指令集合称为计算机指令系统。指令系统描述了计算机内所有的控制信息和逻辑判断能力。指令系统的内核是硬件，不同计算机的指令系统包含的指令种类和数目也不同，一般均包含算术运算型、逻辑运算型、数据传送型、判定和控制型、输入和输出型等指令。为了完成一个完整的任务，计算机必须执行一系列指令，称为"程序"。一个程序一般包含一条或多条语句，每条语句又可分解成一条或多条机器指令。

（2）程序的执行过程

计算机工作的过程实质上是执行程序的过程。工作时，CPU 逐条执行程序中的语句就可以完成一个程序的执行，从而完成一项特定的任务。计算机执行程序时，先将每条语句分解成一条或多条机器指令，然后根据指令顺序，一条一条地执行，直到遇到结束运行指令为止。而计算机执行指令的过程又分为取指令、分析指令和执行指令三个步骤。

① 取指令：从内存储器中取出指令送到指令寄存器。

② 分析指令：对指令寄存器中存放的指令进行分析，由译码器对操作码进行译码，将指令的操作码转换成相应的控制电信号，并由地址码确定操作数的地址。

③ 执行指令：操作控制线路发出的完成该操作所需要的一系列控制信息，以完成该指令所需要的操作。指令执行完，再从内存读取下一条指令到 CPU 执行。CPU 不断地取指令、分析指令、执行指令，再取下一条指令，直到遇到结束运行程序的指令为止，程序的执行过程如图 1-15 所示。

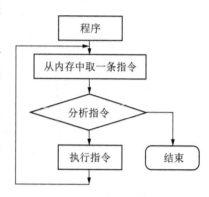

图 1-15　程序的执行过程

1.3.3　计算机的硬件系统

1. 计算机的硬件组成

自计算机 EDVAC 发明以来，虽然计算机系统技术得到了很大发展，但计算机的硬件系统仍然由运算器、控制器、存储器、输入设备和输出设备五大基本部件组成。在生活中，人们习惯将计算机的硬件系统分为两大部分，即主机和外部设备（外设）。

在这五大部件中，由于运算器和控制器信息交换频繁，因此将两者集成在一块芯片上，合称为中央处理器（central processing unit，CPU）；存储器分为两大类，能被 CPU 直接访问的为内存储器（主存储器），其余为外存储器（辅助存储器）；CPU 和内存储器合称为主机；输入设备和输出设备合称为外部设备；外存储器不能直接与 CPU 交换信息，且其和主机的连接方式、信息交换方式与输入、输出设备相似，因此，将其列入外部设备的范畴。计算机硬件系统的组成结构示意图如图 1-16 所示。

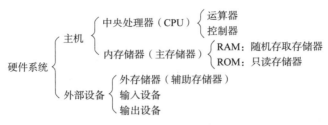

图 1-16 计算机硬件系统的组成结构示意图

（1）输入设备和输出设备

计算机中的输入、输出是以计算机主机为主体而言的。从外部设备将信息（包括原始数据、程序等）传送到计算机内存储器的过程称为输入（input），从计算机内部向外部设备传送信息的过程称为输出（output）。

输入设备的功能是接收用户提交给计算机的各种信息，并将其转换为计算机能够识别的二进制代码，输送给内存储器。常用的输入设备有键盘、鼠标、扫描仪等。输出设备的功能是把计算机的处理结果用人们能识别的形式进行输出。常用的输出设备有显示器、打印机、绘图仪等。

（2）存储器

存储器是用于存放原始数据、程序及计算机运算结果的部件。

构成存储器的存储介质称为存储元，它可以存储 1 个二进制代码，即 1 位（bit，比特）二进制数据"0"或"1"，显然位是计算机存储信息的最小单位。多个存储元组成一个存储单元，每个存储单元可以存放一个数据或一条指令，每 8 个存储单元则组成 1 个字节（Byte，简写"B"），即每个字节由 8 个二进制位组成，即 8 bit。通常情况下，1 个 ASCII（American Standard Code for Information Interchange，美国信息交换标准代码）只需 1 个字节（B）来存放。字节是信息存储的基本单位，人们之所以把字节称为电脑中表示信息含义的基本单位，是因为 1 bit 并不能表示现实生活中的一个相对完整的信息。

由于存储器被划分成许多存储单元，所以为了能够按指定的位置进行存取，必须给每个存储单元编号，这个编号就称为存储单元的地址。如果需要访问某一存储单元（向存储单元写入数据或读出数据），则需给出这个存储单元的地址。

① 内存储器：内存储器又称为主存储器，简称主存或者内存。用来存放当前需要处理的原始数据及需要运行的程序，CPU 可直接对它进行访问。现代计算机的内存储器普遍采用了半导体存储器，根据使用功能的不同，半导体存储器可分为两种类型：

• 随机存取存储器（random access memory，RAM）：RAM 中的信息可以通过指令随时读取和写入。电脑开机时，操作系统和应用程序等所有正在运行的数据和程序都会存储在 RAM 中，并且随时可以对数据和程序进行修改和存取。一旦系统断电，存储在 RAM 中的所有数据和程序都会被清空。

• 只读存储器（read-only memory，ROM）：ROM 是一种只能读出事先所存数据的固态存储器。如开机时，BIOS（basic input/output system，基本输入输出系统）是个人电脑启动时加载的第一个软件，它保存着计算机最重要的基本输入输出的程序、开机后自检程序和系统自启动程序，这组程序固化在主板上的 ROM 芯片中。ROM 内部的所有信息都是用特殊的方法烧录而成，其中的内容只能读不能修改，即使断电，其存储的内容也不会丢失。

② 外存储器：外存储器又称为辅助存储器，简称辅存或者外存。用来存放当前暂不需

教学视频

存储容量

要处理的原始数据和不需要运行的程序，不能被 CPU 直接访问，外存储器中的数据只有先调入内存才能被 CPU 访问。

存储器的容量大小是衡量计算机性能的一个重要指标。随着大数据技术的发展以及数据的快速增长，存储器的容量正在翻倍升级。存储产品的容量经历了字节（B）、千字节（KB）、兆字节（MB）、吉字节（GB）、太字节（TB）、拍字节（PB）、艾字节（EB）等单位的演变，并正以打破摩尔定律的速度推陈出新。

上述存储容量的单位相互换算关系为：

$1\ B = 8\ bit = 2^3\ bit$

$1\ KB = 1\ 024\ B = 2^{10}\ B$

$1\ MB = 1\ 024\ KB = 2^{20}\ B$

$1\ GB = 1\ 024\ MB = 2^{30}\ B$

$1\ TB = 1\ 024\ GB = 2^{40}\ B$

$1\ PB = 1\ 024\ TB = 2^{50}\ B$

$1\ EB = 1\ 024\ PB = 2^{60}\ B$

（3）控制器

控制器是整个计算机的控制中心，它按照从内存中取出的指令，向其他部件发出控制信号，使计算机各部件协调一致地工作；同时它又不停地接收由各部件传来的反馈信息，并分析这些信息，决定下一步的操作，如此反复，直到程序运行结束。

控制器由指令寄存器、指令计数器、地址寄存器、指令译码器、时序信号发生器、微操作控制部件和中断处理部件组成。程序运行时，控制器根据 PC 的值（地址），从内存中取出将要执行的指令，送到指令寄存器中，经指令译码器译码后，再由操作控制部件发出一系列控制信号，送到有关硬件部件，引起相应动作，完成指令所规定的操作。

（4）运算器

运算器又称算术逻辑单元，它接收由内存储器送来的二进制数据，并对其进行算术运算和逻辑运算。

在计算机中，各种算术运算可归结为加法和移位这两种基本操作。其中减法运算可以通过加负数实现，而乘法和除法，可以通过一系列的加法和移位操作来实现。另外，为了使运算器在操作过程中减少对内存储器的依赖和访问次数，提高运算速度，运算器中还需要若干寄存器。这些寄存器既可暂时存放操作数，又可存放运算的中间结果或最终结果。

逻辑运算则是由逻辑门来实现的。由于两个数的逻辑运算是一位对一位进行的，每一位都得到一个独立结果，而不涉及其他位，所以逻辑运算比算术运算简单。

2. 微型计算机的基本配置

微型计算机（微机）硬件系统与其他计算机硬件系统没有本质的区别，也是由五大功能部件组成。其中主机是微机的主体，微机的运算、存储都是在此完成的。主机箱中有微机的大部分重要硬件设备，如中央处理器、主板、内存、各种板卡、电源及各种连线等。主机箱以外的设备称为外设。外设主要有显示器、鼠标、键盘以及外存储器等。

（1）主板

主板又称为系统板、母板，是微型计算机中最大的一块集成电路板，也是其他部件和各种外部设备的连接载体。微机的各个部件都直接插在主板上或通过电缆连接在主板上。

主板采用了开放式结构，供 PC 机外围设备的控制卡或适配器插接，一般有 BIOS 芯片、

输入 / 输出接口、南桥芯片、北桥芯片、内存插槽和 PCI 插槽等。主板提供这一系列的接合点，供处理器、显卡、声卡、硬盘、存储器等设备接合。芯片组是主板上最重要的构成组件，这些芯片组为主板提供不同设备连接的一个通用平台，控制不同设备间的沟通。芯片组也为主板提供额外功能，例如集成显核、声卡、网卡、红外通讯技术、蓝牙和 WiFi 等功能。主板上的外设接口是计算机输入输

图 1-17　主板外观

出的重要通道，包括键盘、鼠标、耳机插口等。不同厂商和不同型号的主板虽然形态稍有区别，但整体结构和外观大同小异。主板外观如图 1-17 所示。

　　由于只有主板和各种各样的周边设备协同工作，才能运行各种操作系统及应用程序，所以主板的兼容性是非常重要的。主板所支持的周边设备（内存、硬盘、显示卡、声卡、网卡等）越多，则整机的兼容性就越高。目前，市场上的主板品牌比较多，主要有华硕、微星、技嘉等。

　　（2）中央处理器

　　中央处理器，简称 CPU 或微处理器，包括运算器和控制器两个部件。其中运算器用于对数据进行算术运算和逻辑运算，控制器用于分析指令，协调 I/O 操作和内存访问。CPU 是计算机的核心，其重要性好比人的大脑，它负责处理、运算计算机内部所有的数据，而与 CPU 协同工作的芯片组则更像是心脏，它控制着数据的交换。计算机选用什么样的 CPU 决定了计算机的性能。甚至决定了能够运行什么样的操作系统和应用软件。

教学视频

中央处理器

　　不同厂商、不同型号的 CPU 性能均有较大差别，其性能的高低主要由内核结构、字长、主频、外频、接口、缓存等参数决定。

　　① 核心：核心又称为内核，CPU 中心那块隆起的芯片就是核心，CPU 所有的计算、存储、数据处理都由核心执行。多核 CPU 是指在一枚处理器中集成了两个或多个核心，例如 4 核心的英特尔处理器 I5-7400 即集成了 4 个核心。多核 CPU 的优势在于提高运行速度。

　　② 字长：字长是指 CPU 一次能够处理的二进制位数。它直接反映计算机的数据处理能力，字长值越大，一次可以处理的二进制位数越多，运算能力就越强。目前流行的 CPU 大多为 64 位。

　　③ 主频：主频即 CPU 内核工作的时钟频率，单位为赫兹，在同核心的情况下，主频越高则运算速度越快。

　　④ 缓存：缓存是 CPU 与内存之间的临时存储器，它的容量比内存小很多，但是交换速度却比内存要快很多。高速缓存的出现主要是为了解决 CPU 运算速度与内存读写速度不匹配的矛盾，当 CPU 从缓存中调用数据时可加快读取的速度。

　　目前生产 CPU 的生产厂商主要有美国的 Intel 公司和 AMD 公司，外观如图 1-18 所示。

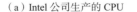

（a）Intel 公司生产的 CPU　　　（b）AMD 公司生产的 CPU

图 1-18　CPU 外观

目前我国的 CPU 产业已有较好基础，在 2002 年自主成功研制"龙芯 1 号"CPU（图 1-19）后，相继有华为的海思处理器等比较知名的处理器。华为海思、展讯、联芯、飞腾等众多企业均已累积多年的芯片研发经验，尤其在移动终端领域我国芯片设计技术已与国际主流水平同步，在高性能计算等应用领域也推出了相应的 CPU 产品，神威·太湖之光使用的就是自主研发的申威 CPU（图 1-20）。

图 1-19 "龙芯 1 号"CPU 外观　　　图 1-20 申威 CPU 外观

（3）存储器

① 内存：内存储器是计算机用来存放程序和数据的记忆装置，人们常说的内存大小即指随机存取存储器（RAM）的存储容量，微机中使用的 RAM 以内存条的形式插在主板的内存插槽中，其外观如图 1-21 所示。目前，一条内存芯片的容量有 8 GB、16 GB、32 GB 等多种规格。在购置电脑时，内存条的存储容量往往是用户必须考虑的关键参数，因为内存大小将直接影响计算机的运行速度。

图 1-21 内存条外观

② 外存

外储存器是指除计算机内存以外的储存器，外存一般断电后仍然能保存数据。常见的外储存器有硬盘、光盘等。

● 硬盘：硬盘是电脑主要的存储媒介之一，由一个或者多个铝制或者玻璃制的碟片组成，这些碟片外覆盖有铁磁性材料。有机械硬盘和固态硬盘等类型，外观如图 1-22 所示。等容量的固态硬盘的价格比机械硬盘贵很多，但其读写的速度比机械硬盘快很多，如今固态硬盘也慢慢成为用户选购的重心了。

（a）机械硬盘　　　　　（b）固态硬盘

图 1-22 硬盘外观

目前，硬盘存储容量单位达 TB。全球知名的硬盘厂商有希捷（seagate）、迈拓（maxtor）、西部数据（western digital）、日立（hitachi）、东芝（toshiba）、三星（samsung）等。

• 光盘：光盘是 20 世纪 80 年代中期开始广泛使用的外存储器。光盘及光驱外观如图 1-23 所示。但因光盘体积较大，携带不便，易遭到物理损坏，读取内容还必须借助光驱，相比移动存储设备，无论从便捷性还是数据存储的自由性，光盘被淘汰是科技发展的必然。

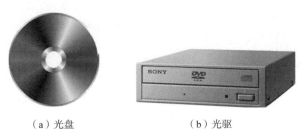

(a) 光盘　　　　　　　　　(b) 光驱

图 1-23　光盘及光驱外观

③ 移动存储设备：常用的移动存储设备有 U 盘、存储卡和移动硬盘等，如图 1-24 所示为常用移动存储设备。其中 U 盘是一种具有 USB 接口的 Flash 存储器，具有容量大、重量轻、体积小、稳定性好等优点；而存储卡一般应用于手机和数码相机，它与 U 盘存储原理相同，但接口不同。若在计算机上使用存储卡，则一般需要读卡器；移动硬盘则以硬盘为存储介质，能在计算机之间交换大容量数据，多采用 USB 等传输速度较快的接口，能以较高的速度与计算机系统进行数据传输。

常用移动存储设备的存储容量单位从 GB 到 TB 不等。

(a) U 盘　　　　　　(b) 存储卡　　　　　(c) 移动硬盘

图 1-24　常用的移动存储设备

根据内外存储器的不同特点，内存储器的存取速度比外存储器快很多，但是存储容量相对外存储器小很多、而且相同存储容量的内外存储器，内存的价格比外存贵。

♀ 知识链接

　　USB（universal serial bus，通用串行总线）是应用在 PC 领域的接口技术。1994 年底由 Compaq、Digital、IBM、Intel、Microsoft、NEC 等多家公司联合提出的接口标准，它已成为目前 PC 中的标准扩展接口。

（4）输入设备

① 键盘：键盘是最常用也是最主要的输入设备，通过键盘可以将英文字母、数字、标点符号等输入到计算机中，从而向计算机发出命令、输入数据等。键盘通常采用有线方式与主机通过 USB 口连接，也有利用蓝牙技术连接到计算机的无线键盘。

了解键盘的整体布局和键盘操作方法（图 1-25）、掌握键盘上的常用键及其功能（表1-2）是熟练使用键盘的前提。

图 1-25　键盘的整体布局和键盘操作方法

表 1-2　常用键及其功能

键　位	功　能
Back space——退格键	删除光标左边的一个字符
Delctc ——删除键	删除光标右边的一个字符
Shift——上档键	用于转换大小写或键入"双符"键上部的符号
Ctrl——控制键	配合其他键和鼠标使用
Esc——退出键	用于退出某个程序
Tab——制表定位键	主要用于制表时的光标移动。每按一次 Tab 键，光标将向右移动一个单元格
Enter——回车键	起换行和确定的作用
Space——空格键	输入一个空格字符
Alt——组合键	它与其他键组合使用，实现特殊功能

②鼠标：鼠标是计算机显示系统纵横位置的指示器，因形似老鼠而得名。用鼠标可以确定屏幕的一个具体位置，是另一种常见的输入设备。在 Windows 环境下，通过鼠标操作，可以选定项目、激活菜单、打开窗口以及运行程序，大大简化了计算机的操作。鼠标按其按钮个数可以分为两键鼠标和三键鼠标；按感应位移变化的方式可以分为机械鼠标、光学鼠标和光学机械鼠标；从外观来划分，可分为有线鼠标和无线鼠标两种（图 1-26）。

在笔记本电脑中，一般还配备了轨迹球和触摸板，它们都相当于鼠标的功能。目前市场上比较知名的鼠标键盘产品有罗技、双飞燕等。

（a）有线鼠标　　　　　　　　（b）无线鼠标

图 1-26　鼠标外观

③扫描仪：扫描仪是目前比较普及的输入设备，它的功能是将图像、图形和文字表格输入计算机。扫描仪的优点是可以最大程度地保留原稿面貌，这是键盘和鼠标所办不到的。通过扫描仪得到的图像文件可以提供给图像处理软件（如 Photoshop）进行处理；如果配上光学字符阅读器（optical character reader，OCR），还可以把扫描得到的中西文字形转变为文本信息，以供文字处理软件（如 Word）进行编辑处理，这样就免去了人工输入的环节。常见的扫描仪有手持式和台式之分，外观如图 1-27 所示。条形码扫描器、扫码枪、商品扫描仪、收银扫描枪等多种形式的扫描仪广泛应用于超市、物流快递、图书馆等。其中条形码扫描器大都是手持式，它是用于读取条形码所包含信息的阅读设备，利用光学原理，把条形码的内容解码后通过数据线或者无线的方式传输到电脑或者其他的设备。

（a）手持式扫描仪　　　　　　（b）台式扫描仪

图 1-27　常见的扫描仪外观

（5）输出设备

输出设备是计算机硬件系统的终端设备，用于计算机数据的输出显示、打印、声音、控制外围设备操作等。常见的输出设备有显示器、打印机、绘图仪、影像输出系统、语音输出系统、磁记录设备等。

①显示器：显示器是微机最主要的输出设备，用于显示输入的程序、数据或程序运行的结果，并能以数字、字符、图形和图像等形式显示正在编辑的内容以及计算机所处的状态等信息。

显示器分为阴极射线管（cathode-ray tube，CRT）显示器、液晶显示器（liquid crystal display，LCD）、发光二极管（light emitting diode，LED）显示器、等离子体（plasma display panel，PDP）显示器等类型。目前 CRT 显示器已基本被淘汰，以 LCD 为主。与传统的 CRT 相比，LCD 具有机身薄，占地小，辐射小、重量轻等优点。CRT 显示器和 LCD 显示器外观如图 1-28 所示。

（a）CRT 显示器　　　　　　（b）LCD 显示器

图 1-28　显示器外观

按显示器屏幕尺寸大小，显示器有 15 英寸、17 英寸、19 英寸、24 英寸、27 英寸等不同规格。

② 显卡：显卡又称显示适配器，主要实现主机与显示器数据格式的转换，是体现计算机显示效果的设备。它不仅把显示器与主机连接起来，而且还起到处理图形数据、加速图形显示等作用。按是否与主板集成，显卡可以分为集成显卡与独立显卡。

图 1-29 独立显卡外观

集成显卡是将显示芯片、显存及其相关电路都集成在主板上，与主板融为一体。其优点是功耗低、发热量小，但是多数集成显卡不带有显存或显存容量较低，显示效果和性能相对较低，更新不方便。独立显卡是指将显示芯片、显存及其相关电路单独做在一块电路板上，外观如图 1-29 所示。目前市场上所售独立显卡的显存有 6 GB、8 GB、12 GB 等多种容量，因此独立显卡比集成显卡能够得到更好的显示效果，同时硬件升级相对容易。

③ 打印机：打印机是计算机的输出设备之一，用于将计算机处理结果打印在相关介质上。按照打印色彩的不同，打印机可分为单色打印机和彩色打印机。按工作方式，又可分为击打式和非击打式打印机，击打式的主要有针式打印机，传统的非击打式主要有喷墨打印机和激光打印机，三种类型打印机外观如图 1-30 所示。而 20 世纪 80 年代发展起来的 3D 打印机却有别于上述传统的打印机。

（a）针式打印机　　　　（b）喷墨打印机　　　　（c）激光打印机

图 1-30 三种类型打印机外观

（a）针式打印机：针式打印机是利用机械和电路驱动原理，使打印针撞击色带和打印介质，进而打印出点阵，再由点阵组成字符或图形来完成打印任务。针式打印机的特点是：结构简单、技术成熟、性价比高、消耗费用低。传统针式打印机虽然噪声较大、分辨率较低、打印针易损坏，但近年来由于技术的发展，较大地提高了针式打印机的打印速度、降低了打印噪声、改善了打印品质，并使针式打印机向着专用化、专业化方向发展，使其在银行存折打印、财务发票打印、记录科学数据连续打印、条形码打印、快速跳行打印和多份拷贝制作等应用领域具有其他类型打印机不可替代的作用。目前市面上通用的针式打印机主要是 24 针的宽行打印机。

（b）喷墨打印机：喷墨打印机是使用喷墨来代替针打。喷墨打印机的特点是：噪声低、重量轻、清晰度高、可以喷印出逼真的彩色图像，但是需要定期更换墨盒，使用成本较高。除了良好的打印效果外，喷墨打印机还具有更为灵活的纸张处理能力，在打印介质的选择上，喷墨打印机也具有一定的优势：既可以打印信封、信纸等普通材质，还可以打印各种胶片、照片纸等特殊材质。

（c）激光打印机：激光打印机实际上是复印机、计算机和激光技术的复合，激光打印机无噪声、速度快、分辨率高。目前的激光打印机有黑白和彩色两种类型。它为我们提供了更高质量、更快速、更低成本的打印方式。其中低端黑白激光打印机的价格目前已经降到了几百元，达到了普通用户可以接受的水平。

（d）3D 打印机：3D 打印机又称三维打印机（3D Printers），是一种累积制造技术，即快速成型技术的一种机器，外观如图 1-31 所示。它是以数字模型文件为基础，运用特殊蜡材、粉末状金属或塑料等可黏合材料，通过打印这些材料来制造三维物体。3D 打印机的原理是把数据和原料放进 3D 打印机中，机器会按照程序把产品一层一层地制造出来，它与传统打印机最大的区别在于它使用的"墨水"是实实在在的原材料，堆叠薄层的形式有多种多样，可用于打印的介质种类多样，如塑料、金属、陶瓷、橡胶、树脂或石膏粉末甚至食材等。

图 1-31　3D 打印机外观

近年来，3D 打印技术在医疗行业迅速发展，从最初的医疗模型快速制造，逐渐发展到 3D 打印直接制造助听器外壳、植入物、复杂手术器械和 3D 打印药品，并逐渐由 3D 打印没有生命的医疗器械向打印具有生物活性的人工组织、器官的方向发展。

1.3.4　计算机的软件系统

计算机的软件系统是指在计算机上运行的各种程序、数据及相关文档的总称。它通常被分为系统软件和应用软件两大类。系统软件能保证计算机按照用户的意愿正常运行，而应用软件能满足用户的各种应用需求。

1. 系统软件

系统软件是指控制和协调计算机及其外部设备、支持应用软件开发和运行的软件，其主要的功能是进行调度、监控和维护系统等。系统软件是用户和裸机的接口，是计算机正常运行不可缺少的。有些系统软件程序，在计算机出厂时直接写入 ROM 芯片，如 BIOS；有些直接安装在计算机硬盘中，如操作系统；也有一些保存在活动介质中供用户购买，如语言处理程序。

（1）操作系统

操作系统（operating system，OS）是管理计算机硬件与软件资源的计算机程序，同时也是计算机系统的内核与基石。它是应用程序和硬件之间的媒介，所有的应用程序对硬件的操作（程序运行）都必须通过操作系统，所以操作系统是最底层的软件，它需要处理如管理与配置内存、决定系统资源供需的优先次序、控制输入与输出设备、操作网络与管理文件系统等基本事务，并提供一个让用户与系统交互的操作界面。

操作系统的类型多样，不同设备安装的操作系统不一定相同，从移动电话的简单嵌入式操作系统到超级计算机的复杂大型操作系统等多种类型。针对不同开发者、不同阶段开发的操作系统各有特点，有些操作系统集成了图形用户界面（例如 Windows 10），而有些仅使用命令行界面（例如 MS-DOS）。目前，微型机上使用最多的操作系统是微软公司开发的 Windows 系列。操作系统的相关知识将在下一章介绍。

（2）程序设计语言

人与计算机交流的语言称为程序设计语言。程序设计语言主要经历了三个发展阶段。

① 机器语言：机器语言是面向机器的语言，是最低级的语言，也是计算机唯一可以直接识别的语言。它用一组二进制代码（又叫机器指令）来表示各种操作。用机器指令编写的程序称为机器语言程序，其优点是能够被计算机直接执行。

例1　用 Intel 8086 指令系统来编写机器语言程序，要求完成 7 与 8 的求和运算，程序见表 1-3。

表 1-3　8086 机器语言程序

指令序号	机器语言程序	指　令　功　能
1	10110000 00000111	把加数 7 送到累加器 AL 中
2	00000100 00001000	把累加器 AL 中的内容与加数 8 相加，结果仍存放在 AL 中
3	11110100	停止操作

由于机器语言依赖于 CPU，不同型号 CPU 的指令系统各不相同，导致用机器语言编写的程序通用性极差。且一种 CPU 的指令系统一般包含数百条机器指令，因此用机器指令编制的程序可读性差，程序难以修改、交流和维护，只适合专业人员使用。

② 汇编语言：由于机器语言程序不易编制与阅读，人们设计了能反映指令功能的英文缩写助记符来表示计算机语言——汇编语言。

汇编语言采用助记符，比机器语言直观、容易记忆和理解。但汇编语言也是面向机器的程序设计语言，同样属于低级语言。每条汇编语言的指令对应了一条机器语言的代码，不同型号的计算机系统一般有不同的汇编语言。

例2　用 8086 汇编语言编程，要求完成 7 与 8 的求和运算，程序见表 1-4。

表 1-4　8086 汇编语言程序

指令序号	机器语言程序	指　令　功　能
1	MOV AL，7	把加数 7 送累加器 AL 中
2	ADD AL，8	把累加器 AL 中的内容与加数 8 相加，结果存入 AL，即完成 7+8 运算
3	HLT	停止操作

用汇编语言编写的程序虽然降低了程序编写难度，但计算机不能直接执行，必须由汇编程序将其翻译成计算机能直接识别的机器语言程序（称为目标程序），计算机才能执行。

③ 高级语言：由于汇编语言仍然依赖于硬件，且助记符量大、难记，人们于是就发明了高级语言。高级语言其语法和结构更类似普通英文，与人类自然语言十分接近，而且无需对底层硬件有太多的了解，非专业人员也可以经过学习之后学会编程。

例3　用 C 语言编程，要求完成 7 与 8 的求和运算，其程序如下：

```
main（ ）
{
    int al;
    al = 7+8;
}
```

与汇编程序相似，用高级语言编写的程序（即源程序）同样不能直接被计算机识别和执行，必须翻译成计算机能识别的二进制机器指令，计算机才能执行。

高级语言源程序转换成目标程序有两种方式：解释和编译。解释方式是把源程序逐句翻译，翻译一句执行一句，边解释边执行，解释程序不产生将被执行的目标程序。而编译方式则先把源程序翻译成等价的目标程序，然后再执行此目标程序，编译、解释过程示意图分别如图 1-32 所示。

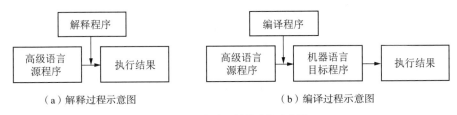

（a）解释过程示意图　　　　　　　　（b）编译过程示意图

图 1-32　编译、解释过程示意图

常用的高级语言有 Java，C，C++，C#，Python 等。

（3）各种语言处理程序

因为计算机只能直接识别和执行机器语言，因此，如果计算机上需要运行高级语言程序就必须配备其程序语言翻译程序。每种高级语言都有相应的翻译程序，如编译程序、解释程序、汇编程序等。

（4）各种数据库管理系统

数据库管理系统（database management system，DBMS）是一种操纵和管理数据库的大型软件，用于建立、使用和维护数据库。DBMS 对数据库进行统一的管理和控制，以保证数据库的安全性和完整性。常见的数据库管理系统主要有针对大型企业的 Oracle，服务于中小型电子商务解决方案、支持多媒体、web 关系的 DB2，功能全面、易学易用的 SQL Sever 和开源的 MySQL 等。

2．应用软件

应用软件是用户为解决各种实际问题而编制的程序及相关文档的集合。应用软件往往涉及某个专业领域，开发此类程序需要一定的专业知识基础。应用软件的种类繁多，分类方法各异，比如以下几种类型：

① 数学计算软件、统计软件：SPSS。

② 办公自动化软件：WPS、Office 等。

③ 多媒体软件：Photoshop、暴风影音、会声会影等。

④ 通信软件：QQ、微信等。

⑤ 输入法软件：搜狗输入法、紫光输入法、智能五笔输入法等。

⑥ 翻译软件：金山词霸。

⑦ 防火墙和杀毒软件：360 安全卫士、金山毒霸等。

⑧ 阅读软件：CAJViewer、Adobe Reader 等。

1.4　数制与编码

数据信息是计算机加工和处理的对象，它的表现形式将直接影响到计算机的结构和性能。由于二进制具有运算简单、物理上易于实现、占用存储空间小等优点，计算机处理的所有信息都采用二进制编码来表示。

1.4.1 数制的表示

1．数制的概念

数制即进位计数制，指按进位的原则进行计数。在日常生活中经常要用到数制，除了常用的十进制计数以外，还有许多其他的计数方法，如十二进制（十二为一打）、二十四进制（一天二十四小时）、六十进制（六十秒为一分，六十分为一小时）等等。这种逢几进一的计数法，称为进位计数法。

2．数制的标示

数制是用一组固定的符号和统一的规则来标示数值的方法。与计算机有关的数制包括：二进制、十进制、八进制和十六进制。其中，二进制是计算机数字世界采用的数制；十进制是人类实际生活中采用的数制；八进制和十六进制则是在编写程序中常用的数制。

为了能正确区分数制，常采用下标或字母来标示数制，常用数制的标示见表 1-5。一般情况下，没有任何标示的，默认为十进制。

表 1-5　常用数制的标示

数　制	下标	字母	样　　例
二进制	2	B	110110B 或（110110）$_2$
八进制	8	Q 或 O	123456Q 或（123456）$_8$
十进制	10	D	123456D 或（123456）$_{10}$ 或 123456
十六进制	16	H	123456H 或（123456）$_{16}$

3．数制的三要素

基码、基数和位权是数制表示的三个重要因素，称为数制的三要素。

（1）基码

基码就是基本数码，表示一种计数制由哪些基本的数字构成。十进制的基码为 0、1、…、9；二进制的基码为 0 和 1；八进制的基码为 0、1、…、7；十六进制的基码为 0、1、…、9、A、B、C、D、E、F，其中的字母元素符号 A、B、C、D、E、F 分别等于十进制数 10、11、12、13、14、15。

（2）基数

基数指数制中基码的总个数。例如，十进制数用 0、1、…、9 等 10 个不同的符号来表示数值，"10" 就是十进制的基数，表示 "逢十进一"。同理，二进制的基数是 "2"，表示 "逢二进一"；八进制的基数为 "8"，表示 "逢八进一"；十六进制的基数为 "16"，表示 "逢十六进一"。

（3）位权

位权是指数的每一位所在位置的权值。位置的确定是以小数点为中心，向左从 0 开始递增计数，向右从 −1 开始递减记数。例如十进制数 1234.567，数字 4 所处位置为 0，数字 2 所处位置为 2，数字 7 所处位置为 −3。

某一位的位权是以基数的若干次幂来确定的，这个幂的值就是所处位置的值。例如十进制数中，所处位置为 i 的数它的位权就是 10^i，同理，二制进数、八制进数、十六制进数其

位权分别为 2^i、8^i 和 16^i。

任何一种数制的数都可以表示成按位权展开的多项式之和。例如，十进制数 1234.567 可表示为：$1234.567 = 1 \times 10^3 + 2 \times 10^2 + 3 \times 10^1 + 4 \times 10^0 + 5 \times 10^{-1} + 6 \times 10^{-2} + 7 \times 10^{-3}$。二进制数 10101010 可表示为（10101010）$_2 = 1 \times 2^7 + 0 \times 2^6 + 1 \times 2^5 + 0 \times 2^4 + 1 \times 2^3 + 0 \times 2^2 + 1 \times 2^1 + 0 \times 2^0$。

1.4.2　数制之间的相互转换

将数由一种数制转换成另一种数制称为数制间的转换。由于计算机内部采用二进制，但对数值的输入 / 输出通常使用十进制，这就意味着在使用计算机进行数据处理时首先必须把输入的十进制数转换成二进制数；在运行结束后，再把二进制数转换为十进制数输出，这就是数制的相互转换过程。4 种数制的对应关系见表 1-6。

表 1-6　4 种数制的对应关系

十进制	二进制	八进制	十六进制
0	0	0	0
1	1	1	1
2	10	2	2
3	11	3	3
4	100	4	4
5	101	5	5
6	110	6	6
7	111	7	7
8	1000	10	8
9	1001	11	9
10	1010	12	A
11	1011	13	B
12	1100	14	C
13	1101	15	D
14	1110	16	E
15	1111	17	F

1．R 进制转换为十进制

R 进制（即除十进制之外的其他数制）转换为十进制的转换方法：将 R 进制数按位权展开式求和，即可得到相应的十进制数。

▶ 例 4　$1011.01B = 1 \times 2^3 + 0 \times 2^2 + 1 \times 2^1 + 1 \times 2^0 + 0 \times 2^{-1} + 1 \times 2^{-2} = 8 + 2 + 1 + 0.25 = 11.25D$

$B7.FH = 11 \times 16^1 + 7 \times 16^0 + 15 \times 16^{-1} = 176 + 7 + 0.9375 = 183.9375D$

$372.6Q = 3 \times 8^2 + 7 \times 8^1 + 2 \times 8^0 + 6 \times 8^{-1} = 192 + 56 + 2 + 0.75 = 250.75D$

2. 十进制转换为 R 进制

十进制数转换成 R 进制，需要将整数部分与小数部分分开进行转换，然后再拼接起来。整数部分转换方法：连续除以 R 取余，至商为零，逆序取值。小数部分转换方法：连续乘以 R 取整，达到精度为止。正序取值。

例 5　将 91.453D 转换成二进制，精确到小数点后 4 位。

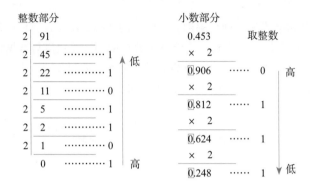

根据上述计算过程，整数部分转换后为二进制数"1011011"（逆序取值），小数部分转换后为二进制数"0111"（正序取值），拼接两部分后为"1011011.0111"。

即：91.453D = 1011011.0111B。

例 6　将 91.453D 转换成八进制，精确到小数点后 4 位。

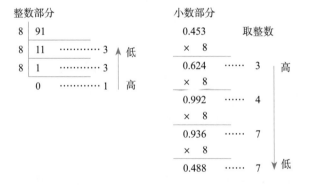

即：91.453D = 133.3477Q。

例 7　将 91.453D 转换成十六进制，精确到小数点后 4 位。

整数部分
```
16 | 91
16 |  5  ········· B   ↑低
        0  ········· 5   |高
```

小数部分
```
   0.453      取整数
 × 16
   0.248  ······ 7   ↑高
 × 16
   0.968  ······ 3
 × 16
   0.488  ······ F
 ×  8
   0.808  ······ 7   ↓低
```

即：91.453D = 5B.73F7H。

需要注意的是，十进制小数常常不能准确地换算为等值的 R 进制数，有换算误差存在。例如，将十进制数 0.5627 转换成二进制数：

$$0.5627 \times 2 = 1.1254$$
$$0.1254 \times 2 = 0.2508$$
$$0.2508 \times 2 = 0.5016$$
$$0.5016 \times 2 = 1.0032$$
$$0.0032 \times 2 = 0.0064$$
$$0.0064 \times 2 = 0.0128$$

此过程会不断进行下去，即小数部分的乘积永远不为 0，因此只能取到一定精度，即保留几位小数，故十进制数 0.5627 转为二进制数为 0.1001B（精确到小数点后 4 位）。

3. 二进制与八进制（十六进制）的互换

因二进制、八进制和十六进制基数分别为 2、8、16，同时存在 $2^3 = 8$、$2^4 = 16$ 的等值关系，因此可将二进制三位数对应于八进制的一位数，二进制四位数对应于十六进制一位数。

（1）二进制转换成八进制（十六进制）

二进制数转换成八进制（十六进制）数的方法可概括为"三（四）位并一位"。从小数点开始，分别向左、向右依次将相邻的三（四）位二进制位划分成一组，以不改变数值大小为原则，若整数部分最后一组不足三（四）位，则在左边补 0；若小数部分最后一组不足三（四）位则在右边补 0，然后计算出与每一组数等值的八（十六）进制数，最后按权的顺序连接起来即得到相应的八（十六）进制数。

▶ 例 8　将 11101011100.1101B 分别转换成八进制和十六进制。

```
011   101   011   100  .  110   100
 ↓     ↓     ↓     ↓       ↓     ↓
 3     5     3     4    .  6     4

0111      0101      1100  .  1101
 ↓         ↓         ↓        ↓
 7         5         C    .   D
```

即：11101011100.1101B = 3534.64Q = 75C.DH。

（2）八进制（十六进制）转换成二进制

八进制（十六进制）数转换成二进制数可概括为"一位拆三（四）位"，即把一位八进制（十六进制）数换算成等值的三（四）位二进制数，一位八进制（十六进制）数转化成二进制数则采用"十进制转换为 R 进制"的法则进行，然后按权连接即可。

▶ 例 9　将 732.54Q 转换成二进制。

```
 7     3     2   .   5     4
 ↓     ↓     ↓       ↓     ↓
111   011   010  .  101   100
```

即：732.54Q = 111011010.1011B。

▶ 例 10　将 D39.BCH 转换成二进制。

D	3	9	.	B	C
↓	↓	↓		↓	↓
1101	0011	1001	.	1011	1100

即：D39.BCH = 110100111001.101111B。

1.4.3　编码

计算机处理的数据分为数值型和非数值型两大类。数值型数据指数学中的代数值，具有量的含义，且有正负之分、整数和小数之分。数值型数据一般可进行算术运算，如 258、1010100B、3AH 等都是数值型数据；非数值型数据则没有量的含义，不能进行算术运算，如字符串"湖南省""2023 年 9 月""WPS 2019"等，都是非数值型数据。上述字符串中虽然含有数字，但它们不能、也不需要进行算术运算。常见的非数值型数据包括数字符号 0～9、大写字母 A～Z、小写字母 a～z、汉字、图形、图像、声音、视频及其他一切可打印的符号等。

由于计算机采用二进制，所以输入到计算机中的任何数值型和非数值型数据都必须转换为二进制，将数据转换为二进制的过程就是编码的过程。

1. 数值型数据编码

（1）机器数与真值

计算机内数据采用二进制数的形式，为了表示正负，规定用"0"表示正，用"1"表示负，其他各位仍表示其数值。这种将符号数码化，并与数字合为一体的机内数表示形式，称为机器数。而它真正表示的数的数值称为这个机器数的真值。例如：

十进制：	+100	−100
二进制（真值）：	+1100100	−1100100
计算机内（机器数）：	01100100	11100100

然而现实生活中有些量不可能为负数，如年龄，所以机器数又有有符号数和无符号数之分。在无符号数中，所有的位都用于直接表示该值的大小。8 位二进制无符号数的范围为 0～255，有符号数的范围为 −128～+127。

（2）原码、反码和补码

在计算机中可用不同的码制来表示数，常用的码制有原码、反码和补码三种，分别表示为 [X]$_原$、[X]$_反$、[X]$_补$。

① 原码：原码是计算机中一种对数字的二进制定点表示方法，由符号位和数值位组成。原码表示法在数值首位前增加一位符号位（最高位）：正数该位为 0，负数该位为 1，其余位表示数值的大小。不管是正数还是负数的原码，数值位的值都是取数的绝对值。

例如，"+20"和"−20"的原码可分别表示为：[+20]$_原$ = 00010100，[−20]$_原$ = 10010100。

② 反码：正数的反码与其原码相同，例如，[+20]$_反$ = 00010100，而负数的反码则需先表示为其绝对值的原码，再按位取反，即"0"变成"1"，"1"变成"0"。

例如，要表示 [−20]$_反$，则先表示 [|−20|]$_原$ = 00010100，再按位求反，即 [−20]$_反$ = 11101011。

③ 补码：正数的补码与其原码相同，负数的补码则需将其原码除符号位外的所有位取反后加 1。例如，要表示 [−20]$_补$，则先表示 [−20]$_原$ = 10010100，保持符号位不变，数值位取反后为"11101011"，最后计算"11101011+1"值为"11101100"，即 [−20]$_补$ = 11101100。

教学视频

计算机编码

2. 西文字符编码

西文字符编码是指对字母、数字、各种控制符和一些图形符号进行编码。目前国际上通用的西文字符编码是 ASCII 码。

ASCII 码采用七位二进制数表示一个字符，一共可表示 128（2^7）个字符。ASCII 码代码表见表 1-7，其中包括：34 个通用控制符、10 个十进制数字、52 个大小写英文字母和 32 个标点和运算符号。在计算机中，用一个字节即 8 个二进制位（Bit）存放一个 ASCII 码，其中最高位为用来检验是否出现错误的奇偶校验位，后面 7 位用来编码。

表 1-7　ASCII 码代码表

低　位	高　位							
	000	001	010	011	100	101	110	111
0000	NULL	DLE	SP	0	@	P	`	p
0001	SOH	DC1	!	1	A	Q	a	q
0010	STX	DC2	"	2	B	R	b	r
0011	ETX	DC3	#	3	C	S	c	s
0100	EOT	DC4	$	4	D	T	d	t
0101	ENQ	NAK	%	5	E	U	e	u
0110	ACK	SYN	&	6	F	V	f	v
0111	BEL	ETB	`	7	G	W	g	w
1000	BS	CAN	(	8	H	X	h	x
1001	HT	EM	)	9	I	Y	i	y
1010	LF	SUB	*	:	J	Z	j	z
1011	VT	ESC	+	;	K	[	k	{
1100	FF	FS	,	<	L	\	l	|
1101	CR	GS	−	=	M	]	m	}
1110	SO	RS	.	>	N	^	n	~
1111	SI	US	/	?	O	_	o	DEL

在上述 ASCII 码代码表中，最高位是校验位，为 0，不算在编码中。可以根据"高位 + 低位"的原则查询某个字符的编码。比如：大写英文字母"A"编码为"1000001"；小写字母"a"编码为"1100001"。

ASCII 码表中的字符排列是有一定规律的，如 10 个数字与 52 个英文字母的 ASCII 码存在以下规律。

① 数字的 ASCII 码 < 大写字母的 ASCII 码 < 小写字母的 ASCII 码。

② 数字、大写英文字母、小写英文字母其内部均按顺序依次编码。当知道了一个字母或数字的 ASCII 码，就可以推算出其余字母或数字的 ASCII 码。例如 A 的 ASCII 码对应的十进制数大小为 65，则可推算出 C 的 ASCII 码对应的十进制数大小为 67。

3. 汉字编码

计算机在处理汉字时同样需要将其转化为二进制代码，即需要对汉字进行编码。但由于汉字的数量庞大、字形复杂，其编码较西文字符要复杂得多，包括在输入、存储和输出等各个环节中都要进行编码。

（1）输入码

输入码又称外码，是用英文键盘输入汉字时设计的编码。目前，国内先后研制的汉字输入码多达数百种，但用户使用较多的约为十几种，按输入码编码的主要依据，大体可分为顺序码、音码、形码、音形码四类。

汉字输入码与输入汉字时所用的汉字输入方法有关，同一个汉字在不同的输入方案下，产生的输入码可能不同。如"保"字，用全拼，输入码为"BAO"；用区位码，输入码为"1703"；用五笔字型则为"WKS"。

常用的汉字输入法有全拼、双拼、区位码、智能五笔等。

（2）机内码

机内码是计算机内部存储和处理汉字时所用的代码，又称内码。不管用何种输入法将汉字输入计算机后，都需将其转换成汉字机内码。同一汉字，输入码可以不同，但机内码一定是相同的。用户从键盘上把一个汉字输入计算机时，将由系统自动完成从输入码到机内码的转换。机内码一般都采用变形的国标码。一般采用两个连续的字节对汉字进行编码，这两个字节各自的最高校验位为1。

（3）输出码

汉字输出码又称汉字字形码或汉字字模，它是将汉字字形经过数字化后形成的一串二进制数，用于汉字的显示和打印。汉字字型码通常有两种表示方式：点阵和矢量表示。

点阵字型编码是一种最常见的字型编码，它用一位二进制码对应屏幕上的一个像素点，字形笔画所经过处的亮点用"1"表示，没有笔划的暗点用"0"表示，16×16点阵字形与字形编码如图1-33所示。根据输出汉字的要求不同，点阵的多少也不同。简易型汉字为16×16点阵，提高型汉字为24×24、32×32、48×48点阵等等。点阵规模越大，表示的字形信息越完整，显示的汉字越清晰、美观，所占存储空间也越大。字体不同，所组成的点阵也不相同，因此有宋体字库、楷体字库、黑体字库等不同的字体库。

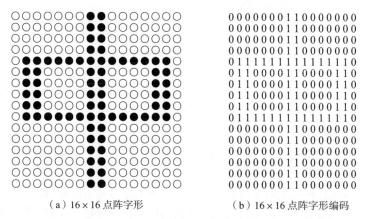

（a）16×16点阵字形　　　　（b）16×16点阵字形编码

图1-33　16×16点阵字形与字形编码实例

矢量表示方式存储的是描述汉字字型的轮廓特征，当输出汉字时，通过计算机的计算，由汉字字型描述生成所需大小和形状的汉字点阵。矢量化字型描述与最终文字显示的大小、分辨率无关，因此可以产生高质量的汉字输出。

1.5　生物医学信息学

1.5.1　生物医学信息学的概念

生物医学信息学可理解为医学信息学和生物信息学的结合。

医学信息学是利用计算机和信息技术进行医学信息交换、理解和管理的领域，其最终目的是在合适的时机和场所为医学临床决策提供支持，研究医学领域相关的数据结构、算法及信息系统，包括临床诊疗决策、医学数据的采集传输管理和应用，以及各类医疗信息系统等。电子病历（电子健康档案）的相关研究为医学信息学的重点，通过对个体医疗数据的分析、处理、管理和利用，实现医疗卫生事业的精准发展。目前很多国家和地区均已制定了长期的国家计划进行全民电子健康档案的建设。

生物信息学是伴随着基因组学的研究而产生的，主要研究分子级别的生物医学信息的储存、检索和利用。

1.5.2　生物医学信息学的研究内容

传统的生物医学信息学，侧重于文献信息管理、分析研究；而现代生物医学信息学，由先前的医学信息学、计算机医学应用、卫生信息学等学科统一而成，将计算机信息通信等技术应用到生物医药卫生领域。

20 世纪 60 年代，医学文献分析检索系统的建成为医学信息学开始的标志；20 世纪 70—80 年代，医学信息学到了发展时期，大规模的医院信息系统投入到了应用中；20 世纪 80 年代以来，以医学人工智能和专家系统的出现为主要标志，从数据处理阶段发展为知识处理阶段，医学信息学进入了新的发展时期。

基于人工智能、深度学习方法的医学人工智能技术已应用到医疗领域中，用来攻克种种医学难题。在现有医疗资源条件下，深度学习方法已经展现出了巨大潜力，现代医疗已进入能为医生提供辅助决策的人工智能时代。虽然人类经验受到样本空间大小的限制，往往都收敛于局部最优，但人工智能技术却不被人类认知所局限，并能够发现新知识、发展新策略。由于深度学习训练过程中需要消耗大量人类标注样本，而这对于小样本应用领域（比如医疗图像处理）是不可能办到的，所以如何减少样本和人类标注是目前生物医学信息学研究内容的难点之一。

1. 生物信息学

生物信息学是一门交叉学科，它包含了生物信息的获取、处理、存储、分发、分析和解释等在内的所有内容，它综合运用数学、计算机科学和生物学的各种工具，来阐明和理解大量数据所包含的生物学意义。

生物信息学的研究内容紧随基因组的研究而发展，大体包括以下几个方面：基因组序列分析和解释、基因多态性分析、基因表达调控、蛋白质空间结构的模拟和蛋白质功能的预测、疾病相关基因鉴定、核酸的分子设计、药物设计和个体化的医疗保健设计以及生物芯片研究等。具体来说，生物信息学主要包括以下几个主要的研究领域和课题：序列比对、结构比对、蛋白质结构预测、计算机辅助基因识别、非编码区分析和 DNA 语言研究、分子进化和比较基因组学、序列重叠群装配、遗传密码的起源以及药物结构设计等。例如研究者通过全基因组测序工作来确定病毒的基因型别，如 α、β、γ 属冠状病毒的基因组结构（图 1-34），并进行新冠病毒基因溯源。

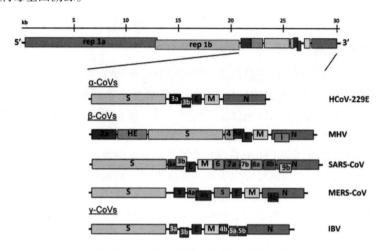

图 1-34　α、β、γ 属冠状病毒的基因组结构

2. 医学信息分析与决策

科学的决策过程作为人的一种创造性思维活动，是从调查研究开始，经过分析判断，形成对事物客观规律的正确认识，直到做出决策的动态过程。医学信息决策，是指根据医学信息进行决策，常常比较复杂，也会面临很多不确定的情况，不仅仅凭经验和直觉，而是经过相关信息分析后做出多种决策方案以供选择。很多的软件系统提供了不同的决策支持模型供用户使用。如图 1-35 所示为一类基于知识库的临床决策支持系统架构，在临床中可根据需要利用该决策模型进行判断。

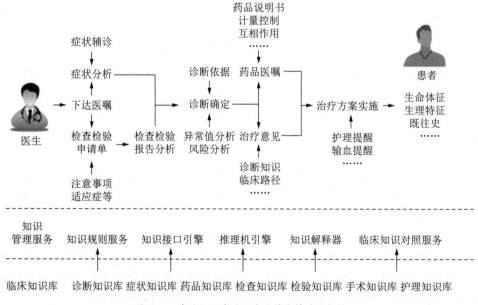

图 1-35　基于知识库的临床决策支持系统架构

（1）确定型决策

确定型决策是指已经掌握决策的条件、因素和完整的信息资料，没有不确定的因素，有明确的目标，一个行动方案只有一种确定的结果时所做出的决策。例如，医生给轻度结石患者制订治疗方案，主要考虑治疗时间（假如不考虑治疗费用、治疗效果、安全性等方面的因素），此问题是确定型决策的一种最简单情况。

（2）风险型决策分析

风险型决策通过预测各事件可能发生的先验概率，然后采用期望效用最好的方案作为最优方案。例如，为患者选择治疗方案需要承担一定的风险：保守治疗出差错的可能性小，但效果不好，痊愈率低；手术治疗效果好，痊愈率高，但风险大。像决策树、贝叶斯决策等不确定型决策都属于风险型决策方法。

（3）马尔可夫决策

马尔可夫决策是指如果一类问题每个时期状态的发生只与前一时期的状态有关，而与更早的状态无关，则利用这样的特性对这类问题进行预测的决策称为马尔可夫决策。如夏秋季节某青年患者食入生冷腐馊、秽浊不洁的食品后导致恶心、呕吐、腹泻，可先诊断为急性肠胃炎，无需考虑其他重病。

（4）多指标决策

多指标决策是一类特殊的多目标决策问题，主要是决策者基于多个指标对有限方案的选优问题。例如，对同一种疾病，可能有几种治疗方案备选，每种方案在治疗时间、治疗费用、治疗效果、预后及安全性等指标上都存在差异。在选择采取哪种方案时不能简单利用某项指标来评价方案的优劣，而要进行多指标的综合评价。

（5）层次分析法

层次分析法就是基于排序的原理，将各种方法排出优劣次序作为决策的依据。首先将问题看成受多种因素影响的大系统，按照这些因素的隶属关系，构造成多阶相互关联和制约的层次结构，然后由专家权威人士对各因素的重要性进行两两比较、层层排序，最后进行分析决策。该方法可用于肿瘤治疗方案的比较和选取。

（6）关联规则

关联规则挖掘研究信息之间未知的却又实际存在的关联关系。如20世纪90年代，沃尔玛超市的管理人员分析发现，在某些特定情况下，啤酒和尿布这两件毫无关系的商品会经常出现在同一个购物单中。经调查后发现，这种现象出现在年轻父亲的身上，他们前去超市购买尿布时，往往顺便为自己购买啤酒。

（7）人工神经网络与深度学习方法

人工神经网络是由若干个独立的信息处理单元广泛互连而成的计算机仿生模型。深度学习的概念源于人工神经网络的研究，含多个隐层和多层感知器。深度学习在医学图像分割上取得了很好的效果，此外在医学图像配准、分类和病灶识别方面也有应用，可以进行治疗方案规划与疾病预测。

（8）聚类分析

聚类是无监督学习中的一种算法，它将待分类的对象划分成一定数量的类或簇，同一类的对象之间具有较高的相似度，不同类的对象之间具有较大的相异度。在没有金标准的情况下进行医学图像分析处理时，可以利用聚类分析找出图像中的病灶，从而进行疾病的计算机辅助诊断。

除以上的决策分析方法外，还有粗糙集、模糊决策、时间序列分析方法等。

3. 移动医疗技术

移动医疗以基于安卓和 iOS 等移动终端系统的医疗健康类 APP 应用为主。目前在全球医疗行业采用的移动应用解决方案，可基本概括为：无线查房、移动护理、药品管理和分发、病人条形码标识带的应用、无线语音、网络呼叫以及视频会议和视频监控等。可以说，病人在医院经历过的所有流程，从住院登记、发放药品、输液、配液/配药、标本采集和处理、急救室/手术室使用，到出院结账，都可以用移动技术予以优化。移动应用能够高度共享医院原有的信息系统，并使系统更具移动性和灵活性，从而达到简化工作流程，提高整体工作效率的目的。移动应用的另一个显著贡献是减少医疗差错，例如在对病人护理过程中，有可能出现护理人员交接环节的失误，以及在发药、药品有效期管理、标本采集等执行环节的失误。据美国权威机构的调查显示，每年有超过 1 500 万例的药品误用事故在美国医院内发生。为了避免这些失误，就需要医护人员及时地得到和确认患者的医疗信息，确保在正确的时间、对正确的病人进行正确的治疗。

移动医疗技术还能缓解医疗卫生服务缺乏、医疗人力资源短缺等问题，实现了不受时间、空间限制，可及时接受诊疗的普惠型医疗模式，为无障碍疾病监测提供了可能。

1.5.3 生物医学信息素养

随着虚拟仿真、增强现实、人工智能、医学机器人、医疗大数据、移动互联网等信息技术与医疗健康相关领域的结合日趋紧密，医工融合已成为未来医学发展的必然趋势，医学相关人员与信息技术的关系也悄然随之改变。2015 年 2 月，美国大学与研究图书馆协会正式发布的《高等教育信息素养框架》认为，信息素养是围绕对信息的反思性发现，对信息如何产生和评价的理解，及利用信息创造新知识并合理参与学习团体的一系列综合能力。

对于医学生来说，所需的信息素养包括信息意识、信息知识、信息能力和信息道德等四个方面。

1. 信息意识

医学生的信息意识可划分为三个方面：领域意识、前沿意识和线索意识。领域意识是指医学生对其所学的学科或专业领域信息的关注；前沿意识是医学生对学科或专业领域及其相关学科或专业领域发展前沿信息的关注；线索意识是医学生对学科或专业领域的再现事件保持记忆、及时关联和发现线索的能力。未来，医生将更加依赖信息和知识更新来战胜疾病和伤残。因此，对信息和知识的敏锐洞察力将直接决定医学生未来的职业发展。

2. 信息知识

信息知识主要包括信息的基本概念、信息处理的方法与原则、信息的社会文化特征等基本知识；对信息技术的原理（如计算机原理、网络原理等）、信息技术的作用、信息技术的发展等内容的了解，对医学信息源概念的了解，对循证医学相关概念的了解以及对医学信息获取等方法的了解。有了对信息本身的认知，就能更好地获取、辨别、利用信息。

3. 信息能力

信息能力主要表现在以下几个方面：信息需求的表达能力，包括发现问题并清晰地表达概念的能力；信息获取能力，包括选择合适的医学信息源和制定正确的检索策略；信息管理与筛选能力；信息分析与评价能力；信息交流与沟通的能力；信息的发布、利用与创新能力；循证实践能力。

4．信息道德

信息道德是指在信息的采集、加工、存贮、传播和利用等信息活动的各个环节中，用来规范其间产生的各种社会关系的道德意识、道德规范和道德行为的总和。它通过社会舆论、传统习俗等，使人们形成一定的信念、价值观和习惯，从而使人们自觉地通过自己的判断规范自己的行为。对于医学生而言，不仅要具有各类大学生应该具备的保护知识产权、合理合法地使用信息的能力，更要具有自觉保护患者的私密信息、尊重患者隐私的能力。

1.5.4　生物医学信息技能的培养内容

传统的医学信息技能是以文献检索能力为主要培养内容，但随着医学信息技术的不断发展，对医务工作者的信息技能要求也越来越高。利用网络及数字资源进行检索、利用信息技术工具进行数据分析与处理、使用相关工具进行论文写作与投稿、利用互联网、人工智能等进行医疗应用，也成为了生物医学信息技能培养的重要内容。

1．信息的获取

利用互联网获得文献资源，如使用谷歌学术、百度学术、PubMed 等；利用图书馆购买的数据库进行检索，如中国知网、万方、SCI 数据库、EI 数据库、EBSCOhost、Scopus 文摘数据库、ClinicalKey 爱思唯尔医学平台、PsycARTICLES 心理学数据库、读秀知识库、超星学术视频、起点医考网等相关机构提供的引文数据库、全文数据库、考试数据库、电子图书等。

2．信息的加工与处理

利用 WPS 等办公软件、SPSS 等统计处理软件、matlab 等矩阵处理软件进行相应的工作。

3．成果的展示与发表

利用 WPS 演示或 PowerPoint 软件进行自己工作的展示、通过网络选择合适的期刊进行投稿，并与编辑、审稿人进行沟通最终得以发表。

4．远程医疗的应用能力

随着近年来互联网医疗的发展，网上挂号、远程医疗、在线问诊改变了传统的就医方式，也大大缓解了就医难问题。然而医生和患者之间隔着屏幕依然无法进行手术等医疗处置。2019 年 3 月 16 日，从北京到海南，一场相隔 3000 公里的远程手术借助互联网完成。医生在海南医院里通过网络遥控操纵机械手，为远在北京的帕金森病患者实施了这场特殊的手术，标志着 5G 将掀开互联网医疗新的篇章，也意味着医生应具有使用远程医疗和手术机器人的基本能力。

5．人工智能的应用能力

近年来，人工智能技术在医疗行业变得越来越普及，人工智能技术在医疗机器人、智能诊疗、智能药物研发、智能影像识别、智能健康管理等领域均有不同程度应用，在提高医疗精准率、减轻医疗负担等方面取得了显著效果。可见，医护工作者需要具备一定的人工智能应用能力才能胜任岗位需求。

第2章
操作系统

随着计算机的大规模普及，越来越多人习惯性地通过使用计算机来工作、学习与娱乐，计算机已然成为日常生活中不可分割的一部分。在计算机中，由于存在支持各种软件运行的平台，所以仅通过下载安装目标软件，就能够满足人们多样化的使用需求。操作系统是该类平台的典型代表，作为计算机系统中最基本也是最为重要的基础性系统软件，它能对计算机硬件资源进行管理、分配和调度，从而为软件的运行提供环境；同时它搭建起计算机硬件与用户之间的桥梁，能够解读用户通过用户界面输入的命令，来实现用户要求。没有操作系统的计算机，对普通用户来说毫无用处。因此在计算机的应用范围日渐广泛的今天，熟悉和掌握操作系统具有必要性。

本章将围绕计算机操作系统来展开学习，内容包括操作系统概述、Windows 操作系统界面、Windows 操作系统的基本操作等。

> 📖 **学习目标**
>
> 1. 领会操作系统的功能；了解操作系统的发展与分类；了解常用操作系统；掌握 Windows 10 操作系统的基本操作；了解文件与文件夹的特点；掌握系统设置方法。
>
> 2. 能用正确姿势和指法进行中、英文录入；会熟练运用 Windows 操作系统进行文件和文件夹的管理。
>
> 3. 养成勇于探索、敢于创新的品质。

2.1 操作系统概述

操作系统是计算机系统中最基本的系统软件，它在计算机系统中的作用类似于"大脑"在人体中的作用。作为计算机系统中最重要的、不可缺少的部分，操作系统主要用来管理和控制计算机系统的软、硬件资源，提高其利用率，同时又能为用户提供一个方便、灵活、安全、可靠的计算机工作环境，也就是说操作系统不仅充当着用户与计算机硬件之间的接口，而且在计算机中任何其他软件的正常运行都依赖于操作系统。操作系统的性能在很大程度上能决定计算机系统工作的优劣。

2.1.1 操作系统的功能

操作系统是一种控制应用程序执行的程序，操作系统既是应用程序和计算机硬件间的接口，也是把整个电脑资源包装起来的一个图形界面，这个图形界面随着计算机硬件的进步会逐渐更新。

1. 操作系统是用户和计算机硬件系统之间的接口

计算机系统由硬件系统和软件系统两部分组成，操作系统是最基本的系统软件，是管理和控制计算机中所有软、硬件资源的一组程序。在操作系统的支持下，计算机才能运行其他软件。操作系统为用户提供了使用方便且易于扩展的工作环境，从而在计算机硬件系统与用户之间起到接口的作用。用户、操作系统和计算机硬件系统三者之间的接口层级关系如图 2-1 所示。

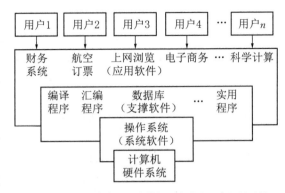

图 2-1　用户、操作系统和计算机硬件系统三者之间的接口层级关系

2. 操作系统是计算机系统资源的管理者

计算机系统中存在多种硬件和软件资源，比如数据、内存空间和外围设备等，操作系统最重要的作用就是管理这些系统资源。按照计算机系统的资源类型可把操作系统的功能分为以下五类。

（1）处理器管理：操作系统可对处理器的各种中断事件进行处理，同时还可进行处理器调度，即根据处理器的个数和类型，针对不同情况采取不同的调度策略。

（2）存储器管理：操作系统主要是负责分配内存储器内存空间，保证各作业占用的内存空间不发生矛盾，并使各作业在自身所属存储区中不互相干扰。当程序完成后，还需完成回收内存空间及碎片处理工作。

（3）设备管理：操作系统主要负责管理各类外围设备，完成分配、启动和故障处理等工作。此外，外围设备的使用需要操作系统进行资源的统一分配和驱动，因此，操作系统还具有处理外围设备中断请求的能力。

（4）文件管理：在操作系统中，将负责存取管理信息的部分称为文件系统。文件管理支持对文件的存储、检索、修改与保护等。

（5）作业管理：每个用户请求计算机系统完成的一个独立的操作称为作业。作业管理包括作业的输入与输出、作业的调度与控制等。

3. 操作系统向用户提供对硬件操作的抽象模型

操作系统在增强系统功能的同时，还能通过在硬件设备上覆盖管理软件方式，来隐藏对硬件操作的细节，向用户提供对硬件操作的抽象模型。也就是说操作系统实际上是铺设在计算机硬件上的多层软件的集合，它实现的是对计算机硬件操作的多个层次的抽象模型。此外，随着抽象层次的提高，抽象接口所提供的功能就越强，用户使用起来就越方便。

2.1.2　操作系统的发展与分类

紧随着计算机的硬件技术的发展、用户需求的变化，包括不断提高的计算机资源利用率、不断提升的用户体验、不断升级的计算机硬件、不断完善的计算机体系结构和不断涌现的新应用需求，操作系统也在不断发展，并衍生出了多种类型。大致可将操作系统类型分为以下几种。

1. 单道批处理系统

系统对作业的处理是成批进行的，但是内存中始终还是只有一道作业，故称为单道批处理系统。该系统虽减小了作业切换时间，但并没有减少 CPU 在处理作业过程中产生的空闲时间。由于不能充分利用系统资源，单道批处理系统最终被淘汰。

2. 多道批处理系统

多道批处理系统将用户提交的作业视为一个队列，然后由作业调度程序按照一定的算法从该队列中选出若干作业调入内存，使它们共享计算机系统资源。但由于作业要先排队再被处理，且作业和用户之间没有交互能力，所以随着硬件技术的发展和用户交互要求的提高，多道批处理系统已经难以适应新时代的发展需求。

3．分时系统

分时系统的计算机系统不再单纯地执行计算任务，而是具有人机交互能力的计算机系统，功能上更加丰富，一台计算机可同时供多个用户使用。

4．实时系统

实时系统能及时响应外部事件的请求，并在规定的时间内完成对事件的处理，具有及时性和高可靠性的特点，常用于工业控制系统、信息查询系统、多媒体系统、嵌入式系统等。

5．网络操作系统

网络操作系统是能在网络环境下对网络资源进行管理和控制的操作系统，是用户与网络资源之间的接口。当多个用户争用系统资源时，网络操作系统将进行资源调剂管理，协调管理网络用户进程或程序，并与联机操作系统进行交互。

6．个人计算机操作系统

个人计算机操作系统是一种注重人机交互的多任务的操作系统，也称为桌面操作系统，最常见的有 Windows 系列操作系统、macOS 操作系统、以安卓和 IOS 为代表的移动设备操作系统等。

2.1.3　常用操作系统

1．Windows 操作系统

Windows 操作系统是最早一批开始使用图形化界面的操作系统，是微软公司为了取代其命令符界面的 DOS 系统而开发的。由于该系统功能全面，易用性好，配合上微软公司自己的办公软件系统，从而风靡全世界，成为世界上使用率最高的操作系统。如图 2-2 所示为经典的 Windows XP 系统桌面。

图 2-2　Windows XP 系统桌面

微软公司对 Windows 操作系统进行了系列版本的更新换代：从最初的命令符界面 DOS 系统到 Windows 3.1、视窗操作系统 Windows 95，到后续推出的 Windows 98、Windows XP、

Windows 7、Windows 8 和 Windows 10 等多个版本，目前最新版本为微软于 2021 年发布的 Windows 11。

2．国产操作系统

在信息安全问题日益凸显的大背景之下，为确保各种依赖于操作系统支持的应用系统的信息安全性、机密性和完整性，国产操作系统日渐崛起。目前，使用较为成熟的国产的桌面操作系统多为以 Linux 为基础二次开发的操作系统，如优麒麟操作系统、中标麒麟操作系统、基于自主开发微内核技术的鸿蒙操作系统等。

优麒麟（Ubuntu Kylin）操作系统是由麒麟软件有限公司和 CCN 开源创新联合实验室主导开发的全球开源项目，其宗旨是研发用户界面友好的桌面环境以及特定需求的应用软件。这一合作是我国政府推广开源软件、加速中国开源生态系统发展计划的一部分，优麒麟系统的打造将为中国的硬件、软件开发者提供参考模板。优麒麟操作系统桌面如图 2-3 所示。

图 2-3　优麒麟操作系统桌面

鸿蒙操作系统（HarmonyOS）是华为公司于 2019 年正式发布的操作系统。鸿蒙操作系统与 Android（安卓操作系统）、iOS（苹果公司的操作系统）是不一样的操作系统，其性能上不弱于安卓系统，是华为公司开发的一款基于微内核、面向 5G 物联网和全场景的分布式操作系统。鸿蒙操作系统能打通手机、电脑、平板、电视、工业自动化控制、无人驾驶、车机设备、智能穿戴等设备，将这些设备统一成一个操作系统，打破设备间的隔离，创造一个超级虚拟终端互联的世界，将人、设备、场景有机联系在一起。在全场景生活中消费者接触的多种智能终端中，实现极速发现、极速连接、硬件互助、资源共享，用最合适的设备提供最佳的场景体验。如图 2-4 所示为鸿蒙操作系统的手机设备界面。

图 2-4　鸿蒙操作系统的手机设备界面

自鸿蒙操作系统宣告问世，就在全球引起反响。人们普遍相信，这款由中国电信设备巨头打造的操作系统在技术上是先进的，并且具有逐渐建立起自己生态的成长力。它的诞生将拉开永久性改变操作系统全球格局的序幕。HarmonyOS 凭借在互联网产业创新方面发挥的积极作用，在 2021 年世界互联网大会上获得"领先科技成果奖"。2022 年 12 月，华为推出最新版本鸿蒙 3.0。

3．其他操作系统

Windows 系列操作系统虽然是人们熟知的操作系统，近年来随着 Apple 公司的成功，让其桌面操作系统 macOS 也逐渐走进了普通用户的生活和工作。在服务器领域，Unix 和 Linux 操作系统也有着很广泛的应用。

Unix 操作系统是一个强大的多用户、多任务的操作系统，该系统最早开发于 20 世纪 60 年代的 AT&T 贝尔实验室，之后由于被多个厂商各自应用，诞生了很多个版本。主要被各大服务器生产商用于服务器操作系统。

Linux 操作系统是一套免费使用和自由传播的类 Unix 操作系统，是一个基于 POSIX（portable operating system interface，可移植操作系统接口）和 Unix 的多用户、多任务、支持多线程和多 CPU 的操作系统。Linux 可安装在各种硬件设备中，比如手机、平板电脑、路由器、视频游戏控制台、台式计算机、大型机和超级计算机，目前手机的主流操作系统 Android 也是基于 Linux 内核开发的。

macOS 是由苹果公司自行开发的一套运行于 Macintosh 系列电脑上的操作系统，是首个在商用领域获得成功的图形用户界面操作系统。macOS 是基于 Unix 内核的图形用户界面操作系统，一般情况下，在普通 PC 上无法安装该操作系统。

2.2　Windows 操作系统界面

认识 Windows 图形化的界面和操作方式是学习 Windows 操作系统的基础。

2.2.1　窗口

Windows 操作系统是一个多任务的操作系统，它可以同时运行多个程序。每运行一个程序，会在屏幕上弹出一个相应的矩形区域，也就是打开一个"窗口"。

1．窗口的组成

Windows 操作系统中的窗口通常由功能和外观较一致的部分组成，最常见的有标题栏、状态栏、导航栏、工作区等。如图 2-5 所示为 Windows 10 资源管理器的窗口结构。

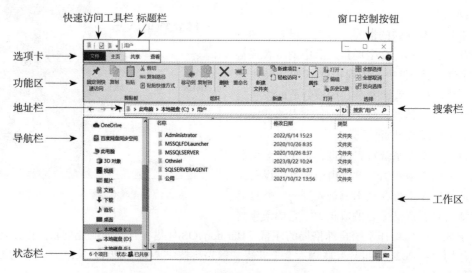

图 2-5　Windows 10 资源管理器的窗口结构

➢ 标题栏：位于窗口的顶部，用于显示所属程序或当前目录的名称，方便用户识别。当屏幕中有多个窗口时，当前工作窗口的标题栏会高亮显示。

➢ 窗口控制按钮：位于窗口的右上角。最小化按钮可将窗口缩小为图标形式，并放置在任务栏中；最大化按钮可将窗口最大化至全屏状态，再次单击可起到还原作用，即将窗口恢复到原有大小；关闭按钮用于关闭窗口。

➢ 选项卡：通常位于标题栏下方，用户可单击选项卡切换下方的功能区。

➢ 功能区：通常位于选项卡下方，其中包含一类相关功能的命令。

➢ 工作区：处于窗口中间，并占有最大的面积，用于显示当前程序或文件夹中的内容。

➢ 搜索栏：可以在其中的搜索文本框中输入搜索文件或文件夹的关键字，单击右侧的搜索按钮找到符合条件的对象。

➢ 状态栏：用于显示窗口当前状态或用户当前操作。

➢ 地址栏：通常在需要输入访问存储路径或网络地址等信息的情况下使用。

➢ 导航栏：用于显示文件夹结构、目录内容等。

2. 窗口的操作

当打开多个窗口时，只有一个窗口处于激活状态，该窗口称为当前窗口或活动窗口，用户只能在当前窗口操作。

➢ 移动窗口：将鼠标指针移动到窗口的标题栏，按住鼠标左键，拖曳到目标位置后松开左键。

➢ 改变窗口大小：将鼠标指针移动到窗口的四周边沿位置，当指针形状变为双箭头形状时，即可按住左键拖曳来改变窗口的高度或宽度。如果将鼠标指针移动到窗口的四个边角位置，实施上述操作可同时改变窗口的高度和宽度。

➢ 窗口切换：可通过两种方法切换当前窗口。第一种是任务栏切换法，用单击任务栏中的任务按钮；第二种是快捷键法，用 Alt+Tab 组合键切换。

2.2.2 桌面和"开始"菜单

当计算机开机后，即进入到桌面。桌面是以一张图片作为背景，并在图片上方陈列有文件、文件夹等图标的场景。用户可以通过图标打开相应的程序或文件，也可以把常用的程序或文件放置在桌面。如图 2-6 所示为 Windows 10 的桌面结构。

图 2-6　Windows 10 的桌面结构

1. 图标

桌面上有些图标是在系统安装完成后系统自动生成的，包括计算机、网络、回收站等。如果用户需要设置取消这些图标，可以在桌面空白位置右击，在弹出的快捷菜单中选择"个性化"命令，在打开的窗口左侧单击"主题"选项中的"桌面图标设置"命令，在弹出的对话框中进行相关设置，如图 2-7 所示即为"桌面图标设置"对话框。

图 2-7 "桌面图标设置"对话框

2. "开始"菜单

"开始"菜单是通过"开始"按钮启动的，"开始"按钮一般位于屏幕左下角，是带微软图标的按钮。单击"开始"按钮后，展示如图 2-8 所示的"开始菜单"。其界面可分为 3 部分，分别是应用列表、系统菜单和常用应用区。

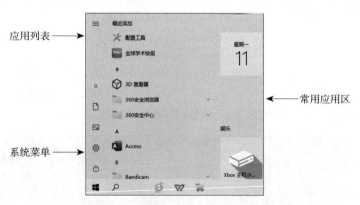

图 2-8 "开始"菜单

应用列表：主要用于启动计算机中的应用程序，应用按字母顺序排列。

常用应用区：常用于启动系统自带的功能应用，也可自定义应用。

系统菜单：单击"电源"按钮则弹出"睡眠""关机""重启"命令供选择。其中"睡眠"状态不会关闭计算机，而是一种节能模式，计算机处于该模式时可被快速唤醒。

2.2.3 任务栏

任务栏是位于桌面底部的呈长条的界面。任务栏是 Windows 操作中一个非常重要的部分，除了切换和管理程序窗口外，还有显示通知和时间等多个功能。任务栏由功能栏、活动任务区、通知区、时间区组成，如图 2-9 所示。

图 2-9 任务栏

1. 功能栏

功能栏用于启动开始菜单、语言助手和搜索功能。

2. 活动任务区

活动任务区是任务栏的最重要的一个区域，大多数操作都在这里完成。活动任务栏会为每一个打开的程序窗口创建一个按钮，并以该程序的图标作为按钮的标识。用户可以通过单击按钮切换不同窗口。

3. 通知区

通知栏中通常显示正在后台运行的程序或进程的小图标，图标可反映这些程序或进程的工作状态，例如网络图标可查看当前网络的连接状态。当后台程序较多时，系统会将部分未激活的图标放置到扩展栏。

4. 时间栏

时间栏会显示当前的日期和时间，单击该区域会弹出日历界面，此外，在右击后选择"调整日期 / 时间"命令，还可以在弹出的对话框中更改当前时间和时区。

2.2.4 对话框

对话框是对正在进行的操作进一步说明的用户交互界面。用户可以从对话框中选择命令、输入信息等。

对话框中有很多常见的控件，比如按钮、复选按钮、选项卡、微调框、下拉列表框等，如图 2-10 所示即展示了对话框中的控件。使用者只需要用单击或滑动图形控件即可执行相应的命令。

图 2-10 对话框中的控件

1. 按钮

按钮是最常见的控件，由一个矩形方框内带文字构成，用于执行与文字相关的命令。如"确定""取消"等按钮。

2. 复选、单选按钮

在一组相关的选项中，每个选项前的方形标记按钮，即为复选按钮，表示能同时选中多个选项。如果选项前是一个圆形标记的按钮，则为单选按钮，此时只能选择其中的某一个选项。

3. 选项卡

选项卡在窗口或对话框的上部区域，通常会有一个或多个选项卡，选项卡把一系列相关功能置于一起，分类成多个选项，这样不仅可以让对话框容纳更多内容，还方便用户使用。

4. 微调框

微调框由输入框及右侧的上下按钮组成。其中右侧的上下按钮，可用于调整输入框中的值。

5. 下拉列表框

单击列表框右侧的下拉按钮，则会显示所有选项。

2.3　Windows 操作系统——文件管理

在 Windows 10 操作系统中，最基本也是最方便的文件管理工具是"文件资源管理器"，它们可以完成文件的一般管理工作，如文件的建立、删除、复制等。

> ✎ 案例 2-1
>
> 　　图形化对当代医学最重要的贡献是医学图像技术，无论是基础医学研究，还是临床诊断治疗，很大程度上依赖于该技术。医学图像是当代医学研究的重要手段，也是临床诊断治疗的主要依据。可以预言，随着科学技术的发展，医学图像技术对医学产生的影响和推动将越来越大。
>
> 　　新时代的医学生将面临更多医学与信息技术的结合，而首要任务是对图形化的视窗程序的操作与使用，这是学习图形操作系统的基础。医学院的新生李乾，为了提升对系统操作的能力，决定基于 Windows 10 操作系统进行操作练习，请你辅助李乾完成 2.3.1～2.3.4 小节中的练习内容。

2.3.1　文件和文件夹

在计算机中，需长时间保存的信息都应存储到外存储器中，而按一定格式建立在外存储器中的信息集合统称为"文件"。各种数据和程序都以文件的形式存储，文件是计算机系统中数据组织的基本单位。

1. 文件

（1）文件名

文件名即文件的名称，通过文件名可以了解文件的主题或内容。文件名通常由主文件名和扩展名两部分组成，中间由小圆点间隔，例如：在配套素材文件夹"案例 2-1"的子文件夹"TIAN"下的"ARJ.EXP"文件，该文件的主文件名即为"ARJ"，扩展名则为"EXP"。

在 Windows 10 操作系统中，文件或文件夹的命名要遵守下列规则：

文件名最多由 255 个字符组成，且不区分英文大小写。如果使用汉字，最多可以包含 127 个汉字。

文件名可以包含字母、数字、空格、加号、逗号、分号、括号和等号等符号，但不能有 ?、*、/、\、|、<、>、: 和 " 这些特殊符号。

同一文件夹中，同类型文件的文件名不能重复。

（2）常见的文件扩展名和图标

在 Windows 操作系统中，为了方便用户识别文件的类型，系统为多种常用类型的文件配置了相应的图标。对于程序的应用文件，通常以该程序的图标或由其自定义的图标作为该文件的图标。常用文件类型的扩展名和图标见表 2-1。

表 2-1　常用文件类型的扩展名和图标

类　型	扩展名	图　标	类　型	扩展名	图　标
帮助文件	.hlp		系统文件	.sys	
动态链接库文件	.dll		程序文件	.exe .com	
批处理文件	.bat		配置文件	.ini	
Word 文件	.doc .docx		注册表文件	.reg	
Excel 文件	.xls .slsx		PPT 文件	.ppt .pptx	

2．文件夹

文件夹又称为目录，是文件的集合，是用来分类组织存放文件的地方。当计算机中文件较多时，需要利用文件夹来分门别类地存放文件，以方便后期查看和管理。此外，除了可以存放文件、快捷方式外，文件夹也可以存放其他文件夹。如配套素材文件夹"案例 2-1"中存放有"TIAN"等 7 个文件夹。

每个文件夹都有相应的名称，即文件夹名。文件夹的命名规则与文件名基本相同，但值得注意的是文件夹没有扩展名。

2.3.2　文件路径

文件路径是指文件存储的位置，用"\"分隔的一系列子文件夹来表示。当要对某文件进行操作时，首先要确定它所处位置和文件名，也就是要明确它位于哪个磁盘，位于磁盘的哪个位置，名称是什么。描述在哪个磁盘上，使用磁盘盘符（一般由字母与冒号组成）表示，如"D："表示硬盘的逻辑分区 D 盘。由于各级文件夹之间存在相互包含关系，文件路径将可以表示为一种树形层次结构，文件路径示意图如图 2-11 所示。

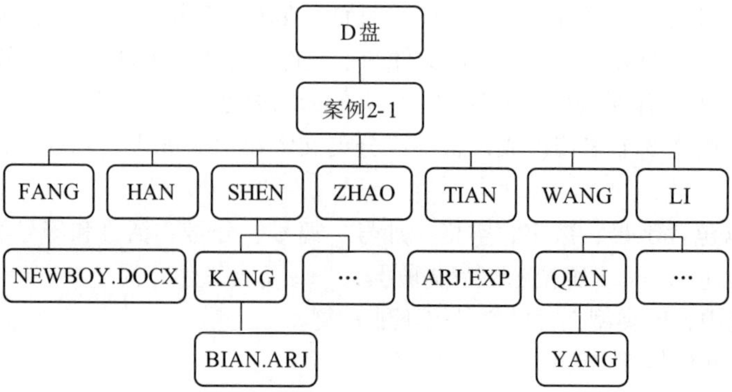

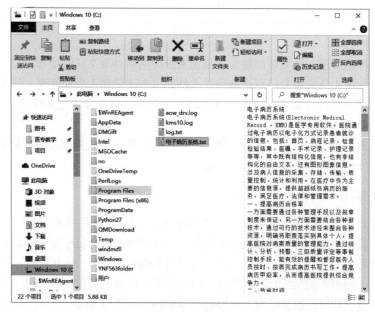

图 2-11　文件路径示意图

依据上述文件路径示意图，文件"NEWBOY.DOCX"存放于 D 盘根目录下的"案例 2-1"文件夹中的"FANG"子文件夹，其文件路径可表示为："D:\ 案例 2-1\FANG\NEWBOY.DOCX"。

2.3.3　浏览文件和文件夹

"文件资源管理器"是 Windows 系统提供的资源管理工具，可以通过这个窗口查看计算机中的所有资源。窗口展示的树形文件系统结构，能使用户更清楚直观地查看资源所存放的位置。另外，在窗口中还可对文件（文件夹）进行复制、移动和删除等操作。

1．计算机和资源管理器

双击桌面上的"计算机"图标，或右击"开始"按钮，选择菜单中的"文件资源管理器"，都可以打开资源管理器窗口。如图 2-12 所示为资源管理器的窗口结构，在资源管理器窗口中可以访问各驱动器，如硬盘、CD 或 DVD 驱动器，还可以访问已连接到计算机的外部设备，如移动硬盘和 USB 闪存等。

图 2-12　资源管理器的窗口结构

2. 图标的查看和排列方式

为了满足用户的不同需求，在窗口的工作区还可以设置不同的文件列表显示方式，如大图标、小图标、详细列表等。具体操作方法是：在窗口工作区的空白处右击，在弹出的快捷菜单中选择"查看"选项中的相应命令。

除此之外，系统还提供图标排序功能，可以按名称、类型、大小或修改日期等方式排列图标的先后顺序。只需在资源管理器中单击"查看"选项卡中的"排序方式"命令，或在窗口工作区空白处右击，在弹出的快捷菜单中选择"排列方式"选项中的相应命令即可，如图 2-13 所示。

图 2-13 排序方式的菜单

3. 设置文件（文件夹）隐藏或显示

若要隐藏或显示文件（文件夹），可以在资源管理器中单击"查看"选项卡，在如图 2-14 所示的"显示 / 隐藏"功能区中进行设置。

图 2-14 查看"选项卡"

2.3.4 管理文件和文件夹

文件和文件夹的管理可以帮助用户对保存在计算机中的文件进行有序组织和高效管理。在 Windows 操作系统中，用户可以利用应用程序或通过操作系统自身的资源管理器来组织管理文件和文件夹。

1. 创建文件和文件夹

创建文件和文件夹常用方法有程序创建法和菜单法两种，其操作步骤见表 2-2。

表 2-2 创建文件和文件夹常用方法的操作步骤

方 法	操 作 步 骤
程序创建法	打开程序后将自动创建空白文件； 编辑完成后，单击"保存"按钮，弹出"另存为"对话框； 选择好需要保存的路径，单击"保存"按钮
菜单法	打开文件存放位置窗口； 在菜单栏单击"新建"菜单，或在窗口空白处右击，在弹出的快捷菜单中选择"新建"选项，如图 2-15 所示； 选择需要创建的文件类型或文件夹即可

⛊实训：在配套素材文件夹"案例2-1"下的"ZHAO"文件夹中，建立一个名为"GIRL"的新文件夹，则只需在窗口空白位置右击，在弹出的快捷菜单中依次选择"新建"选项中的"文件夹"命令（图 2-15），然后将新生成的文件夹重命名为"GIRL"文件夹即可，效果如图 2-16 所示。

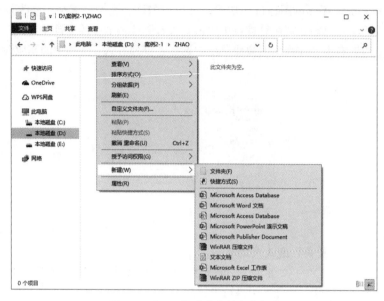

图 2-15　"GIRL"文件夹创建过程图

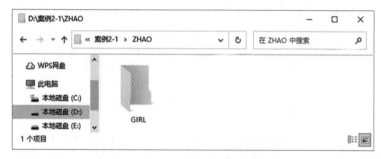

图 2-16　"GIRL"文件夹创建效果图

2．重命名文件和文件夹

在 Windows 10 操作系统中，可以方便地更改文件或文件夹的名称，常用操作方法是先在文件或文件夹上方右击，从弹出的快捷菜单中选择"重命名"命令，此时，文件或文件夹的名称将处于选中状态，重新输入名称，单击空白处或按回车键即可。

例如：在配套素材文件夹"案例 2-1"下的"FANG"文件夹中，将文件"NEWBOY.DOCX"重命名为"NEWGIRL.DOCX"，则选择"NEWBOY.DOCX"文件，在其上方右击，选择快捷菜单中的"重命名"命令（图 2-17），在文件名称文本框中将"NEWBOY.DOCX"更名为"NEWGIRL.DOCX"，单击空白处或按回车键，重命名即完成。

在进行文件或文件夹重命名时，需要注意如下几点：

（1）文件或文件夹命名要符合命名规则。

（2）文件夹重命名只需直接修改即可。

图 2-17 重命名 "NEWBOY.DOCX" 文件

（3）文件名应该由主文件名和扩展名组成。文件重命名时，不能删除扩展名，否则可能导致无法打开文件。

3．选择和撤消选择文件和文件夹

选择的对象可分为 3 种情况：单个对象、多个连续对象和多个不连续对象，选择和撤消选择文件和文件夹的操作步骤（见表 2-3）。

表 2-3 选择和撤消选择文件和文件夹的操作步骤

项 目	方 法	操 作 步 骤
选择单个对象	鼠标操作法	单击指定的文件、文件夹图标
选择多个连续的对象	鼠标操作法	鼠标在空白处开始拖动形成矩形框，把需要的对象包括在矩形框内
	键盘操作法	先选择第一个对象，然后按住 Shift 键的同时单击最后一个对象，松开 Shift 键
选择多个不连续的对象	键盘操作法	先选择第一个对象，然后按住 Ctrl 键的同时并逐个单击要选择的对象，选择完所有对象后再松开 Ctrl 键
选中当前窗口中的所有对象	菜单法	选择 "主页" 选项卡中的 "全部选择" 命令
	键盘操作法	按 Ctrl+A 组合键
撤消选择状态	鼠标操作法	在窗口的空白处单击，可以撤销所有选择的对象 若需要对已选择的多个对象撤销选择，则按住 Ctrl 键，然后逐个单击需要撤消选择的对象

4．打开文件和文件夹

鼠标双击文件或文件夹即可将其打开，如果文件是程序则启动该程序。另外，右击文件或文件夹，在弹出的快捷菜单中选择 "打开" 命令也可以将其打开。如果打开的是应用软件的文件，默认在创建该文件的应用程序中打开。

5. 设置文件和文件夹属性

文件和文件夹的属性只有只读、隐藏和存档 3 种。

① 只读：设置只读后，文件或文件夹不能够再修改，只能进行读取操作。

② 隐藏：设置隐藏后，文件或文件夹图标将不显示。但当设置文件和文件夹的隐藏可见后，该文件或文件夹图标将会呈现半透明状态。

③ 存档：主要提供给某些备份程序使用，通常不设置，属性窗口不一定显示该属性。

属性的设置方法：选中文件或文件夹后，单击菜单栏中的"主页"选项卡，在功能区中选择"属性"命令，或者在对象上方右击，在弹出的快捷菜单中选择"属性"命令，打开"属性"对话框，在弹出的属性对话框中进行设置即可。

例如：在配套素材文件夹"案例 2-1"下的"TIAN"文件夹中，将文件"ARJ.EXP"设置成"只读"属性，则可在"ARJ.EXP"文件上方右击，选择快捷菜单中的"属性"命令，在"属性"对话框中的"常规"选项卡中选择"只读"属性，如图 2-18 所示即为"ARJ.EXP"文件属性设置图。

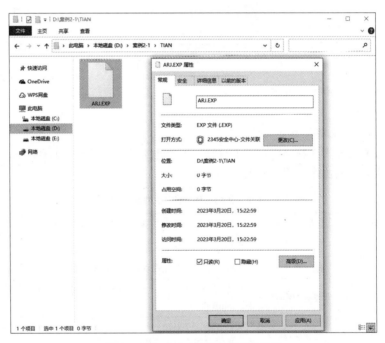

图 2-18 "ARJ.EXP"文件属性设置图

6. 创建文件和文件夹的快捷方式

快捷方式是 Windows 提供的一种快速启动程序、打开文件或文件夹的方法。快捷方式会链接到目标文件，即使不进入文件所在的文件夹中，也可通过启动该文件的快捷方式打开文件或启动程序。

创建快捷方式的步骤为：选中要创建快捷方式的文件或文件夹，右击，在弹出的快捷菜单中选择"创建快捷方式"命令，即可创建对象的快捷方式。快捷方式的图标都有一个共同的特点，在每个图标的左下角都有一个小箭头。

例如：在配套素材文件夹"案例 2-1"下的"TIAN"文件夹中，为文件"ARJ.EXP"创建一个快捷方式，则选择"ARJ.EXP"文件，右击，在弹出的快捷菜单中选择"创建快捷方式"命令，该快捷方式即创建完成，效果图如图 2-19 所示，其中窗口中左侧图标为原文件图标，右侧图表为所创建的快捷方式图标。

图 2-19 "ARJ.EXP"文件快捷方式创建效果图

若要发送快捷方式到桌面，则在选中要创建快捷方式的对象后，单击右键，在弹出的快捷菜单中选择"发送"命令中的"桌面快捷方式"选项即可。

> ♀ 知识链接
>
> 快捷方式和文件（文件夹）既有区别又有联系，如果将文件（文件夹）定义为一个存在的实体，那么其快捷方式就是一个指向该对象的指针。当文件（文件夹）被删除了，则其快捷方式也就失去了意义。但如果删除了快捷方式，而原对象并不受任何影响。

7. 复制、移动文件和文件夹

复制是指对目标对象进行拷贝，其过程是将选定的对象复制到剪贴板中，再将对象粘贴到目标位置，得到一模一样的副本。而移动则是先是将选定的对象剪切到剪贴板上，再在另一个位置进行粘贴还原。

复制和移动文件或文件夹有鼠标操作法和键盘操作法两种，具体操作步骤见表 2-4。

表 2-4 复制和移动文件和文件夹的操作步骤

操作	操 作 步 骤	
	鼠标操作法	键盘操作法
复制	按住 Ctrl 键的同时拖动对象到目标位置	按 Ctrl+C 组合键进行复制 按 Ctrl+V 组合键进行粘贴
	用右键拖动到目标位置，选择快捷菜单中的"复制到当前位置"命令	
	选择"主页"选项卡中"复制"命令，定位到目标位置后，选择"主页"选项卡中"粘贴"命令	
	右击选定对象，选择快捷菜单中的"复制"命令，定位到目标位置后，右击后选择快捷菜单中的"粘贴"命令	
移动	按住 Shift 键的同时拖动对象到目标位置	按 Ctrl+X 组合键进行剪切 按 Ctrl+V 组合键进行粘贴
	用右键拖动到目标位置，选择快捷菜单中的"移动到当前位置"命令	
	选择"主页"选项卡中"剪切"命令，定位到目标位置后，选择"主页"选项卡中"粘贴"命令	
	右击选定对象，选择快捷菜单中的"剪切"命令，定位到目标位置后，右击后选择快捷菜单中的"粘贴"命令	

👤实训：在配套素材文件夹"案例 2-1"中，将"LIQIAN"文件夹中的"YANG"文件夹复制到"WANG"文件夹，则可选择"YANG"文件，右击，在弹出的快捷菜单中选择"复制"命令，打开"WANG"文件，在窗口空白位置右击，选择快捷菜单中的"粘贴"命令，复制效果如图 2-20 所示。

图 2-20 "YANG"文件夹复制效果图

👤实训：在配套素材文件夹"案例 2-1"中，将"SHENKANG"文件夹的中"BIAN.ARJ"文件移动到"HAN"文件夹，则可选择"BIAN.ARJ"文件，右击，在弹出的快捷菜单中选择"剪切"命令，打开"HAN"文件，在窗口空白位置右击，选择快捷菜单中的"粘贴"命令，剪切效果如图 2-21 所示。

图 2-21 "BIAN.ARJ"文件移动效果图

当然，以上复制和移动操作也可以通过快捷键实现。

8．删除文件和文件夹

对于不再需要的文件或文件夹，可将其删除，从而节省存储空间和方便管理。删除的对象一般会放入回收站，如果确认不再需要也可进行永久删除。操作方法有菜单法和键盘操作法，其操作步骤见表 2-5。

表 2-5 删除的操作步骤

方 法	操 作 步 骤
菜单法	在目标对象上方右击，在弹出的快捷菜单中选择"删除"命令，或选择窗口"主页"选项卡中的"删除"命令
键盘操作法	选择对象后，按 Delete 键，在弹出的对话框中选择放入回收站，如果需要一次性永久删除，则按 Shift+Delete 组合键

如果要从"回收站"窗口中恢复文件或文件夹，则在"回收站"窗口中选择要还原的对象，再单击"回收站工具"选项卡中的"还原选定的项目"命令，或右击对象后，在弹出的

快捷菜单中选择"还原"选项。

9. 搜索文件和文件夹

在文件或子文件夹较多的文件夹中，快速查找到目标文件是非常困难的，而 Windows 10 操作系统提供的搜索功能则解决了这一难题，用户只需输入关键词即可找到相关文件或文件夹。

具体操作方法如下：在窗口右上角的搜索框中输入文件或文件夹名，单击搜索按钮即可。在此过程中也可以使用通配符"?"和"*"来代替名称的字符进行模糊查找。其中的"?"代表一个字符，"*"则代表任意多个字符，如输入查找内容"??A"则表示在当前位置查找对象名中第三个字符为"A"的文件和文件夹。

2.4 Windows 操作系统——系统设置

Windows 操作系统的系统设置和设备管理是在"控制面板"中完成的。用户可以根据自己的使用需求设置键盘、鼠标、桌面等的参数、添加和管理硬件设备，从而制定更符合自己使用体验的计算机。

打开控制面板的方法如下：右击"此电脑"图标，弹出"系统"窗口，在"系统"窗口中选择"控制面板"，即可打开如图 2-22 所示"控制面板"窗口。

图 2-22 "控制面板"窗口

当控制面板的查看方式设置为"类别"时，界面把所有设置分为系统和安全、用户账户、网络和 Internet、外观和个性化等 7 个设置类别。通过这种划分类别的方式可以方便用户快速找到需要的设置。

2.4.1 硬件参数设置

设备管理是操作系统最重要的功能之一。在"控制面板"中，除了可以设置和管理鼠标、键盘、打印机、显示器这类输入输出设备外，还可以管理电源。在"控制面板"窗口中选择"硬件和声音"即可进入如图 2-23 所示"硬件和声音"窗口进行相关硬件参数设置。

图 2-23 "硬件和声音"窗口

1.打印机设置

当一台计算机同时接入多台打印机时，则需要对其进行管理。在"硬件和声音"中选择"设备和打印机"选项，会列出计算机的打印机和传真设备。在选择指定打印机后右击，在弹出的快捷菜单中即可选择相应选项进行默认打印机、禁用打印机以及其他属性的设置。

2.鼠标属性

在"硬件和声音"中选择"设备和打印机"类别下的"鼠标"选项，弹出图 2-24 所示"鼠标 属性"对话框。可在该对话框中设置鼠标键配置、双击速度、单击锁定等属性。

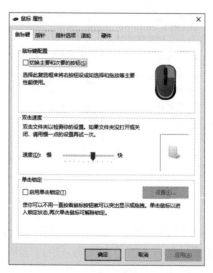

图 2-24 "鼠标"属性对话框

3.设备管理器

在"硬件和声音"中选择"设备和打印机"类别下的"设备管理器"选项，弹出"设备管理器"列表窗口，在窗口中陈列了该计算机中的所有设备。在该窗口中可查看设备的类型和属性，还能更新硬件的驱动程序。

4．电源选项设置

在"硬件和声音"中查看"电源选项"类别，可在其选项中选择电源按钮的功能、选择关闭显示器的时间、更改计算机睡眠时间等。

2.4.2 显示器分辨率设置

分辨率是度量位图图像内数据量多少的一个参数。是指显示器在水平和垂直显示方面能够达到的最大像素点，一般有 1600×900，1680×1050，1920×1080 等多种形式，分辨率 1600×900 的意思是水平方向含有像素数为 1600 个，垂直方向像素数 900 个。较高的分辨率不仅意味着较高的清晰度，也意味着在同样的显示区域内能够显示更多的内容。

通常情况下，显卡对显示器有自适应功能，当插上显示器后，显卡会和显示器通信确认显示器能显示的最佳刷新率与分辨率，通常情况下无法在系统中设置超过显示器极限的分辨率与刷新率。如果需要调整分辨率，则可通过以下过程进行设置。

在桌面空白位置右击，在弹出的快捷菜单中选择"显示设置"命令，弹出"显示"设置窗口，如图 2-25 所示。在右侧的分辨率下拉选项中选择合适的分辨率即可。

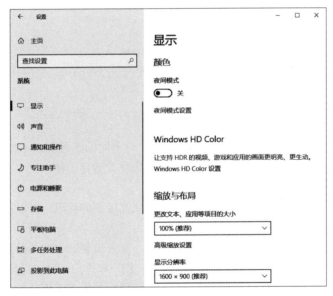

图 2-25 "显示"设置窗口

2.4.3 时间和语言设置

1．日期与时间设置

如果当前日期或时间不准确，则可通过以下方式重新设置。

在"控制面板"窗口中，依次单击"时钟和区域""日期和时间"命令，在"日期和时间"对话框中选择"日期和时间"选项卡，单击"更改日期和时间"按钮，弹出"日期和时间设置"对话框，在对话框中重新设置日和时间即可。

2．输入法设置

文档编辑是计算机应用的一个重要功能，一般来说在进行文档编辑过程中会用到多个输入法。当需要对输入法进行切换、添加、删除及属性设置时，在桌面的"开始"菜单中依次

056　　信息技术基础（医学类）XINXI JISHU JICHU (YIXUELEI)

执行"设置"→"时间和语言"→"语言"命令，在打开的"语言"设置窗口中即可设置首选语言，如图 2-26 所示。此外，单击首选语言下的"中文（简体，中国）"，在弹出的功能项中，单击"选项"按钮，弹出"语言选项：中文（简体，中国）"设置窗口，在该窗口中可进行输入法的添加和删除。

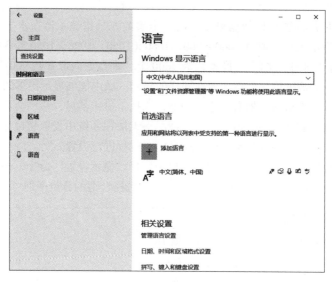

图 2-26 "语言"设置窗口

2.4.4　用户账户设置

Windows 操作系统是支持多账户的操作系统，对不同的账号提供不同的权限和用户界面，以便不同的用户同时使用一台计算机。常用的账户类型有 3 种。

（1）标准账户：为日常计算机使用人员提供。

（2）管理员账户：提供给计算机的管理者，有最高级别的权限，可以操作其他账户无法使用的功能。

（3）来宾账户：主要面向计算机的临时使用者，部分重要的文件和设置功能受到限制。

用户管理账户可以在"控制面板"窗口中选择"用户账＊户"→"用户账户"，在弹出的窗口中，便可以更改账户类型、更改用户账户控制设置。如果是管理员账户还可以管理其他账户。

2.4.5　外观和个性化设置

在桌面空白位置右击，在弹出的快捷菜单中，选择"个性化"命令，用户即可在该窗口中设置桌面背景、界面风格、颜色、主题等内容。

1. 更换主题

主题指的是 Windows 操作系统的界面风格，包括窗口的色彩、控件的布局、图标样式等内容，通过改变这些视觉内容以达到美化系统界面的目的。

在"个性化"窗口中选择"主题"选项，打开如图 2-27 所示"主题"设置窗口。在该

＊　软件中显示为"帐户"，实应为"账户"。全书同。

窗口中用户可以从主题库中选择喜爱的主题，还可以通过互联网获取更多主题。

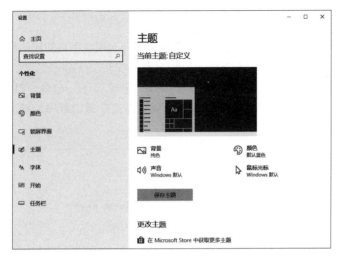

图 2-27　"主题"设置窗口

2. 更改桌面背景

在"个性化"窗口下选择"背景"选项，打开如图 2-28 所示"背景"设置窗口。在窗口中用户可通过浏览方式直接选取喜爱的图片。此外用户还可以通过单击"浏览"按钮，在打开的"选择文件夹"窗口中选择存储在本计算机中其他位置的图片作为背景。

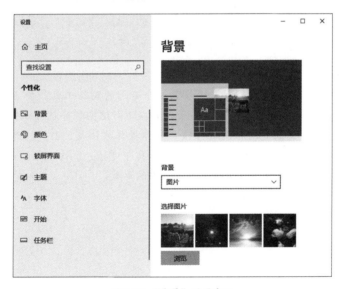

图 2-28　"背景"设置窗口

2.4.6　更改屏幕保护程序

如果在使用计算机的过程中，需暂时中断对计算机的操作，则可启动屏幕保护程序，将屏幕上正在进行的工作画面隐藏，减少用电量。

具体设置过程如下：在在"设置"窗口下的"个性化"窗口中，选择"锁屏界面"选项，在打开的"锁屏界面"设置窗口中可对屏幕保护程序进行设置，通过单击"屏幕保护程序设置"按钮即可进行相应设置。

2.4.7　卸载程序

随着计算机使用时间的增长，计算机中会保留部分无用或不再使用的程序，如果不对这些程序进行卸载，将会影响计算机的运行速度和使用空间。

在"控制面板"窗口的"程序"类别中选择"卸载程序"命令，打开如图2-29所示"程序和功能"窗口。在窗口中间的程序列表查找到需要卸载的程序，双击该程序选项，即打开该程序的卸载窗口，按其流程即可卸载程序。

图 2-29　"程序和功能"窗口

> **📍知识链接**
>
> 　　大多数应用程序在安装的同时，会安装一个专门的删除工具，如"×××删除程序"、"卸载×××"、"Uninstall×××"等，直接运行这些程序就可以安全、干净地删除应用程序，并恢复安装时对系统的修改。具体操作方法是，打开"开始"菜单中的"程序"，找到要删除的应用程序组，选择删除工具即可。
>
> 　　除此之外，还可以通过360等软件进行软件的卸载。

第3章
网络医学信息

目前，计算机网络已成为全球信息产业的基石，它在信息的采集、存储、处理、传输和分发中扮演了极其重要的角色。计算机网络突破了单台计算机系统应用的局限，使多台计算机交换信息、资源共享和协同工作成为可能。计算机网络的广泛使用，改变了传统意义上时间和空间的概念，对社会的各个领域，包括对人们的生活方式产生了革命性的影响，促进了社会信息化的发展进程。因此，掌握计算机网络技术的应用，已成为当代医学院校大学生的基本技能要求之一。了解计算机网络及其在医学应用的相关知识，熟悉计算机网络的配置和应用、熟练利用网络进行医学文献检索，是全面高效开展医学知识学习与服务的基本前提。

本章围绕计算机网络的基础知识展开学习，内容主要包括计算机网络基础、计算机信息安全与道德、移动医疗以及医学文献检索。

📖 学习目标

1. 了解计算机网络的起源；了解计算机网络组成的硬件和软件；熟悉网络道德规范；熟悉新兴网络技术在医学上的应用；掌握如何进行医学文献检索。

2. 掌握小型网络管理；能够灵活运用网络知识对常见网络故障进行排除；学会利用文献数据库进行文献检索。

3. 强化网络安全意识，塑造良好职业道德。

3.1 计算机网络基础

3.1.1 计算机网络概述

当前人类所处的是一个信息时代，信息普遍存在并产生于人类社会中的各个领域。信息时代的一个重要标志是信息化。而信息化的实现依托于由电信网络、广播电视网络和计算机网络组成的网络体系，其中起核心作用的是计算机网络，也就是说我们所处的信息时代，其实是一个以网络为核心的信息时代。网络在信息社会的发展过程中扮演着重要的角色，对社会生活的诸多方面，甚至社会经济的发展都起着不可估量的影响。

1. 计算机网络的定义

计算机网络是指将地理位置不同、具有独立功能的多台计算机及其外部设备，通过通信线路连接起来，在网络操作系统、网络管理软件及网络通信协议的管理和协调下，实现资源共享和信息传递的计算机系统，如图3-1所示。

可见，数据通信是计算机网络最主要的功

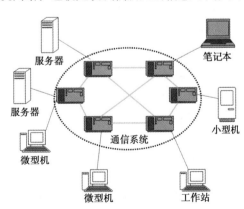

图 3-1　计算机网络示意图

能之一，而资源共享是人们建立计算机网络的主要目的之一，例如共享可以提高设备的利用率。此外，计算机网络在日常工作的集中管理、分布式计算等方面都有广泛应用。

2. 计算机网络的分类

计算机网络分类的标准和方法有很多，从不同的角度出发，计算机网络可以有不同的分类方法，最常见的分类方法有以下三种。

（1）按照网络覆盖范围划分

① 局域网（local area network，LAN）：局域网是指范围在几米到几千米的机构内部网络，用于将有限范围内（如一个实验室、一幢大楼、一个校园）的各种计算机、终端与外部设备互联成网。局域网传输速度快，组网灵活，连接费用低，可靠性和安全性较高。

② 城域网（metropolitan area network，MAN）：城域网是指范围在几千米到几十千米的计算机网络，是在一个城市范围内建立的计算机通信网，城域网可视为数个局域网相连而成。例如：一所大学的各个校区分布在城市各处，将各校区的局域网相互连接起来，便形成一个城域网。

③ 广域网（wide area network，WAN）：广域网主要是实现不同城市之间的局域网或城域网远距离通信，广域网也称为远程网，为规模最大的网络。它可以覆盖一个国家、一个地区或横跨几个洲，形成国际性的计算机网络，因此对通信的要求高，复杂性也高，数据传输速率比局域网慢。

（2）按照网络传输介质划分

网络传输介质是指在网络中传输信息的载体，常用的传输介质分为有线传输介质和无线传输介质两大类。不同的传输介质，其特性也各不相同，不同的特性对网络中数据通信质量和通信速度有较大影响。

① 有线网：有线网是指通过有线传输介质传送信号的网络。有线传输介质是指在两个通信设备之间实现的物理连接部分，有线网采用双绞线、同轴电缆、光纤或电话线做传输介质。采用双绞线和同轴电缆连成的网络，成本较低且安装简便，但传输距离相对较短。以光纤为介质的网络传输距离远，传输率高，抗干扰能力强，安全性强，但成本稍高。

② 无线网：无线网是指通过无线传输介质传送信号的网络。与有线网络相比，无线网络的主要特点是完全消除了有线网络的局限性，实现了信息的无线传输，能使人们更自由地使用网络。

（3）按照网络的拓扑结构划分

计算机网络的拓扑结构，是指网上计算机或设备与传输媒介形成的结点与线的物理构成模式。网络的结点有两类：一类是转换和交换信息的转接结点，如集线器、交换机等；另一类是访问结点，包括计算机主机和终端等。线则代表传输媒介。按拓扑结构计算机网络可分为以下五类：

① 星型拓扑结构：星形拓扑结构是由中央节点和通过点到点通信链路接到中央节点的各个站点组成，如图 3-2 所示。

星形拓扑结构网络结构简单，连接方便，管理和维护都相对容易，而且扩展性强。网络延迟时间较小，传输误差低，故障容易检测和隔离。但由于一条通信线路只被该线路上的中央节点和边缘节点使用，所以一旦中央节点出现故障，则整个网络将瘫痪。

② 环形拓扑结构：环形拓扑结构中是指各节点首尾相连形成一个闭合的环，环中的数据沿着一个方向逐站传输，环上任何结点均可请求发送信息，如图 3-3 所示。

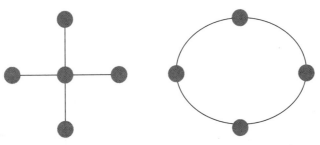

图 3-2　星型拓扑结构示意图　　　图 3-3　环形拓扑结构示意图

环形拓扑结构网络电缆长度短、增加或减少工作站时，仅需简单的连接操作，但节点的故障会引起全网故障，且故障检测困难。

③ 总线型拓扑结构：总线型拓扑结构是将所有站点通过相应的硬件接口直接连到公共传输媒体上，该公共传输媒体称为总线，如图 3-4 所示。

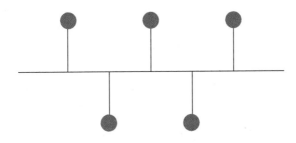

图 3-4　总线型拓扑结构示意图

总线型网络所需要的电缆数量少，线缆长度短，易于布线和维护，总线结构简单，可靠性高，传输速率高，易于扩充。但传输距离有限，故障诊断和隔离较困难。

④ 树形拓扑结构：树形拓扑可以认为是多级星型拓扑结构组成，只不过这种多级星形结构自上而下呈三角形分布，就像一棵倒挂的树一样，如图 3-5 所示。

树形拓扑结构易于扩展、故障隔离容易。但各个节点对根的依赖性太大，如果根发生故障，则全网不能正常工作。

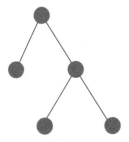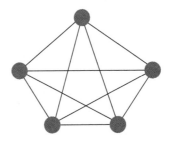

图 3-5　树形拓扑结构示意图　　　图 3-6　网状拓扑结构示意图

⑤ 网状拓扑结构：网状拓扑结构在广域网中得到了广泛的应用，该结构节点之间的连接是任意的，交错成网状，如图 3-6 所示。

网状拓扑结构中各节点之间有许多条路径相连，可为数据流传输选择适当的路径，从而绕过失效部件或过忙节点，所以传输可靠性高，但该结构复杂，组网成本较高，管理和维护困难。

3.1.2 计算机网络的构成

计算机网络主要由网络硬件和网络软件构成。

1．网络硬件

网络硬件由网络主体设备、网络连接设备和网络传输介质三部分组成。

（1）网络主体设备

计算机网络中的主体设备称为主机（host），一般可分为中心站（又称为服务器）和工作站（客户机）两类。

图 3-7　高性能服务器

服务器是计算机的一种，它比普通计算机运行更快、负载更高、价格更贵。服务器在网络中为其他客户机提供计算或者应用服务。其内部结构十分复杂，具有高运算能力、强大的外部数据吞吐能力，如图 3-7 所示。

工作站是一种高端的通用微型计算机。它能提供比个人计算机更强大的性能，尤其是图形处理能力、任务并行能力。通常配有高分辨率的大屏、多屏显示器及容量很大的内存储器和外存储器。另外，连接到服务器的终端机也可称为工作站。

（2）网络连接设备

网络中的连接设备种类非常多，但是它们完成的工作大都相似，主要是完成信号的转换和恢复，常见的网络连接设备有以下几种。

① 网卡：网卡又叫网络接口卡（NIC），是计算机网络中最重要的连接设备之一，一般插在机器内部的总线槽上，网线则接在网卡上。

网卡是允许计算机在网络中进行通讯的计算机硬件，其作用主要是提供固定的网络地址。每一块网卡都有一个 MAC 地址，该地址为独一无二的 48 位串行号，它被写在卡上的一块只读存储器中。它接收网线上传来的数据，并把数据转换为本机可识别和处理的格式，通过计算机总线传输给本机。同时，能把本机要向网上传输的数据按照一定的格式转换为网络设备可处理的数据形式，通过网线传送到网上。

网卡有独立网卡（图 3-8）和集成网卡两种。网卡以前是作为扩展卡插到计算机总线上的，但是由于其价格低廉而且以太网标准普遍存在，目前大部分计算机都在主板上集成了网络接口。无线网卡是一种不需要连接网线即可实现上网的设备，比如我们最常见的笔记本、智能手机、平板电脑等数码产品内部都集成有无线网卡。

图 3-8　独立网卡

② 集线器（hub）：集线器（图 3-9）是数据通信网络中的基础物理设备，是一个多网口的转发器，每个网口通过以太网双绞线或光纤与每台网络设备连接在一起。

集线器主要用于共享网络的组建，它处于网络的一个星型结点，对连接在该结点的设备进行集中管理。若无集线器作为中心节点来对设备进行管理，会呈现出复杂的网络拓扑，而引入集线器能简化网络拓扑，同时方便用户快速加入网络。在实际应用场景中，集线器一般应用于中小型局域网或者大中型网络的边缘。

③ 中继器（repeater）：中继器（图 3-10）是局域网环境下对信号进行再生和还原的网络连接设备。它属于网络互联设备，适用于完全相同的两个网络的互连，主要功能是通过对

图 3-9　集线器　　　　　　　　图 3-10　中继器

数据信号的重新发送或者转发，以此扩大网络传输的距离。

④ 网桥（bridge）：网桥也叫桥接器，是连接两个局域网的一种存储 / 转发设备，它能将一个大的 LAN 分割为多个网段，或将两个以上的 LAN 互联为一个逻辑 LAN，使 LAN 上的所有用户都可访问服务器。

⑤ 路由器（router）：路由器（图 3-11）是连接两个或多个网络的硬件设备，在网络间起网关的作用。它能够在复杂的网络环境中完成数据包的传送工作，把数据包按照一条最优的路径发送至目的网络。

图 3-11　路由器　　　　　　　图 3-12　交换机

⑥ 交换机（switch）：交换机（图 3-12）是一个具有多网口的物理设备，通过将传输介质的线缆汇聚在一起，以实现网络设备的连接。交换机是实现网络连接，扩展网络范围不可或缺的设备。

为实现数据帧转发功能，交换机需要在内部维护一张 MAC 地址表，该地址表会记录与交换机相连的每个设备的 MAC 地址与网口的对应关系。利用 MAC 地址表和内部的交换矩阵，交换机能同时连通多条通信线路，使每一对相互通信的设备都能独占信道，进行无冲突地传输数据。

相比之下，集线器能为各台设备共享带宽，但若网络中某一台设备长时间占用线路会严重影响其他设备通信。交换机则为各台设备独占带宽，通信线路之间不会相互影响，所以应用场景更加广泛，不仅能应用于中小型局域网，也广泛应用于中大型广域网中。交换机的应用场景更广泛，其已逐渐替代集线器。

⑦ 网关（gateway）：网关又称网间连接器、协议转换器。网关是复杂的网络互连设备，仅用于两个高层协议不同的网络互连。通俗地讲，网关是一个网络连接到另一个网络的"关口"。

（3）网络传输介质

网络传输介质是网络中发送方与接收方之间的物理通路，是在网络中传输信息的载体，常用的传输介质有：双绞线、同轴电缆、光纤等有线传输介质和无线传输介质。

① 有线传输介质：有线传输介质指用来传输电或光信号的导线或光纤。有线介质技术成熟，性能稳定，成本较低，是目前局域网中使用最多的介质。有线传输介质主要有双绞

线、同轴电缆和光纤等。

● 双绞线：双绞线（图 3-13）是由两根具有绝缘保护层的铜导线组成的，把两根绝缘的铜导线按一定密度互相绞合在一起。

双绞线每一根导线在传输中辐射出来的电波会被另一根线上发出的电波抵消，有效降低信号干扰的程度，是最经常使用的传输介质。相对于其他有线物理媒体（同轴电缆和光纤）来说，价格便宜也易于安装与使用，但是其性能一般也较差（就传输距离、抗干扰性能和带宽或数据速率而言）。

● 同轴电缆：同轴电缆可用于模拟信号和数字信号的传输，适用于各种各样的应用，其中最重要的有线电视传播、长途电话传输、计算机系统之间的短距离连接以及局域网等。同轴电缆由里到外分为四层：内导体铜芯、绝缘层、外导体屏蔽层、塑料保护层，其内部结构如图 3-14 所示。

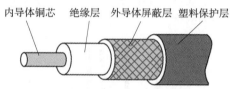

内导体铜芯 绝缘层 外导体屏蔽层 塑料保护层

图 3-13 双绞线　　　　图 3-14 同轴电缆内部结构

同轴电缆与双绞线比较，带宽、数据速率高、传输距离长（几千米到几十千米）且抗干扰能力强。但同轴电缆存在体积大、不能承受缠结、成本高等缺点，因此在现在的局域网环境中，已基本被双绞线取代。

● 光纤：光纤是光导纤维的简写，是一种由玻璃或塑料制成的纤维，可作为光传导工具，如图 3-15 所示。

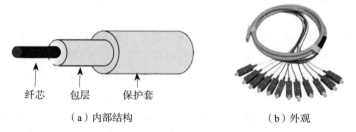

纤芯　包层　保护套

（a）内部结构　　　　　　　（b）外观

图 3-15 光纤

光纤与其他传输介质相比，有带宽高、传输损耗小、无串音干扰、体积小、重量轻等诸多优点，但连接光纤需要专用设备，成本较高，并且安装、连接难度大。光纤主要用于长距离的信息传递。

② 无线传输介质：在计算机网络中，无线传输可以突破有线网的限制，利用空间电磁波实现站点之间的通信，可以为广大用户提供移动通信。最常用的无线传输介质有：无线电波、微波、红外线和卫星等。

在组网过程中，当需要决定使用哪一种传输介质时，必须将连网需求与介质特性进行匹配。通常来说，选择传输介质时必须考虑吞吐量、带宽、成本、尺寸和可扩展性、连接器以及抗噪性。

2. 网络软件

网络软件指系统的网络操作系统、网络通信协议和应用级的提供网络服务功能的专用软件。根据软件的功能，计算机网络软件可分为网络系统软件和网络应用软件两大类。

（1）网络系统软件

网络系统软件是控制和管理网络运行、提供网络通信、分配和管理共享资源的网络软件，它包括网络操作系统、网络协议软件、通信控制软件和网络管理软件等。

① 网络操作系统：是用于管理网络软件、硬件资源，提供简单网络管理的系统软件。常见的网络操作系统有 Unix、Netware、Windows NT、Linux 等。

② 网络协议软件：网络通信协议是网络中计算机交换信息时的约定，它规定了计算机在网络中互通信息的规则。互联网采用的主要协议有 TCP/IP 协议（transmission control protocol/internet protocol，传输控制协议 / 互联网协议）、HTTP 协议（hypertext transport protocol，超文本传送协议）等。

③ 通信控制软件：是通信网络的一个重要部分，使用户能够在不必详细了解通信控制规程的情况下完成计算机之间的通信，并对大量的通信数据进行加工和管理。

④ 网络管理软件：是能够完成网络管理功能的网络管理系统。借助于该软件，网络管理员不仅可以经由网络管理员与被管理系统代理交换网络信息，而且可以开发网络管理应用程序。

（2）网络应用软件

网络应用软件是指能够为网络用户提供各种服务的软件，如远程教学软件、电子图书馆软件、Internet 信息服务软件等，它用于提供或获取网络上的共享资源。

3.1.3　计算机网络协议与体系结构

1. 网络协议

网络协议（network protocol）指的是计算机网络中互相通信的、对等实体之间交换信息时所必须遵守的规则的集合。常见的网络协议有：TCP/IP 协议、HTTP 协议、FTP 协议、Telnet 协议、SMTP 协议、NFS 协议等。这里主要简述前两种协议。

TCP/IP 协议是在网络中最基本的通信协议。TCP/IP 协议对互联网中各部分进行通信的标准和方法进行了规定。并且，TCP/IP 协议是保证网络数据信息及时、完整传输的重要协议。

HTTP 协议是一个简单的请求-响应协议，它通常运行在 TCP/IP 协议之上。它指定了客户端可能发送给服务器什么样的消息以及得到什么样的响应。

2. 网络体系结构

网络体系结构是指通信系统的整体设计，它为网络硬件、软件、协议、存取控制和拓扑提供标准。许多公司都提出了各自的网络体系结构，这些网络体系结构却采用了不同的技术术语，导致不同网络之间难以互连。1984 年，国际标准化组织提出了开放系统互连参考模型（open systems interconnection，OSI）的概念。

（1）OSI 参考模型

为了更好地促进互联网络的研究和发展，国际标准化组织（International Standards Organization，ISO）制定了网络互连的一个参考模型，称为开放系统互连参考模型，简称OSI 参考模型。

OSI 参考模型采用分层结构技术，把一个网络系统分成七层：物理层、数据链路层、网络层、传输层、会话层、表示层和应用层（图 3-16），每一层都实现不同的功能；每一层的功能都以协议形式描述，协议定义了某层同远方一个对等层通信所使用的一套规则和约定；每一层向相邻上层提供一套确定的服务，并且使用与之相邻的下层所提供的服务。也就是说，在该模型的层次结构中，层与层之间具有服务与被服务的单向依赖关系，下层向上层提供服务，而上层调用下层的服务。

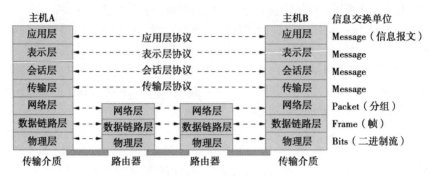

图 3-16　OSI 参考模型

（2）TCP/IP 参考模型

TCP/IP 参考模型将协议分成四个层次，它们分别是：网络接口层、网际层、传输层和应用层，如图 3-17 所示。

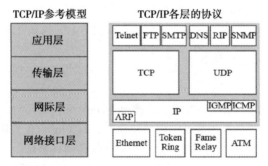

图 3-17　TCP/IP 参考模型

该模型每一层提供特定功能，层与层之间相对独立，与 OSI 参考模型相比，TCP/IP 没有表示层和会话层，这两层的功能由应用层提供，OSI 的物理层和数据链路层功能由网络接口层完成。OSI 参考模型与 TCP/IP 参考模型的比较如图 3-18 所示。

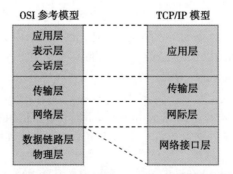

图 3-18　OSI 参考模型与 TCP/IP 参考模型的比较图

OSI 参考模型和 TCP/IP 参考模型共同点主要体现在以下两个方面：一是 OSI 参考模型和 TCP/IP 参考模型都采用了层次结构的概念；二是两者都能够提供面向连接和无连接两种通信服务的机制。

不同点主要体现在层次划分等方面，如 OSI 参考模型采用的是七层结构，而 TCP/IP 参考模型是四层结构；OSI 参考模型是在协议开发前设计的，具有通用性，TCP/IP 参考模型是先有协议集，然后建立模型。

3.1.4　Internet 基础

1．Internet 概述

Internet（因特网）是由那些使用公用语言互相通信的计算机连接而成的全球网络。

（1）Internet 的起源与发展

20 世纪 60 年代中期，美国出现了将若干台计算机互联起来的系统，这些地理位置不同，具有独立功能的计算机不但可以彼此通信，还可实现与其他计算机之间的资源共享。美国国防部高级计划管理局在 1969 年资助建成的 ARPAnet 被认为是现代网络的起源，也是 Internet 的起源。

（2）Internet 在中国的发展

1987 年 9 月 20 日，钱天白教授发出我国第一封电子邮件"越过长城，通向世界"，揭开了中国人使用 Internet 的序幕。Internet 在中国的发展可以粗略地划分为以下三个阶段。

第一阶段为 1987～1993 年，我国的一些科研部门通过 Internet 建立电子邮件系统，并在小范围内为国内少数重点高校和科研机构提供电子邮件服务。

第二阶段为 1994～1996 年，这一阶段是教育科研网发展阶段。1994 年 4 月中国科学院组建的 NCFC 网开通了与国际 Internet 的 64Kb/s 专线连接，同时还设立了中国最高域名（cn）服务器。到 1996 年初，中国的 Internet 已形成了中国公用计算机互联网 CHINANET、中国教育和科研计算机网 CERNET、中国科技网 CSTNET、中国金桥信息网 CHINAGBN 四大主流体系。

第三阶段为 1997 年以后，这一阶段 Internet 开始了商业应用，是 Internet 在我国快速最为快速的阶段。

（3）Internet 服务

Internet 服务指的是为用户提供的互联网服务，通过 Internet 服务可以进行互联网访问，获取需要的信息。常见的服务有以下几种。

① 信息浏览服务。目前，Internet 已成为世界上重要的广告系统、信息网络和新闻媒体，通过浏览器即可获取最新信息。

② 电子邮件服务。电子邮件（electronic mail，E-mail）是指 Internet 上各个用户之间，通过电子信件的形式进行通信的一种现代邮政通信方式。由于电子邮件具有发送速度快、信息多样、成本低廉等诸多优点，使得电子邮件成为 Internet 上使用最为广泛的服务之一。

③ 信息搜索服务。Internet 上的信息资源很丰富。通过搜索引擎访问 Internet，Internet 几乎可以提供我们所需的所有信息。例如：通过百度，我们可以搜索到在 Internet 的众多信息资源中的所需信息。

2．Internet 的接入方式

Internet 的接入方式多样，比较典型的个人用户接入技术先后采用了以下几种方式。

（1）PSTN 方式

PSTN（published switched telephone network，公用电话交换网）技术是利用 PSTN 通过调制解调器（modem）拨号实现用户接入的方式，这是早期的一种接入方式，其连接方式如图 3-19 所示。

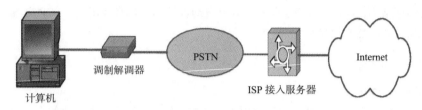

图 3-19　PSTN 连接方式

这种接入方式虽然安装简单、成本低廉，但传输速度慢、线路可靠性差。

（2）ADSL 方式

ADSL（asymmetric digital subscriber line，非对称数字用户线）是一种能够通过普通电话线提供宽带数据业务的技术，用户只要拥有 ADSL 专线，无须拨号过程便能直接享受到高速上网服务。不必改造信号传输线路，利用普通铜质电话线作为传输介质，只要配上专用的 MODEM 即可实现数据高速传输。

（3）LAN 方式

LAN 方式连接 Internet，一般通过以太网接入技术，将光纤接入到楼或小区，再通过双绞线接入到用户家，为整幢楼或小区提供共享带宽（传输速率 10～1 000 Mb/s）的宽带接入业务。

（4）FTTB /FTTH 方式

随着我国三网融合的推进和国内因特网的不断提速，FTTB（fiber to the building，光纤到楼）和 FTTH（fiber to the home，光纤到户）已经逐渐取代前面三种方式成为主流的 Internet 接入方式。FTTB 主要是将光信号接入办公大楼或者公寓大厦的总配线箱内部，实现光纤信号的接入，而在办公室大楼或公寓大厦的内部，则仍然是利用同轴电缆、双绞线或光纤实现信号的分拨输入，以实现高速数据的应用。FTTH 是指将光网络单元安装在住家用户或企业用户处，是光接入系列中除 FTTD（光纤到桌面）外最靠近用户的光接入网应用类型。

（5）无线方式

无线接入是指从交换节点到用户终端之间，部分或全部采用了无线手段。用户通过高频天线与因特网服务提供方（Internet service provider，ISP）连接，费用要比铺设线缆更为低廉，性能价格比相对较高，但是受地形和距离的限制，适合距离 ISP 不远的用户。

3．IP 地址

IP 地址（internet protocol address，互联网协议地址）是一种在 Internet 上的给主机编址的方式。它为互联网上的每一个网络和每一台主机分配一个逻辑地址。每台联网的电脑都需要有 IP 地址，才能正常通信。常见的 IP 地址分为 IPv4 与 IPv6 两大类。IP 地址类似于个人身份证号码，它具有唯一性。

（1）IP 地址的分类

IP 地址具有固定、规范的格式，它由 32 位二进制数组成，将连续 8 位构成一段，共分

教学视频

IP 地址

4 段。每段所能表示的十进制数的范围最大不超过 255，段与段之间用小数点"."隔开。为了便于识别和表达，IP 地址以十进制形式表示。例如：11001001.01110111.00000010.1000000 0 是一个合法的 IP 地址，它对应的十进制数为 201.119.2.128。

IP 地址分为五种类别，常用 A、B、C 三类，D、E 类用于特殊地址，它们均由网络号和主机号两部分组成。IP 地址编码示意图如图 3-20 所示。

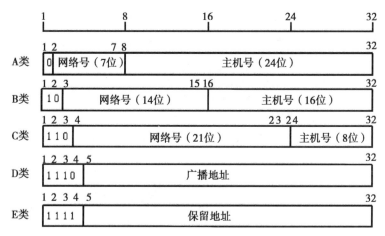

图 3-20 IP 地址编码示意图

其中 A、B、C 三类的最高位分别为 0、10、110。D 类是多播地址，该类 IP 地址的前四位为"1110"，所以地址的网络号取值于 224～239 之间。E 类是保留地址，前四位为"1111"，即网络号取值于 240～255 之间。每种类型的 IP 地址范围分别如下：

A 类地址：10.0.0.0～10.255.255.255

B 类地址：172.16.0.0～172.31.255.255

C 类地址：192.168.0.0～192.168.255.255

现有的互联网是在 IPv4 协议的基础上运行的，IPv6 是下一版本的互联网协议，它的提出最初是因为随着互联网的迅速发展，IPv4 定义的有限地址空间将被耗尽，地址空间的不足必将影响互联网的进一步发展。为了扩大地址空间，拟通过 IPv6 重新定义地址空间。IPv4 采用 32 位地址长度，只有大约 43 亿个地址，而 IPv6 采用 128 位地址长度，几乎可以不受限制地提供地址。在 IPv6 采用了一种新的方式——冒分十六进制表示法。将地址中每 16 位为一组，共写成 8 组，每组为四个十六进制数的形式，两组间用冒号分隔。例如：105.220.136.100.255.255.255.255.0.0.18.128.140.10.255.255（点分十进制）可转为 69DC:8864:FFFF:FFFF:0000:1280:8C0A:FFFF（冒分十六进制表示）。

（2）IP 地址的设置与查看

右击桌面"网络"图标，在弹出的快捷菜单中选择"属性"命令，弹出"网络和共享中心"窗口。在该窗口的"查看活动网络"组中单击"连接："后的链接，此处为"本地连接"链接，弹出"本地连接 状态"对话框，在该对话框中单击"属性"按钮，弹出"本地连接 属性"对话框，在下拉列表框中选择"Internet 协议版本 4（TCP/IPv4）"，再单击"属性"按钮，打开"Internet 协议版本 4（TCP/IPv4）属性"对话框，在当前的"常规"选项卡中即可进行 IP 地址的设置与查看，如图 3-21 所示。

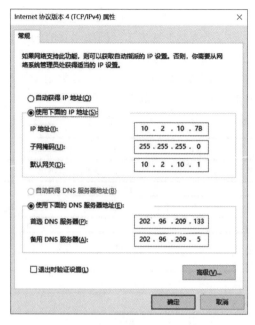

图 3-21　IP 地址的设置与查看

4. DNS 域名系统

　　IP 地址是识别一台主机的唯一标识，可以通过访问 IP 地址访问到网页文件。但是对一般用户而言，IP 地址的数字比较难以记忆，如果将 IP 地址转换为一种符号，这种符号就是域名，在 Internet 上提供这种服务就是域名服务（domain name services，DNS）。DNS 的作用就是把域名转换成为网络可以识别的 IP 地址。在 DNS 中存放了域名与 IP 地址的映射表。当用户输入一个域名地址，计算机首先向 DNS 服务器搜索相对应的 IP 地址，服务器找到对应值之后，会把 IP 地址返回给浏览器，这时浏览器根据这个 IP 地址发出浏览请求，这样就完成了域名寻址的过程。将域名翻译为对应 IP 地址的过程称为域名解析。

　　在 Internet 中，没有重复的域名。域名可以看作是 IP 地址的别名和外号，但它必须得到上级域名管理机构的批准。国际互联网信息中心（Internet network information center，INTERNIC）和各地的网络信息中心（network information center，NIC）是负责管理域名的机构。

　　域名采用分层结构，一个完整的域名由若干个层段（一般不超过 5 个）组成，每个层段之间用小数点隔开，且每个层段都有一定的含义，域名由字母、数字和连字符组成，开头和结尾必须是字母或数字，不区分大小写。完整的域名总长度不超过 255 个字符。域名从右往左依次为顶级域名层段、二级域名层段等，最左边的层段为主机名。域名一般格式为：

　　主机名.单位名.二级域名.顶级域名

　　例如：中国康复研究中心（北京博爱医院）的域名（www.crrc.com.cn）中，其中"cn"是顶级域名，代表中国；"com"是二级域名，代表商业机构；"crrc"是中国康复研究中心的英文缩写（China Rehabilitation Research Center），代表单位名；"www"代表该单位的一台服务器名。

　　顶级域名分为两大类：地理性顶级域名和机构性顶级域名。地理性顶级域名一般表示国家或地区，而机构性顶级域名则一般表示组织机构类型。表 3-1 列举了部分常见顶级域名。

表 3-1　部分常见顶级域名

域名缩写	性　　质	域名缩写	国家 / 地区
. com	商业机构	. cn	中国
. gov	政府机构	. us	美国
. edu	教育及研究机构	. jp	日本
. net	网络服务机构	. fr	法国
. org	非盈利性组织	. hk	香港
. mil	军事机构	. tw	台湾

随着 Internet 用户的激增，域名资源越发紧张，为了缓解这种状况，加强域名管理，Internet 国际特别委员会在原来基础上增加了新的国际通用顶级域名，见表 3-2。

表 3-2　新增的国际通用顶级域名

. firm　公司、企业	. aero　用于航天工业
. store　商店、销售公司和企业	. coop　用于企业组织
. web　突出 WWW 活动的单位	. museum　用于博物馆
. art　突出文化、娱乐活动的单位	. biz　用于企业
. rec　突出消遣、娱乐活动的单位	. name　用于个人
. info　提供信息服务的单位	. pro　用于专业人士
. nom　个人	

3.1.5　万维网的产生、发展与应用

1．万维网的产生与发展

万维网（world wide web，WWW）也叫 3W、W3、Web。1991 年，欧洲核子研究组织公布了 WWW 技术，WWW 的出现立即在世界上引起轰动。1993 年，美国国家超级计算机应用中心在 Windows 环境下开发出了 MOSAIC 浏览器，MOSAIC 浏览器的出现和广泛使用大大推动了万维网的发展，使万维网迅速风靡全世界。

2．万维网的基本概念

（1）万维网服务器

万维网信息服务是采用客户机 / 服务器模式进行的，这是因特网上很多网络服务所采用的工作模式。在进行 Web 网页浏览时，作为客户机的本地机首先与远程的一台万维网服务器建立连接，并向该服务器发出申请，请求发送过来一个网页文件。万维网服务器负责存放和管理大量的网页文件信息，并负责监听和查看是否有从客户端过来的连接。一旦建立连接，客户机发出一个请求，服务器就发回一个应答，然后断开连接。程序运行在服务器端，管理着提供浏览的文档。

（2）网址

在使用浏览器浏览信息时，我们必须先指定要浏览的万维网服务器的地址，即网址。指

定地址最常用的方法是在地址栏中手工输入，按回车后即可登录网站。

（3）主页

主页也被称为首页，是用户打开浏览器时默认打开的网页。用户可以根据自己的需要进行设置。

（4）超链接

超链接是当前页同其他网页或站点之间进行连接的元素，各个网页链接在一起后，才能真正构成一个网站。超链接可以是另一个网页，也可以是相同网页上的文字，还可以是一个图片，一个电子邮件地址，一个文件，甚至是一个应用程序。在一个网页中识别超链接的方法是，当鼠标移到超链接上时，光标会变成手形，单击超链接就可打开目标对象。

（5）网页

与书本类似，万维网也是由很多页面组成的，通常每单击一次超链接所调来的内容就是一页，通常称为网页。

（6）URL

在万维网上，每一信息资源都有统一的且在网上的地址，该地址就叫 URL（uniform resource locator，统一资源定位器），它是万维网的统一资源定位标志，就是指网络地址，简称网址。

统一资源定位器由四部分组成，它的一般格式是：协议：// 主机名 / 路径 / 文件名。

协议：指数据的传输方式，通常称为传输协议，如超文本传输协议 http。

主机名：指计算机的地址，可以是 IP 地址，也可以是域名地址。

路径：指信息资源在 Web 服务器上的目录。

（7）门户网站

门户网站是指通向某类综合性互联网信息资源并提供有关信息服务的应用系统。主要提供新闻、搜索、网络接入、聊天室、电子公告牌、免费邮箱、影音资讯、电子商务、网络社区、网络游戏、免费网页空间等。国内著名的门户网站有新浪、网易、搜狐、腾讯、百度、新华网、人民网、凤凰网等。

3．Web 浏览器的应用

Web 浏览器又称 Web 客户端程序，是一种用于获取 Internet（实际上是万维网）上信息资源的应用程序。目前比较流行的浏览器有很多，其中 Microsoft Internet Explorer（IE）是 Microsoft 公司开发的基于超文本技术的 Web 浏览器。除 IE 浏览器外，常见的还有猎豹浏览器、360 浏览器、Google Chrome、Firefox、Safari 等。各种 Web 浏览器的功能和操作方法大同小异，主要涉及以下操作。

（1）在地址栏中输入 URL

通过浏览器浏览信息时，都是使用 URL 来确定拟访问的站点在 Internet 上的具体位置以及使用方式的。使用浏览器时，如果用户想访问某个站点，在地址栏中输入该站点地址（URL），然后按回车键，就能浏览该站点的信息了。用户在地址栏中输入的 URL 会被浏览器自动记录下来，以后再次访问该站点上的信息时，就可以直接在地址栏的下拉列表中选择即可。

（2）利用超链接进行跳转

进入某一网站的主页面后，便可以利用主页上提供的各个超链接进行跳转。在万维网世界中，超链接是最重要的一环，正是各种超链接的存在，才将分布在世界各地的 Internet 上的信息有机地组织在一起，为人们发布和获取信息提供了极大的方便。利用超链接，我们就不必像阅读普通文本那样从头一次读到尾，而可以通过超链接进入任意感兴趣的页面。

下面以猎豹浏览器为例，介绍浏览器的应用。

在猎豹浏览器窗口（图 3-22）中，单击左上角的猎豹图标，弹出设置列表，可以进行查看历史管理器、清除浏览数据、自定义界面、选项 / 设置、保存网页等实用设置。

图 3-22　猎豹浏览器窗口

单击猎豹浏览器右上角的 ⋯ 图标，弹出截图、微信、猎豹翻译等一些常用扩展工具，如图 3-23 所示。还可以通过管理扩展，添加或删除不必要的工具。

图 3-23　猎豹浏览器常用扩展工具

3.1.6　新兴的网络技术

1. 物联网

物联网是指通过各种信息传感器、射频识别技术、全球定位系统、红外感应器、激光扫描器等各种装置与技术，实时采集任何需要监控、连接、互动的物体或过程，采集其声、光、热、电、力学、化学、生物、位置等各种需要的信息，通过各类可能的网络接入，实现物与物、物与人的泛在连接，实现对物品和过程的智能化感知、识别和管理。物联网是一个物物相连的互联网。

在物联网应用中有三项关键技术：

（1）传感器技术

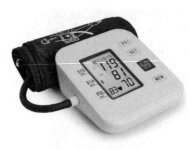

目前的传感器技术是指其对外界信息具有一定检测、自诊断、数据处理以及自适应能力，是微型计算机技术与检测技术相结合的产物。例如，如图 3-24 中所示的电子血压计就是一款把人体生理信息转换成为与之有确定函数关系的电信息的变换装置。它所获取的信息是人体呼吸、心率等生理信息，而它的输出常以电信号来表现。使用时，当气压达到一定程度时，血流可以通过血管，产生一定的震荡波，此时产生的震荡波会通过身体传播到压力袖带内的压力传感器，并实时检测压力和波动。

图 3-24　电子血压计

（2）射频识别技术（radio frequency identification，RFID）

射频识别技术是自动识别技术的一种，通过无线射频方式进行非接触双向数据通信，利用无线射频方式对记录媒体（电子标签或射频卡）进行读写，从而达到识别目标和数据交换的目的。如图 3-25 所示的移动查房就采用了该技术。

除此之外，目前在医院新生儿标识管理应用中，可将婴儿的出生信息录入带有防暴力拆卸破坏功能的 RFID 电子标签中，将标签戴在婴儿手上，即可完成信息与人员绑定。如图 3-26 所示即为戴着 RFID 的婴儿，当新生婴儿未经允许而离开特定的范围后，RFID 识读器读取到目标标签离开的信息后，会通过蜂蜜器发出警报提示，并提示发生事件的婴儿房位置及婴儿的信息，提醒家长与医护人员有人未通过正常的手续流程携带婴儿离开，保证家长与医护人员能够及时赶到，减少甚至杜绝企图盗窃婴儿的行为。

图 3-25　使用 RFID 的移动查房　　　　图 3-26　戴着 RFID 的婴儿

（3）嵌入式系统技术

嵌入式是一种专用的计算机系统，作为装置或设备的一部分。通常嵌入式系统是一个控制程序存储在 ROM 中的嵌入式处理器控制板。事实上，所有带有数字接口的设备，如手表、微波炉、汽车等都使用嵌入式系统，有些嵌入式系统还包含操作系统，但大多数嵌入式系统都是由单个程序实现整个控制逻辑。如图 3-27 所示医用保温柜就采用了嵌入式技术。

图 3-27　医用保温柜

2. 大数据

大数据是一种规模大到在获取、存储、管理、分析方面远超出了传统数据库软件工具能力范围的数据集合。技术上看，大数据与云计算的关系就像一枚硬币的正反面一样密不可分。它无法用单台计算机进行处理，但可依托云计算进行分布式数据挖掘得到大量有价值的信息。大数据的应用范围很广，其中在医学上的应用主要有以下几个方面：

（1）在医疗信息领域中的应用

运用大数据技术，可以给病人制作信息完整的在线电子病历，包括门诊病历、住院病案、家族病史、基础健康状况、医疗检测结果等，而且医院之间、医生之间可以实时的共享患者电子病历，并且在电子病例中添加或变更记录。

（2）在公共卫生领域中的应用

运用大数据可以对流行病的爆发和规模进行预测预警。病毒很容易发生变异衍生出新的病毒株，新的病毒株传播途径多、传播范围广，运用大数据技术，通过传播时期的监测数据，可建立处理模型，达到预测预警的目的。运用大数据技术研判推出的红、黄、绿三色"健康码"就是典型应用。

（3）在临床诊断领域中的应用

大量的真实数据可用于模型建立和临床预测。在临床诊断中，通过大数据分析中的线性回归算法，可以了解人血液中胆固醇受体重、血压及年龄的影响；通过对海量医疗数据进行建模分析和信息挖掘从中找出关联性，可以为医务人员进行的科学研究提供可靠的数据支持，提高研究的效率与质量。

（4）在制药领域中的应用

基因药物具有很高的选择性，一种基因药物并不是适用于所有的人。通过大数据分析，研究人员可以靶向与患者病情紧密相关的基因段，准确找到该基因。根据基因组大数据分析，可以实现针对个体的基因靶向治疗，并以基因分析为基础，以靶向用药为技术手段，实现个性化的精准治疗。

（5）在医学影像中的应用

医学影像数据包括 X 射线成像、核磁共振成像、超声波成像等。这些都是非结构化的影像数据，而大数据的优势就是对非结构化数据的储存、分析、处理。大数据技术结合人工智能（例如神经网络）开发出来的能进行医学影像分析的"阅片机器人"，将成为放射科医师的得力助手，大大缩短诊断时间，提高准确率。

3. 云计算

云计算是分布式计算的一种，指的是通过网络"云"将巨大的数据计算处理程序分解成无数个小程序，然后，通过多部服务器组成的系统在很短的时间内完成对数以万计的数据的处理和分析，将得到结果并返回给用户。

云计算的服务类型主要包括向云计算提供商的个人或组织提供虚拟化计算资源、云存储空间、为开发人员提供云应用程序和服务平台等。例如在医学领域，核磁共振、B超等检查设备所产生的大量影片，就可利用云服务器进行实时存取。

4. 人工智能

人工智能是研究、开发用于模拟、延伸和扩展人的智能的理论、方法、技术及应用系统的一门新的技术科学。该领域的研究包括机器人、语音识别、图像识别、自然语言处理和专家系统等。

人工智能在医疗领域的应用主要包括医疗机器人、智能药物研发、智能诊疗、智能影像识别和智能健康管理等五个方向。下面以人工智能在医学影像的应用为例，介绍人工智能设备运行的基本原理。其应用过程主要分为两部分：一是图像识别，应用于感知环节，其主要目的是将影像进行分析，获取一些有意义的信息；二是深度学习，应用于学习和分析环节，通过大量的影像数据和诊断数据，不断对神经元网络进行深度学习训练，促使其掌握诊断能力。如图 3-28 所示为 2020 年清华大学研发的"新型冠状病毒肺炎智能辅助诊断系统"，可实现同步智能化影像诊断、临床诊断及临床分型三大功能。

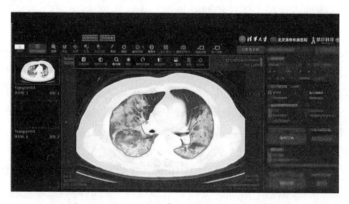

图 3-28　新型冠状病毒肺炎智能辅助诊断系统

5. 区块链

区块链，就是一个又一个区块组成的链条。每一个区块中保存了一定的信息，它们按照各自产生的时间顺序连接成链条。这个链条被保存在所有的服务器中，只要整个系统中有一台服务器可以工作，整条区块链就是安全的。这些服务器在区块链系统中被称为节点，它们为整个区块链系统提供存储空间和算力支持。如果要修改区块链中的信息，必须征得半数以上节点的同意并修改所有节点中的信息，而这些节点通常掌握在不同的主体手中，因此篡改区块链中的信息是一件极其困难的事。相比于传统的网络，区块链具有两大核心特点：一是数据难以篡改；二是去中心化。基于这两个特点，区块链所记录的信息更加真实可靠，可以帮助解决人们互不信任的问题。

区块链在医疗领域的典型应用主要包括对医疗数据保护和共享、药品溯源与防伪、医疗保险防欺诈、医联体数据保安全等方面。

6. 元宇宙

2022 年 9 月 13 日，全国科学技术名词审定委员会举行"元宇宙及核心术语概念研讨会"，将元宇宙释义为"人类运用数字技术构建的，由现实世界映射或超越现实世界，可与现实世界交互的虚拟世界"。准确地说，元宇宙不是一个新概念、新技术，它更是在扩展现实、区块链、云计算、数字孪生等技术下的概念具化。目前，元宇宙仍是一个不断发展，演变的概念，不同参与者以自己的方式不断丰富着它的含义。

我国传统医疗模式面临医疗资源利用不合理、医疗服务质量欠佳、医疗体系效率较低、慢病诊疗管理覆盖面低等困境。随着元宇宙的出现及应用，医疗体系或将重构生态体系——围绕患者体验，建立起现实与虚拟之间的联系，最终实现健康元宇宙中全民健康的愿景。虽然元宇宙的发展尚处于萌芽阶段，但随着相关技术如 5G、云计算及生态体系的培育，其有望在未来进入成熟阶段。目前元宇宙元素在健康医疗各个领域的应用已初见雏形，如元宇宙元素可应用在临床手术的术前至术中的整个流程，通过 VR/AR、全息影像等技术，解决手术病灶定位困难、医疗手术资源短缺以及医患沟通不畅等痛点。

3.2　计算机信息安全与道德

教学视频

计算机职业
道德规范

计算机技术和网络技术为信息的获取和利用提供了越来越先进的手段，同时也为好奇者和入侵者打开了方便之门，于是网络信息安全问题也越来越受关注。

3.2.1　计算机信息安全

1. 信息安全的定义

信息安全是指信息网络的硬件、软件及其系统中的数据受到保护，不受偶然的或者恶意的原因而遭到破坏、更改、泄露，系统连续、可靠、正常地运行，信息服务不中断。它是一门涉及计算机科学、网络技术、通信技术、密码技术、信息安全技术、信息论等多种学科的综合性学科。信息安全是一门以人为主，涉及技术、管理和法律的综合学科，同时还与个人道德、意识等方面紧密相关。

2. 信息安全技术

随着信息技术的发展与应用，信息安全的内涵在不断地延伸，从最初的信息的保密性发展到信息的完整性、可用性、可控性和不可否认性，进而又发展为"攻"（攻击）、"防"（防范）、"测"（检测）、"控"（控制）、"管"（管理）、"评"（评估）等多方面的基础理论和实施技术。

目前常见的信息安全技术主要有密码技术、防火墙技术、虚拟专用网技术、病毒与反病毒技术、数据库安全技术以及入侵检测技术等。

（1）密码技术

密码技术是对信息进行加密、分析、识别和确认以及对密钥进行管理的技术。

（2）防火墙技术

防火墙技术是通过有机结合各类用于安全管理与筛选的软件和硬件设备，帮助计算机网络与其内、外网之间构建一道相对隔绝的保护屏障，以保护用户资料与信息安全性的一种技术。

防火墙可以对流经它的网络通信进行扫描，过滤掉一些攻击。防火墙还可以关闭不使用的端口、禁止特定端口的流出通信、禁止来自特殊站点的访问，从而防止来自不明入侵者的所有通信。

（3）虚拟专用网技术

虚拟专用网（virtual private network，VPN）指的是依靠 Internet 服务提供商和其他网络服务提供商，在公用网络中临时建立的数据通信网络技术。

（4）病毒与反病毒技术

计算机病毒给人们的经济和社会生活造成巨大的损失，应加强教育和立法，从产生病毒的源头上杜绝病毒；加强反病毒技术的研究，从技术上解决病毒传播和发作。

（5）数据库安全技术

数据库安全技术是指以保护数据库系统，数据库服务器和数据库中的数据、应用、存储，以及相关网络连接为目的，是防止数据库系统及其数据遭到泄露、篡改或破坏的安全技术。

（6）入侵检测技术

入侵检测技术是为保证计算机系统的安全而设计与配置的一种能够及时发现并报告系统中未授权或异常现象的技术，也是一种用于检测计算机网络中违反安全策略行为的技术。

3.2.2 计算机病毒

1．计算机病毒的定义

计算机病毒是指编制或者在计算机程序中插入的破坏计算机功能或者毁坏数据、影响计算机使用并能自我复制的一组计算机指令或者程序代码。计算机病毒是人为制造的，具有破坏性、传染性和潜伏性，对计算机信息或系统起破坏作用的程序。它不是独立存在的，而是隐蔽在其他可执行的程序之中。

2．计算机病毒的特点

根据病毒存在的形式，计算机病毒可划分为网络病毒、引导型病毒、文件病毒、宏病毒、混合型病毒等不同类型，它们一般具有以下六个特点。

（1）寄生性

计算机病毒寄生在其他程序之中，当执行这个程序时，病毒就起破坏作用，而在未启动这个程序之前，它是不易被人发觉的。

（2）传染性

正常的程序一般不会将自身的代码强行连接到其他程序中，病毒却能使自身的代码强行传染到一切符合其传染条件、未受到传染的程序中。计算机病毒可通过各种可能的渠道，如 U 盘、网络等传染其他计算机。

（3）潜伏性

大部分病毒感染系统后一般不会马上发作，它可长期隐藏在系统中，只有在满足其特定条件时才启动其破坏模块，进行传播。"黑色星期五"病毒的名称源自最初次病毒会在感染文件中留下类似计时的代码，只要每个月13号是星期五病毒就会发作，由于其特性使其在当时没发现其特征之前得到大量复制，发作时全部感染者会黑屏，由于其影响力大，后人便把这种病毒称为"黑色星期五"病毒。

（4）隐蔽性

计算机病毒具有很强的隐蔽性，通常附在正常程序中或磁盘代码分析中，病毒程序与正常程序是不容易区别开来的。有的可以通过病毒软件检查出来，有的根本查不出来，而且时隐时现、变化无常，这类病毒处理起来通常很困难。

（5）破坏性

任何病毒只要侵入系统，都会对系统及应用程序产生程度不同的影响。计算机病毒的破坏性主要有两方面：一是占用系统资源，影响系统正常运行；二是干扰或破坏系统的运行，破坏或删除程序或数据文件。如"熊猫烧香"病毒是一款拥有自动传播、自动感染硬盘能力和强大破坏能力的病毒，它不但能感染系统中 exe、com、pif、src、html、asp 等文件，还能终止大量的反病毒软件进程并且会删除扩展名为 gho 的文件，被感染的用户系统中所有 exe 可执行文件全部被改成熊猫举着三根香的模样。

（6）可触发性

病毒因某个事件或数值的出现，诱使其实施感染或进行攻击的特性称为可触发性。病毒的触发机制是用来控制感染和破坏动作频率的。病毒具有预定的触发条件，这些条件可能是时间、日期、文件类型或某些特定数据等。病毒运行时，触发机制检查预定条件是否满足，如果满足，启动感染或破坏动作，使病毒进行感染或攻击；如果不满足，则病毒继续潜伏。

3. 计算机病毒的防治

计算机病毒的传播途径主要是通过 U 盘等移动存储介质传播和网络传播。计算机病毒的防范要坚持技术手段和管理手段相结合，以预防为主，尽可能做到防患于未然。

（1）定期升级更新计算机系统、应用软件，更新补丁程序

系统漏洞一直是计算机病毒攻击的重灾区，更新补丁程序就像人体打疫苗，能增强系统免疫力，提高抗病毒的能力。金山卫士、360 安全卫士等工具能很好的帮助用户检测、修补系统漏洞，清除恶意插件，修复受损注册表等。

（2）为计算机安装杀毒软件、防火墙等安全工具，定期查杀病毒，并注意及时升级

杀毒软件、病毒防火墙能实时监控系统，抵御病毒入侵，一旦检测到病毒就立即报警并清除或隔离病毒。但由于病毒的防治技术总是滞后于病毒的发展，有些病毒不能立即被检测和清除，因此，用户必须保持及时更新杀毒软件病毒库的习惯，并定期对计算机系统查杀病毒。常见的杀毒软件有：金山毒霸、瑞星杀毒、360 杀毒、卡巴斯基和 NOD32 等。

（3）养成良好的 U 盘（移动存储）使用习惯

尽量避免在无防毒软件的计算机上使用可移动存储介质，尽可能不在公用的计算机上使用 U 盘，U 盘定期杀毒，防止病毒通过 U 盘在计算机之间传播。

（4）不要在互联网上随意下载软件或数据

下载的数据先通过杀毒软件扫描，确认无毒后再打开使用。

（5）及时备份有价值的数据

及时备份保存在 U 盘、硬盘等存储介质上的数据，目前网络上盛行的云盘、网盘是很好的数据备份空间，这样即使计算机感染病毒，也能确保数据不丢失，不毁坏。

3.2.3　因特网上的道德行为准则

研究表明，大学生网民是青少年网民的中坚力量，网络成为大学生获取知识、获得信息、相互沟通的重要渠道，但网络也不可避免地对其世界观、价值观、行为模式、心理发展、道德水平产生深远影响，提升大学生网络道德水平是关乎大学生素质和整个社会公民素质的一件大事。

1. 网络道德的概念

所谓网络道德，是指以善恶为标准，通过社会舆论、内心信念和传统习惯来评价人们的上网行为，调节网络时空中人与人之间以及个人与社会之间关系的行为规范。网络道德作为一种实践精神，是人们对网络持有的意识态度、网上行为规范、评价选择等构成的价值体系，是一种用来正确处理、调节网络社会关系和秩序的准则。

2. 网络道德规范

网络道德的基本原则是：诚信、安全、公开、公平、公正、互助。2013 年 8 月，中国互联网大会倡议网民坚守互联网道德"七条底线"，即：法律法规底线、社会主义制度底线、国家利益底线、公民合法权益底线、社会公共秩序底线、道德风尚底线、信息真实性底线。这七条底线不仅圈定了网络空间自由的"边界线"，也是网民享受网络自由的"保护线"。

本书参考美国计算机伦理协会制定的《计算机伦理十诫》和我国的《全国青少年网络文明公约》，倡议大学生们自觉遵守以下网络道德基本规范。

（1）尊重知识产权，购买正版软件，不非法复制软件。

（2）不沉溺于网络游戏，科学合理安排上网时间。

（3）遵守互联网法规，不利用网络去入侵他人的电脑。

（4）未经许可不使用他人计算机资源，不窃取他人智力成果。

（5）谨言慎行，不在网络发表不当言论，要积极传播正能量。

（6）深入学习网络安全知识，科学有效运用网络技术维护网络安全。

（7）进行积极健康的网络学习，凝聚强大的精神力量，不浏览不良信息。

（8）树立正确的网络意识形态安全观念，自觉抵制网络中负面信息和价值影响。

网络道德是现实世界道德在网络中的体现，也能反过来作用于现实世界，可见，提高网络道德素质，会有效改善社会风气，净化社会环境，提高国民的整体素质，从而保障社会健康有序发展。

3.3 移动医疗

3.3.1 移动医疗的基本概念

移动医疗是指通过使用移动通信技术，例如 PDA、移动电话和卫星通信来提供医疗服务和信息，具体到移动互联网领域，则以基于安卓和 iOS 等移动终端系统的医疗健康类APP 应用为主。也可指传感器、应用软件和医疗服务的结合，也就是可穿戴式医疗设备和医疗服务的结合。

移动医疗主要包括医疗信息共享、远程医疗、慢性病管理、健康状态监控等。它为发展中国家的医疗卫生服务提供了一种有效方法，在医疗人力资源短缺的情况下，通过移动医疗可解决发展中国家的医疗问题。

3.3.2 移动医疗应用领域

目前移动医疗应用领域主要有以下几类。

（1）移动医疗 APP

移动医疗 APP 是基于移动终端的医疗类应用软件。目前，市场上的移动医疗 APP 主要分为五类：寻医问诊类、挂号导诊类、医药服务类、健康管理类以及其他类。移动医疗 APP

将大众引入一种更为先进、轻松和便捷的就诊模式中，近年来逐步成为整个移动通信产业的热点。

移动医疗 APP 将朝着"软件＋互联网＋医疗"盈利模式发展，其核心将实现"线上"与"线下"完美结合，这一发展模式可以有效解决了患者看病难的问题。伴随移动互联网应用的快速发展及普及，通过移动互联网了解和掌握基本的养生知识已经成为人们生活中的一部分，而随着人们对健康的重视程度的加深，这种需求也越来越大，医疗 APP 在移动互联网显示出了广阔的发展前景。如图 3-29 所示的是当下比较流行的医疗 APP "平安好医生"界面。

（2）可穿戴医疗设备

可穿戴医疗设备是指可以直接穿戴在身上的便携式医疗或健康电子设备，在软件支持下感知、记录、分析、调控、干预甚至治疗疾病或维护健康状态。可穿戴医疗设备其真正意义在于植入人体，绑定人体，识别人体的体态特征、状

图 3-29　医疗 APP "平安好医生"界面

态，时刻监测我们的身体状况、运动状况、新陈代谢状况等，并将我们的体态特征数据化。目前可穿戴医疗设备主要分两大类：一是运动健康类，代表产品有手环、手表以及体重秤等；二是针对疾病监测类，代表产品有可穿戴医疗血氧仪、血压计、血糖仪等，如图 3-30 所示为一款可穿戴医疗血氧仪。

（3）移动远程诊疗

远程诊疗技术是指通过计算机技术，遥感、遥测、遥控技术为依托，充分发挥大医院或专科医疗中心的医疗技术和医疗设备优势，对医疗条件较差的边远地区或舰船上的伤病员进行远距离诊断、治疗和咨询，实现快速、准确、高效、经济的优质医疗资源延伸和医疗技术帮扶。目前随着移动医疗的发展，移动远程诊疗系统支持实时的视频远程会诊活动，以及放射影像、病理阅片等非实时会诊功能。

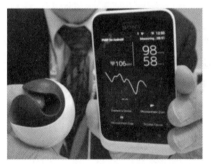

图 3-30　可穿戴医疗血氧仪

3.3.3　移动医疗典型应用系统

移动医疗系统是"以患者为中心，以患者诊疗过程为主线"，将医院中各个系统（如电子病历、病床信息采集、临床检验分析等）有机结合在一起，并融入无线通信技术，便于医生和护士通过移动终端随时随地获得最新的患者信息，从而及时对患者进行治疗，提高医院的诊疗效率和质量。

1. 移动临床信息系统

移动临床信息系统通过无线技术、移动数据终端和条码技术的应用，让医护人员在临床服务中实现实时数据采集和录入工作，优化医护流程，提升医护人员工作效率；通过手持设备，可方便记录人员借出与归还临床辅助设备的信息，并对记录的现状及历史进行查询；通过后台管理系统可以对该系统的基础数据进行维护，并可以随时统计出设备在指定时间范围内被借用的状况等统计信息。

2．移动预约挂号系统

移动预约挂号系统是直接面向门诊病人服务的软件（图 3-31），支持患者通过固定电话、网站、手机等通讯渠道查询、预约挂号看病。医院实行移动预约挂号服务，提前安排就医计划，减少候诊时间，也有利于医院提升管理水平，提高工作效率和医疗质量，改善医患关系。

图 3-31　移动预约挂号系统

3．移动查询系统

建立以"患者为中心"的医疗信息移动查询系统，涉及患者信息管理、病程管理、医嘱管理、辅助检查管理、护理站管理等，可以满足医生查询患者所患疾病、治愈情况、历史用药情况、药物过敏史、手术数据、转诊转科记录的需求；实现护士实时查询病人的处方信息，用药记录、体温、血压历史检测数据，新入病人通知等；帮助患者随时查询自己的各种检验检查结果，历史药品记录和后续治疗方案等。

4．移动查房系统

移动查房系统可为医生提供多角度、广视野、超越纸质病历的信息，成为掌握患者病情的有效工具，有利于医生对病人的诊断与治疗，能显著提高治疗效率。此外，该系统的应用可优化医院工作流程，提高医护人员工作效率，使医护人员得以从繁琐的流程中解放出来，将更多时间用于分析患者病情和关注治疗效果，进一步提高医疗的安全性。

5．远程会诊系统

远程会诊系统可将不同地点的医疗专家集中起来，通过网络对某个患者进行远程会诊。患者所在医疗机构的医生，通过远程会诊系统，将患者病历、基本医疗情况及相关的 X 光片、CT 片、心电图、病理切片等诊断结果传输到每位专家的电脑。各位专家基于远程会诊系统接收到的资料，展开讨论。在必要的情况下，甚至可以要求患者的主治医生现场对患者进行相关检查操作，各地专家直接观看检查过程及结果，作出判断，从而最终诊断患者病情。如果系统外接相关患者所在医疗机构的医疗设备和系统，还可以实现外地专家远程操作医疗设备和系统，以实现远程专家亲自诊断，有力地带动了传统治疗方式的改革和进步。

远程医疗系统的发展，不仅能够一定程度缓解三级医院的压力，也将有效打破空间限制，实现医疗资源的下沉，加强各级资源的共享与交互。相信未来，随着云计算、AI 技术的不断完善，我国远程医疗势必会有更大的发展。

6．移动药房系统

移动药房系统基于合理用药和阳光用药的基础上，在会诊后决定医生是否需要在线开处方，患者可以设置药品的配送地址，线上支付完成后医院会根据配送地址给患者配送药物，免去挂号、报到、缴费、取药、取检验单的流程，实现了不出门即可看病，并推送用药提醒，让医院服务更温馨，有助于改善医患关系。

7．移动医院宣传系统

移动医院宣传系统能为医院定制专属官网和 APP 平台公关宣传，具有医院介绍、科室介绍、医生介绍和日程、健康咨询、预约挂号、会员中心等功能，医院能够在平时推送一些健康知识给关注者，在节假日推送祝福信息，帮助患者建立就医信心，拉近医患距离。

3.4　医学文献检索

教学视频

一框式检索

当今社会的高速发展产生了大量信息，只有了解相关领域常用检索工具及其操作方法，并精通各种检索技巧，才能从浩如烟海的信息中快速找到需要的信息。本节主要介绍专门的文献检索工具及其操作方法，有利于学习者检索、学习文献。下面以中国知网数据库为例，进行文献的检索。

3.4.1　一框式检索

登录中国知网数据库，默认界面（图 3-32）是一框式检索。在平台首页选择检索范围，下拉列表选择检索项，在检索框内输入检索词，单击检索按钮或键盘回车，执行检索。

图 3-32　中国知网数据库默认界面

1．检索项

单击"主题"，在下拉列表中可以更换具体检索类型，可以按照主题、篇关摘、关键词、篇名、全文、作者、第一作者、通讯作者、作者单位、基金、摘要、小标题、参考文献、分类号、文献来源、DOI 来进行检索。

（1）主题检索

主题检索是在中国知网标引出来的主题字段中进行检索，该字段内容包含一篇文章的所有主题特征，同时在检索过程中嵌入了专业词典、主题词表、中英对照词典、停用词表等工具，并采用关键词截断算法，将低相关或微相关文献进行截断。

（2）篇关摘检索

篇关摘检索是指在篇名、关键词、摘要范围内进行检索，具体参见篇名检索、关键词检索、摘要检索。

（3）关键词检索

关键词检索的范围包括文献原文给出的中、英文关键词，以及对文献进行分析计算后机器标引出的关键词。机器标引的关键词基于对全文内容的分析，结合专业词典，解决了文献作者给出的关键词不够全面准确的问题。

（4）篇名检索

篇名检索指依据文章篇名进行检索。不同的文章类型，篇名有所不同，如：学术期刊、会议、学位论文、学术辑刊的篇名为文章的中、英文标题；报纸的篇名包括引题、正标题、副标题；年鉴的篇名为条目题名；专利的篇名为专利名称；成果的篇名为成果名称。

（5）全文检索

全文检索指在文献的全部文字范围内进行检索，包括文献篇名、关键词、摘要、正文、参考文献等。

（6）作者检索

作者检索指依据作者名称进行检索。学术期刊、报纸、会议、学位论文、年鉴、学术辑刊的作者为文章中、英文作者；专利的作者为发明人；标准的作者为起草人或主要起草人；成果的作者为成果完成人。

（7）第一作者检索

依据第一作者进行检索时，需注意只有一位作者时，该作者即为第一作者；有多位作者时，将排在第一个的作者认定为文献的第一作者。

（8）通讯作者检索

目前期刊文献对原文的通讯作者进行了标引，可以按通讯作者查找期刊文献。通讯作者指课题的总负责人，也是文章和研究材料的联系人。

（9）作者单位检索

作者单位检索指按照作者单位进行检索。一般来说，学术期刊、报纸、会议、学术辑刊的作者单位为原文给出的作者所在单位的名称；学位论文的作者单位包括作者的学位授予单位及原文给出的作者任职单位；年鉴的作者单位包括条目作者单位和主编单位；专利的作者单位为专利申请机构；标准的作者单位为标准发布单位；成果的作者单位为成果第一完成单位。

（10）基金检索

根据基金名称，可检索受到此基金资助的文献。支持基金检索的资源类型包括：学术期刊、会议、学位论文、学术辑刊。

（11）摘要检索

进行摘要检索时需注意，学术期刊、会议、学位论文、专利、学术辑刊的摘要为原文的中、英文摘要，原文未明确给出摘要的，提取正文内容的一部分作为摘要；标准的摘要为标准范围；成果的摘要为成果简介。

（12）小标题检索

学术期刊、报纸、会议的小标题为原文的各级标题名称；学位论文的小标题为原文的中英文目录；图书的小标题为原书的目录。

（13）参考文献检索

检索参考文献里含检索词的文献。支持参考文献检索的资源类型包括：学术期刊、会议、学位论文、年鉴、学术辑刊。

（14）分类号检索

通过分类号检索，可以查找到同一类别的所有文献。学术期刊、报纸、会议、学位论文、年鉴、标准、成果、学术辑刊的分类号指中图分类号；专利的分类号指专利分类号。

（15）文献来源检索

文献来源指文献出处。学术期刊、学术辑刊、报纸、会议、年鉴的文献来源为文献所在的刊物；学位论文的文献来源为相应的学位授予单位；专利的文献来源为专利权利人 / 申请人；标准的文献来源为发布单位；成果的文献来源为成果评价单位。

（16）DOI 检索

输入 DOI 号检索学术期刊、学位论文、会议、报纸、年鉴、图书。国内的学术期刊、学位论文、会议、报纸、年鉴只支持检索在知网注册 DOI 的文献。

2. 检索推荐 / 引导功能

平台提供检索时的智能推荐和引导功能，根据输入的检索词自动提示，可根据提示进行选择，更便捷地得到精准结果。应注意的是使用推荐或引导功能后，不支持在检索框内进行修改，修改后可能得到错误结果或得不到检索结果。

（1）主题词智能提示

输入检索词，自动进行检索词补全提示。适用字段：主题、篇名、关键词、摘要、全文。例如：输入"智慧"，下拉列表显示"智慧"开头的热词，通过选中提示词，单击检索按钮、回车键或者提示词，执行检索，如图 3-33 所示即为主题词智能提示示例。另外要注意的是，目前只提供一次补全提示，即输入一个词时，词典根据输入词给出提示，从输入第二个词开始不再提示。

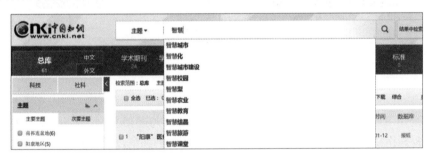

图 3-33　主题词智能提示示例

（2）作者引导

输入检索词，进行检索引导，可根据需要进行勾选，精准定位所要查找的作者。

① 输入作者姓名，出现引导列表，显示姓名的精确匹配结果。引导列表分两级，按一级机构名称首字母升序排序，二级机构（原文机构）名称默认收起。单击展开按钮，显示一级机构下的所有二级机构名称。一级机构为作者最新发文单位的规范机构名称，二级机构为作者曾经发文的全部原文机构名称。

② 引导列表提供清除勾选、翻页功能，最多可勾选 5 项。同一作者代码对应的一级机构和二级机构不能同时勾选。

③ 在引导列表勾选后，勾选内容填入检索框，显示方式为：作者（勾选机构 1+勾选机构 2+勾选机构 3），同时检索框内的文本变为灰色。

在作者引导中，优先展示已经完成作者认证并进行学术成果认领的作者。认证且认领了文章的作者后有认证标识。

例如：在如图 3-34 所示的示例中，在输入框输入"钟南山"，勾选第一层级的"钟南山中国工程院"，就能够检出所有中国工程院的钟南山所发表的文献，检索时精准定位所查找的作者，排除同名作者，并且不管原文机构是否含"中国工程院"字样，只要规范为中国工程院的，都可以被检到。

图 3-34　作者引导示例

某作者同时有多个单位，或需检索某作者在原单位与现单位所有发文的，则在引导列表中勾选多个单位。例如：检索语言学领域的李行德所发的文献，勾选他的所有单位，即可得到结果。如图 3-35 所示即为多单位情况下的作者引导检索。

图 3-35　多单位情况下的作者引导检索

若两个作者的一级机构相同，二级机构不同，通过勾选相应的二级机构，可精准定位。例如：要检索南京大学地理与海洋科学学院的张欢所发的文章，则勾选二级机构名含"南京大学地理与海洋科学学院"的条目。如图 3-36 所示即为实现精准定位的作者引导。

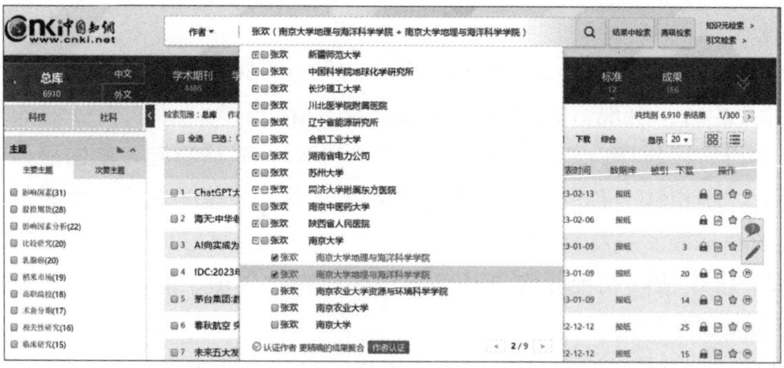

图 3-36　实现精准定位的作者引导

（3）基金引导

输入检索词，下拉列表显示包含检索词的规范基金名称，勾选后用规范的基金代码进行检索，精准定位。

例如：在输入框输入"自然科学"，勾选"国家自然科学基金"后单击检索，检索结果是将原文基金名称规范为"国家自然科学基金"的全部文献。如图 3-37 所示即为基金引导示例。

图 3-37 基金引导示例

（4）文献来源引导

输入检索词，下拉列表显示包含检索词的规范后的来源名称，勾选后用来源代码进行检索，精准定位。

例如：输入"工业经济"，列表中勾选所要查找的来源名称，检索结果会包含此来源现用名及曾用名下的所有文献。如图 3-38 所示为文献来源引导示例。

图 3-38 文献来源引导示例

3. 匹配方式

一框式检索根据检索项的特点，采用不同的匹配方式。

相关度匹配。采用相关度匹配的检索项为：主题、篇关摘、篇名、全文、摘要、小标题、参考文献、文献来源。根据检索词在该字段的匹配度，得到相关度高的结果。

精确匹配：采用精确匹配的检索项为关键词、作者、第一作者、通讯作者。

模糊匹配：采用模糊匹配的检索项为作者单位、基金、分类号、DOI。

4. 同字段组合运算

支持运算符 *、+、-、''、""、（）进行同一检索项内多个检索词的组合运算，检索框内输入的内容不得超过 120 个字符。

输入运算符 *（与）、+（或）、-（非）时，前后要空一个字节，优先级需用英文半角括号确定。

若检索词本身含空格或 *、+、-、（）、/、%、= 等特殊符号，进行多词组合运算时，为避免歧义，须将检索词用英文半角单引号或英文半角双引号引起来。

（1）篇名检索项后输入：智慧医疗 * 物联网，可以检索到篇名包含"智慧医疗"及"物联网"的文献。

（2）主题检索项后输入：（锻造 + 自由锻）* 裂纹，可以检索到主题为"锻造"或"自由锻"，且有关"裂纹"的文献。

（3）如果需检索篇名包含"digital library"和"information service"的文献，在篇名检索项后输入：'digital library' * 'information service'。

（4）如果需检索篇名包含"2+3"和"人才培养"的文献，在篇名检索项后输入：'2+3' * ' 人才培养 '。

5．结果中检索

结果中检索是在上一次检索结果的范围内按新输入的检索条件进行检索。

输入检索词，单击"结果中检索"，执行后在检索结果区上方显示检索条件。如图 3-39 所示为结果中检索示例：检索主题为"人工智能"的文献后，在此结果中检索文献来源为"电脑知识与技术"的文献。单击最后的 ×，可清除最后一次的检索条件，退回到上一次的检索结果。

图 3-39　结果中检索示例

教学视频

3.4.2　高级检索

高级检索支持多字段逻辑组合，并可通过选择精确或模糊的匹配方式、检索控制等方法完成较复杂的检索，得到符合需求的检索结果。

多字段组合检索的运算优先级，按从上到下的顺序依次进行。

知网高级检索

1．高级检索入口

在首页单击"高级检索"进入高级检索页（图 3-40），或在一框式检索结果页单击"高级检索"进入高级检索页。高级检索页单击标签可切换至高级检索、专业检索、作者发文检索、句子检索。

图 3-40　高级检索页

2．高级检索的应用

（1）检索区

检索区主要分为两部分，上半部分为检索条件输入区，下半部分为检索控制区。

① 检索条件输入区：默认显示主题、作者、文献来源三个检索框，可自由选择检索项、

检索项间的逻辑关系，检索词匹配方式。如图 3-41 所示为检索条件输入区。

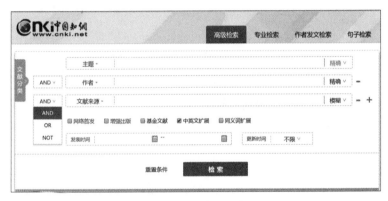

图 3-41　检索条件输入区

单击检索框后的 ✚ 、 ▬ 按钮可添加或删除检索项，最多支持 10 个检索项的组合检索。

② 检索控制区：检索控制区的主要作用是通过条件筛选、时间选择等，对检索结果进行范围控制。

控制条件包括：出版模式、基金文献、时间范围、检索扩展。如图 3-42 所示为检索控制区。

图 3-42　检索控制区

检索时默认进行中英文扩展，如果不需要中英文扩展，则手动取消勾选。

（2）检索项

检索项包括：主题、篇关摘、关键词、篇名、全文、作者、第一作者、通讯作者、作者单位、基金、摘要、小标题、参考文献、分类号、文献来源、DOI。

（3）切库区

高级检索页面下方为切库区，如图 3-43 所示，单击库名，可切至某单库高级检索。

图 3-43　切库区

（4）文献导航

文献分类导航默认为收起状态，单击展开后勾选所需类别，可缩小和明确文献检索的类别范围。总库高级检索提供 168 专题导航，是知网基于中图分类而独创的学科分类体系。年鉴、标准、专利等除 168 导航外还提供单库检索所需的特色导航。

（5）检索推荐/引导功能

与一框式检索时的智能推荐和引导功能类似，主要区别是：高级检索的主题、篇名、关键词、摘要、全文等内容检索项推荐的是检索词的同义词、上下位词或相关词，一框式检索的检索词推荐用的是文献原文的关键词；高级检索的推荐引导功能在页面右侧显示。可根据检索需求进行勾选，勾选后进行检索，检索结果为包含检索词或勾选词的全部文献。

例如：在如图 3-44 所示的检索推荐/引导区的输入框输入"人工智能"，将推荐相关的人工智能技术、人工智能时代等。

图 3-44　检索推荐/引导区

（6）匹配方式

除主题只提供相关度匹配外，其他检索项均提供精确、模糊两种匹配方式。

篇关摘（篇名和摘要部分）、篇名、摘要、全文、小标题、参考文献的精确匹配，是指检索词作为一个整体在该检索项进行匹配，完整包含检索词的结果；模糊匹配，则是检索词进行分词后在该检索项的匹配结果。

篇关摘（关键词部分）、关键词、作者、机构、基金、分类号、文献来源、DOI 的精确匹配，是指关键词、作者、机构、基金、分类号、文献来源或 DOI 与检索词完全一致；模糊匹配，是指关键词、作者、机构、基金、分类号、文献来源或 DOI 包含检索词。

（7）词频选择

全文和摘要检索时，可选择词频，辅助优化检索结果。

选择词频数后进行检索，检索结果为在全文或摘要范围内，包含检索词，且检索词出现次数大于等于所选词频的文献。

（8）同字段组合运算

一框式检索、高级检索均支持同一检索项内输入 *、+、- 进行多个检索词的组合运算。

（9）结果中检索

高级检索支持结果中检索，执行后在检索结果区上方显示检索条件，与之前的检索条件间用"AND"连接。

例如：检索主题"人工智能"后，在结果中检索主题"机器人"，检索条件设置如图 3-45 所示。

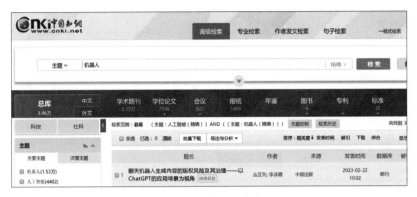

图 3-45　结果中检索的检索条件设置

（10）检索区的收起展开

高级检索执行检索后，检索区只显示第一行的检索框，缩减检索区空间，重点展示检索结果，单击展开按钮即显示完整检索区，如图 3-46 所示即为展开检索区。

图 3-46　展开检索区

3.4.3　专业检索

1. 专业检索概述

在高级检索页切换"专业检索"标签，可进行专业检索，专业检索页如图 3-47 所示。

专业检索用于图书情报专业人员查新、信息分析等工作，使用运算符和检索词构造检索式进行检索。

专业检索的一般流程：确定检索字段构造一般检索式，借助字段间关系运算符和检索值限定运算符可以构造复杂的检索式。

专业检索表达式的一般式：〈字段代码〉〈匹配运算符〉〈检索值〉

图 3-47　专业检索页

2．检索字段

在文献总库中提供以下可检索字段：SU% = 主题，TKA = 篇关摘，KY = 关键词，TI = 篇名，FT = 全文，AU = 作者，FI = 第一作者，RP = 通讯作者，AF = 作者单位，FU = 基金，AB = 摘要，CO = 小标题，RF = 参考文献，CLC = 分类号，LY = 文献来源，DOI = DOI，CF = 被引频次。

3．匹配运算符

常用的匹配运算符的功能和适用字段见表 3-3。

表 3-3　常用匹配运算符的功能和适用字段

符号	功　　能	适用字段
=	= str 表示检索与 str 相等的记录	KY、AU、FI、RP、JN、AF、FU、CLC、SN、CN、IB、CF
	= str 表示包含完整 str 的记录	TI、AB、FT、RF
%	% str 表示包含完整 str 的记录	KY、AU、FI、RP、JN、FU
	% str 表示包含 str 及 str 分词的记录	TI、AB、FT、RF
	% str 表示一致匹配或与前面部分串匹配的记录	CLC
% =	% = str 表示相关匹配 str 的记录	SU
	% = str 表示包含完整 str 的记录	CLC、ISSN、CN、IB

例如：

（1）精确检索关键词包含"数据挖掘"的文献：KY = ' 数据挖掘 '。

（2）模糊检索摘要包含"计算机教学"的文献：AB % ' 计算机教学 '，模糊匹配结果为摘要包含"计算机"和"教学"的文献，"计算机"和"教学"两词不分顺序和间隔。

（3）检索主题与"大数据"相关的文献：SU% = 大数据，主题检索推荐使用相关匹配运算符"% ="。

4．比较运算符

常用的比较运算符的功能和适用字段见表 3-4。

表 3-4　常用比较运算符的功能和适用字段

符　号	功　　能	适用字段
BETWEEN	BETWEEN（str1，str2）表示匹配 str1 与 str2 之间的值	YE
>	大于	YE CF
<	小于	
>=	大于等于	
<=	小于等于	

例如：

（1）YE BETWEEN（'2020'，'2023'），检索出版年份在 2020 至 2023 年的文献。

（2）CF > 0 或 CF >= 1，检索被引频次不为 0 的文献。

5．逻辑运算符

适用于字段间的逻辑关系运算符见表 3-5。

表 3-5　适用于字段间的逻辑关系运算符

符　　号	功　　能
AND	逻辑"与"
OR	逻辑"或"

例如：

（1）检索钟南山发表的关键词包含"新冠肺炎"的文章，检索式：KY = '新冠肺炎' AND AU = '钟南山'。

（2）检索主题与"移动医疗"相关或篇关摘包含"移动医疗"的文献，检索式：SU % = '移动医疗' OR TKA = '移动医疗'。

（3）检索篇名包含"大数据"，但不是"大数据集"的文章，检索式：TI = '大数据' NOT TI = '大数据集'。

（4）检索钟南山在广州医学院期间发表的题名或摘要中都包含"呼吸"的文章，检索式：AU = '钟南山' AND AF = '广州医学院' AND（TI = '呼吸' OR AB = '呼吸'）。

提示：

① 使用 AND、OR、NOT 可以组合多个字段，构建如下的检索式：〈字段代码〉〈匹配运算符〉〈检索值〉〈逻辑运算符〉〈字段代码〉〈匹配运算符〉〈检索值〉，逻辑运算符"AND（与）""OR（或）""NOT（非）"前后要有空格。

② 可自由组合逻辑检索式，优先级需用英文半角圆括号"（ ）"确定。

6．复合运算符

复合运算符主要用于检索关键字的复合表示，可以表达复杂、高效的检索语句，见表 3-6。

表 3-6 复合运算符

符　号	功　能
*	str1 * str2：同时包含 str1 和 str2
+	str1 + str2：包含 str1 或包含 str2
−	str1 − str2：包含 str1 但不包含 str2

例如：

（1）检索全文同时包含"智慧医疗"和"人工智能"的文献：FT = ' 智慧医疗 ' * ' 人工智能 '。

（2）检索关键词为"移动医疗"或"智慧医疗"的文献：KY = ' 移动医疗 ' + ' 智慧医疗 '。

（3）检索关键词包含大数据，但不含人工智能的文献：KY = ' 大数据 ' − ' 人工智能 '。

其中，在一个字段内可以用"*、+、−"组合多个检索值进行检索。多个复合运算符组合可以用"（ ）"来改变运算顺序。

7. 位置描述符

位置描述符适用于字段间的逻辑关系运算。表 3-7 所示位置描述符的功能与适用字段。

表 3-7 位置描述符的功能与适用字段

符　号	功　能	适用字段
#	str1 # str2：表示包含 str1 和 str2，且 str1、str2 在同一句中	
%	str1 % str2：表示包含 str1 和 str2，且 str1 与 str2 在同一句中，且 str1 在 str2 前面	
/NEAR N	str1 /NEAR N str2：表示包含 str1 和 str2，且 str1 与 str2 在同一句中，且相隔不超过 N 个字词	
/PREV N	str1 /PREV N str2：表示包含 str1 和 str2，且 str1 与 str2 在同一句中，str1 在 str2 前面不超过 N 个字词	TI、AB、FT
/AFT N	str1 /AFT N str2：表示包含 str1 和 str2，且 str1 与 str2 在同一句中，str1 在 str2 后面且超过 N 个字词	
/SEN N	str1 /SEN N str2：表示包含 str1 和 str2，且 str1 与 str2 在同一段中，且这两个词所在句子的序号差不大于 N	
/PRG N	str1 /PRG N str2：表示包含 str1 和 str2，且 str1 与 str2 相隔不超过 N 段	
$ N	str $ N：表示所查关键词 str 最少出现 N 次	

例如：

（1）FT = ' 人工智能 # 医疗 '，表示检索全文某个句子中同时出现"人工智能"和"医疗"的文献。

（2）FT = ' 人工智能 % 医疗 '，表示检索全文某个句子中同时出现"人工智能"和"医疗"，且"人工智能"出现在"医疗"前面。

（3）FT = '人工智能 /NEAR 10 推荐算法 '，表示检索全文某个句子中同时出现"人工智能"和"推荐算法"，且两个词间隔不超过 10 个字词。

（4）FT = '人工智能 /PREV 10 医疗 '，表示检索全文某个句子中同时出现"人工智能"和"医疗"的文献，"人工智能"出现在"医疗"前，且间隔不超过 10 个字词。

（5）FT = '人工智能 /AFT 10 医疗 '，表示检索全文中某个句子同时包含"人工智能"和"医疗"的文献，"人工智能"出现在"医疗"后，且间隔超过 10 个字词。

（6）FT = '人工智能 /SEN 1 医疗 '，表示检索全文中某个段落同时包含"人工智能"和"医疗"的文献，且检索词所在句子间隔不超过 1 句。

（7）FT = '出版 /PRG 5 法规 '，表示检索全文中包含"出版"和"法规"，且这两个词所在段落间隔不超过 5 段。

（8）FT = '移动查房 $5'，表示检索在全文中"移动查房"出现至少 5 次的文献。

其中，需用一组英文半角单引号将检索值及其运算符括起。"#、%、/NEAR N、/PREV N、/AFT N、/SEN N、/PRG N"是单次对单个检索字段中的两个值进行限定的语法，仅限于两个值，不适用于连接多值进行检索。

3.4.4　作者发文检索

在高级检索页切换"作者发文检索"标签，可进行作者发文检索。

作者发文检索通过输入作者姓名及其单位信息，检索某作者发表的文献，功能及操作与高级检索基本相同。

3.4.5　句子检索

在高级检索页切换"句子检索"标签，可进行句子检索。

句子检索是通过输入的两个检索词，在全文范围内查找同时包含这两个词的句子，找到有关事实的问题答案。

句子检索不支持空检，同句、同段检索时必须输入两个检索词。

例如：如图 3-48 所示的句子检索示例，即为检索同一句包含"人工智能"和"神经网络"的文献。

图 3-48　句子检索示例

其检索结果如图 3-49 所示，句子 1、句子 2 为查找到的句子原文，"句子来自"为这两个句子出自的文献题名。

图 3-49　句子检索的检索结果

　　句子检索支持同句或同段的组合检索，两组句子检索的条件独立，无法限定于同一个句子/段落。例如：图 3-50 所示的句子检索中的组合检索示例，即为在全文范围检索同一句中包含"数据"和"挖掘"，并且同一段中包含"计算机"和"网络"的文章。

图 3-50　组合检索示例

　　检索到的文献，全文中有同一句同时包含"数据"和"挖掘"，并且同一段中同时包含"计算机"和"网络"。

第 4 章
WPS 文字

随着信息技术的发展与普及，电子办公已成为现代人常用的办公方式。相较于传统办公，电子办公依托于高性能的办公软件，能够通过网络分享、传阅各种办公文档，以便让他人尽快掌握信息。办公软件的性能极大程度地影响着电子办公效率。目前在国内最具影响力的办公软件当属 WPS Office 软件。该软件是由北京金山办公软件股份有限公司自主研发的一款办公软件套装，可以实现办公软件最常用的文字、表格、演示、PDF 阅读等多种功能。此外，凭借内存占用低、运行速度快、提供在线存储空间及文档模板、风格简洁好用等优点，WPS Office 软件成为国内使用率非常高的办公软件。而其中的 WPS 文字更是一款优质的文字编辑软件，不仅能制作活动策划书、简历、申请表和电子海报等文档，还可以存储文件到云文档或发送到通信软件中。

本章将围绕 WPS 文字展开学习，内容主要包括 WPS 文字的工作界面、基本操作，文本、表格与图形等的处理，页面设置与文档打印等。

📖 学习目标

1. 熟悉 WPS 文字的工作界面和基本操作；学会页面设置与文档打印功能。

2. 能完成文档内容的输入与编辑操作；能查找和替换文档中的关键字；能在文档中插入和编排表格和图形等对象；能对文档做内容排版和美化设计。

3. 树立坚韧不拔、锐意进取的品质。

4.1 WPS 文字的工作界面与视图模式

4.1.1 工作界面

WPS 文字的工作界面主要由标题栏、功能区、编辑区、状态栏等部分组成，如图 4-1 所示。

1. 标题栏

标题栏位于界面顶部，显示当前打开文档的文件名、用户和窗口控制按钮等。在同时打开多个文档的情况下，可在标题栏切换不同的文档进行操作。在如图 4-1 所示的窗口中，标题栏上显示当前打开的文档为"电子病历系统 .docx"。

标题栏右侧的窗口控制按钮包括用户菜单、"应用市场"按钮、"最小化"按钮、"最大化 / 向下还原"按钮和"关闭"按钮。

2. 快速访问工具栏

快速访问工具栏是一个可自定义的工具栏，是一组独立于选项卡的命令按钮。操作过程中，对频繁使用的命令，可以添加至快速访问工具栏。

添加操作过程如下：

① 在快速访问工具栏右侧单击下拉按钮，在弹出的菜单中选择"其他命令"命令，弹

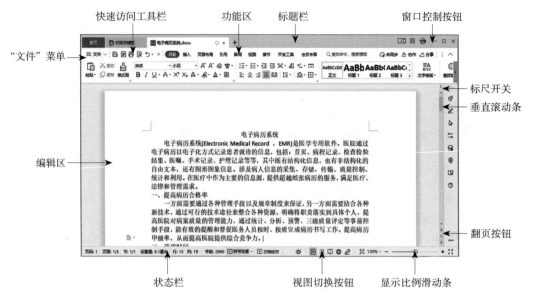

图 4-1 WPS 文字工作界面

出如图 4-2 所示的"选项"窗口。

　　② 在"选项"窗口中，选择要添加的命令，单击"添加"按钮即可。

图 4-2 "选项"窗口

　　添加至快速访问工具栏的命令按钮可以快速删除，右击待删除的命令按钮，选择快捷菜单中的"从快速访问工具栏删除"命令。

　　3. 功能区

　　WPS 文字的功能区是分类显示最常用工具、控件和命令的工具栏，由选项卡、选项组和各组的命令按钮 3 部分组成，如图 4-3 所示。单击相应选项卡，可以打开此选项卡所包含的组和各组相应的命令按钮。

选项卡

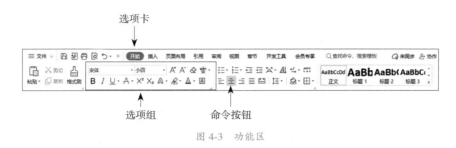

选项组　　　　　命令按钮

图 4-3　功能区

在功能区中，主要包括"开始""插入""页面布局""引用""审阅""视图"等选项卡，每个选项卡都包含多组相关的命令按钮。

部分组的右下角有对话框启动器按钮 ⌐，单击该按钮可以打开相应的对话框或任务窗格。例如，单击"开始"选项卡，再单击"字体"组右下角的对话框启动器按钮，在弹出的对话框中，可以实现"字体"组中绝大部分命令按钮的功能，还可以设置更多字体格式。

另外，功能区能进行折叠或展开，折叠时只保留一个包含选项卡的条形区域，若要折叠功能区，则在功能区右上角单击"功能区最小化"按钮 ∧；若要展开功能区，则再次单击"展开功能区"按钮 ∨。

除标准选项卡之外，有些选项卡只有在选定特定对象后才会在功能区中显示。例如，选择图片对象后，在功能区将显示"图片工具"选项卡，如图 4-4 所示。此选项卡使用户能够快速设置图片的格式，包括调整图片大小、样式等。

图 4-4　"图片工具"选项卡

4．"文件"菜单

在 WPS 文字工作界面的左上角，有一个特别的"文件"菜单，在其中可以执行与文件有关的命令，如新建、打开、打印、保存及分享文档等。

5．编辑区

编辑区是编辑文档的主要区域，占据了大部分界面，主要包括以下几部分：

① 文档编辑区：用于显示、输入和编辑对象，光标闪烁的位置则表示当前插入对象的位置。

② 标尺和标尺开关：分为水平标尺和垂直标尺，标尺在对齐文档的文本、图像、表格等元素时起到参照作用。拖放标尺滑块可以对段落首行缩进、对齐方式等进行设置。

③ 滚动条：分为水平滚动条和垂直滚动条，用于滚动显示文档内容。

④ 翻页按钮：实现对文档页面向前 / 向后翻页的操作。

6．状态栏

状态栏位于工作界面底端，用于显示当前页数、总页数、字数、插入和改写状态等。

4.1.2　视图模式

WPS 文字提供了多种视图模式供用户选择，包括"页面""大纲""阅读版式""Web 版式"等四种视图模式。用户可以在"视图"选项卡中选择需要的文档视图模式，也可以在文档窗口右下方单击视图切换按钮选择视图。

1. "页面"视图

"页面"视图用于编辑并显示文档打印后的真实效果，具有真正的"所见即所得"的显示效果，主要包括正文、页眉、页脚等元素。

2. "大纲"视图

"大纲"视图用于审阅和处理文档的结构，可以按照文档中标题的层次来查看文档。该视图中不显示图片、页边距、页眉、页脚和背景等元素。

3. "阅读版式"视图

在该视图模式下，WPS 文字文档以图书的分栏样式显示，功能区被隐藏，用户可以选择各种阅读工具。

4. "Web 版式"视图

该视图是 WPS 文字视图中唯一一种按照窗口大小进行折行显示的视图模式，该视图模式的排版效果与打印效果并不一致，而是显示文档在 Web 浏览器中的外观。

> 📍知识链接
>
> 在工作界面右下角的"显示比例"区，显示当前文档的显示比例，单击"−"按钮可缩小显示比例，相反，单击"+"按钮则可放大文档的显示比例。另外，直接拖动中间的滑动条，也可放大或缩小显示比例，还可以通过按住 Ctrl 键的同时滚动鼠标滚轮进行缩放。

4.2 WPS 文字的基本操作

4.2.1 启动与退出

WPS 文字的启动与退出有多种方法，用户可以根据自己操作习惯选择相应的操作方法。

1. 启动

常用的三种启动方法如下：

① 在桌面单击"开始"按钮，在弹出的菜单中依次选择"所有程序"→"WPS Office"→"WPS 文字"命令。

② 如果桌面有 WPS 的快捷方式图标，则双击图标启动程序。

③ 打开已有的 WPS 文字文档。

2. 退出

常用的三种退出方法如下：

① 单击 WPS 窗口右上角的"关闭"按钮。

② 执行"文件"→"退出"命令。

③ 按 Alt+F4 组合键。

如果编辑文档后未保存，退出时系统会弹出"是否保存文档？"对话框，如图 4-5 所示。选择"保存"表示保存修改效果，同时关闭文档；选择"不保存"则表示取消修改效果，同时关闭文档；选择"取消"则表示不退出当前文档，继续操作。

图 4-5 "是否保存文档？"对话框

4.2.2　新建与打开

1. 新建

启动 WPS 文字时，系统会自动创立一个空白文档，默认的文件名为"文档 1"。新建文档的方法有多种。

① 利用快速访问工具栏新建：单击快速访问工具栏中的"新建"按钮，可以新建一个文档。如果没有"新建"按钮，单击快速访问工具栏的扩展按钮，将"新建"按钮添加至此。

② 利用"文件"菜单新建：执行"文件"→"新建"→"新建"命令，选择"新建文字"方式，即可新建文档，如图 4-6 所示。

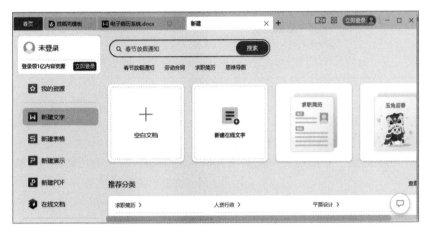

图 4-6　新建文档

③ 利用"可用模板"创建：选择"可用模板"，可以新建一个具有主题、完整结构的文档。

2. 打开

通常使用以下几种方法打开 WPS 文字文档：

① 双击文档图标：这种方式针对已经创建好的 WPS 文字文档。

② 利用"文件"菜单：执行"文件"→"打开"命令，在弹出的"打开文件"对话框中，找到并选择目标文件，单击"打开"按钮。

③ 使用快捷键：按 Ctrl+O 组合键，在弹出的"打开文件"对话框中，找到并选择目标文件，单击"打开"按钮。

4.2.3　保存

编辑完 WPS 文字文档之后，往往须要执行保存操作，以便下次使用，保存文档有以下三种情况：

1. 保存新建文档

保存一个新建文档，具体操作步骤如下：

① 执行"文件"→"保存"命令，或单击快速访问工具栏中的"保存"按钮，弹出"另存文件"对话框，如图 4-7 所示。

图 4-7 "另存文件"对话框

②选择保存文档的路径。

③在"文件名"文本框中输入文件名称。

④在"文件类型"下拉列表中选择文档的保存类型，默认为"Microsoft Word 文件"类型。

⑤单击"保存"按钮。

2．保存已有文档

已经保存过的文档再次编辑后，进行保存时，如果保存到原位置，直接单击快速访问工具栏的"保存"按钮即可。

如果需要为文档改名、更改保存位置或更改类型，则执行"文件"→"另存为"命令，在"另存文件"对话框中进行设置。

3．自动保存

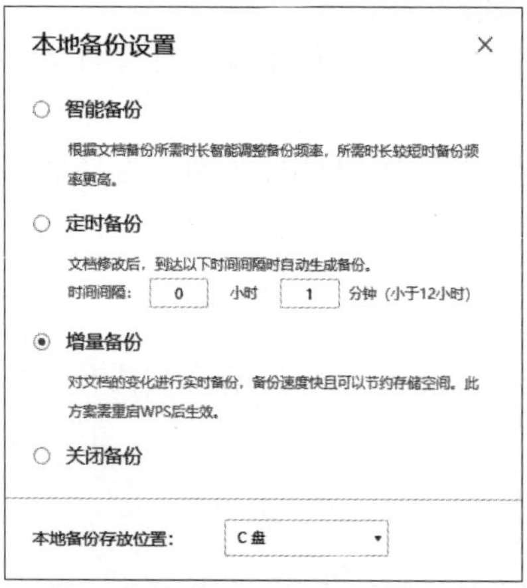

WPS 提供在指定时间间隔内自动保存文档的功能，该功能可以在遇到死机或突然断电等意外情况时，最大限度地减小用户的工作损失，设置自动保存文档的步骤如下：

①执行"文件"→"备份与恢复"→"备份中心"命令，弹出"备份中心"对话框，单击"本地备份设置"按钮，弹出如图 4-8 所示"本地备份设置"对话框。

②选中"定时备份"单选按钮，在"分钟"文本框中输入或用微调按钮设置时间间隔，以 5～10 min 为宜。

③单击"确定"按钮，完成设置。

图 4-8 "本地备份设置"对话框

4.3　查找与替换

在文档的编辑过程中，经常需要在文档中快速找到某些内容，或需要对某些内容进行替换。尤其在较长的文档中，如果手工逐字逐句查找或替换，不仅费时费力，而且容易发生遗漏。利用查找和替换功能就可以方便地在整篇文档内快速查找字、词、句或带有格式的文字，并进行批量替换。

素材下载

案例 4-1

✒ 案例 4-1

《"十四五"中医药发展规划》明确，推进中医药和现代科学相结合，推动中医药和西医药相互补充、协调发展，推进中医药现代化、产业化，推动中医药高质量发展和走向世界，为全面推进健康中国建设、更好保障人民健康提供有力支撑。

医学生小张临近毕业，立志从事中医学的研究，在医院实习过程中对使用中医治疗老年痴呆病颇有心得，准备以此作为自己的毕业论文选题。小张在搜集素材的过程中发现许多词语不专业，并不适合用在论文中。请帮助小张同学查找关键词，并将论文中的不当词语替换掉。

4.3.1　查找

在"开始"选项卡"编辑"组中单击"查找替换"按钮，或按 Ctrl+F 组合键，打开"查找和替换"对话框，在"查找内容"文本框中输入查找内容，单击"查找下一处"按钮，系统将在文档中对匹配项高亮显示。

👤 实训：在案例 4-1 素材中，为了快速查看"临床观察"所在位置，执行"开始"→"查找替换"→"查找"命令，弹出"查找和替换"对话框，在"查找内容"文本框中输入"临床观察"，执行"突出显示查找内容"→"全部突出显示"命令，系统将在文档中对所有匹配项高亮显示，如图 4-9 所示。

图 4-9　执行"查找"命令

4.3.2　替换

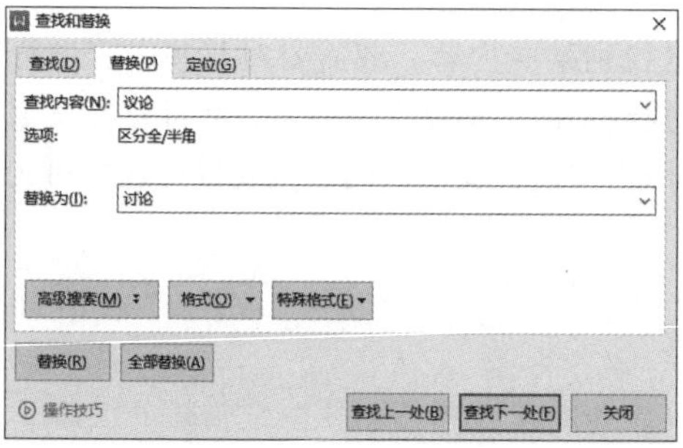

图 4-10　"替换"选项卡

替换操作不仅能批量替换内容，还能批量替换格式。

1．替换内容

在"开始"选项卡"编辑"组中单击"查找替换"按钮，打开"查找和替换"对话框，切换到"替换"选项卡，如图 4-10 所示，或按 Ctrl+H 组合键打开。

在"查找内容"文本框中输入查找内容，在"替换为"文本框中输入替换后内容，单击"查找下一处"，查找内容将被高亮显示。此时，如果连续单击"替换"按钮，则查找内容将依次被替换；如果单击"全部替换"按钮，则可完成在搜索范围内的一次性替换。

👤 实训：在案例 4-1 素材中，有不恰当的用词需要替换，把"议论"替换为"讨论"，按 Ctrl+H 组合键打开"查找和替换"对话框，在"查找内容"文本框中输入"议论"，在"替换为"文本框中输入"讨论"，单击"全部替换"按钮，即可完成这两个词的替换。

2．替换格式

该功能可替换文档中指定字符的格式，如将英文字母格式替换为红色、加粗等，操作如下：

①在"查找和替换"对话框的"替换"选项卡中单击"特殊格式"按钮。

②在其下拉列表中选择"任意字母"，则"查找内容"文本框中自动输入"^$"。

③将光标定位在"替换为"文本框，不需要输入任何内容，单击"格式"按钮，在下拉列表中选择"字体"。在"替换字体"对话框中，修改字体格式为红色、加粗，单击"确定"按钮。

④返回"查找和替换"对话框，此时，"替换为"文本框下方将出现刚才设置的字体格式。

⑤单击"全部替换"按钮，文中所有英文字母都将被设置为红色、加粗。

4.4　文本的处理

🖊 案例 4-2

你知道"老年痴呆病"吗？它又被称为"阿尔茨海默病（AD）"，是一种起病隐匿的进行性发展的神经系统退行性疾病。临床上以记忆障碍、失语、失用、失认、视空间技能损害、执行功能障碍，以及人格和行为改变等全面性痴呆表现为特征，病因迄今未明。65 岁以前发病者，称"早老性痴呆"，65 岁以后发病者称"老年性痴呆"。

为了在毕业论文中加入老年痴呆病的特征信息，小张同学把整理的信息直接引用到论文里，老师评价文字排版不整齐、段落不明晰。请利用 WPS 文字的排版功能帮助小张同学完成文档段落的编辑与排版，以便更好地完成论文。

4.4.1　文本的输入

文本除了字母、数字和汉字外，还包括各种特殊符号和公式。

1. 常规文本的输入

在 WPS 文字的编辑区中输入英文时，则直接录入，如果涉及大写字母，则可按 Caps Lock 键锁定大写字母状态再录入。在输入汉字时，需要切换到中文输入法，可以使用 Ctrl+Shift 组合键进行输入法的选择。

2. 特殊文本的输入

在输入文本时，经常需要录入特殊符号，具体方法如下：

（1）通过搜狗输入法输入

单击搜狗输入法浮动条最右侧的"工具箱"按钮，在弹出的如图 4-11 所示"搜狗工具箱"面板中选择"符号大全"选项，弹出"符号大全"对话框，如图 4-12 所示。

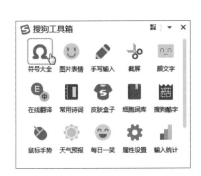

图 4-11　"搜狗工具箱"面板

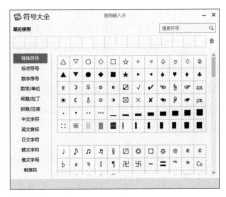

图 4-12　"符号大全"对话框

由图 4-12 可知，搜狗输入法中提供了多种符号类别，单击左侧的符号类别名称后，在其右侧区域单击需要的符号，相应符号就插入到指定位置。

图 4-13　"符号"对话框

（2）通过 WPS 文字内置符号输入

在"插入"选项卡"符号"组中，单击"符号"按钮，打开"符号"对话框，如图 4-13 所示。在该对话框中，可以通过选择"字体"以及"子集"选项缩小查找范围，以便较快找到所需符号。

（3）通过"公式"输入

对于数学特殊公式的录入可以采用该方法，具体方法是：在"插入"选项卡"符号"组中，单击"公式"下拉按钮，选择下拉列表下端的"插入新公式"选项，功能区将新增"公式工具"选项卡，如图 4-14 所示。

图 4-14　"公式工具"选项卡

4.4.2 文本的编辑

文本的编辑主要包括文本的插入、删除、移动、复制、撤消和恢复等。

1. 文本的插入

将光标定位到待插入文本的位置，然后输入文本。

2. 文本的删除

将光标定位到需要删除的文本处，按 Delete 键删除光标之后的文本，按 Backspace 键删除光标之前的文本。当删除较多的文本时，先选定所要删除的对象，再按 Delete 键或 Backspace 键，可提高删除文本的效率。

3. 文本的移动和复制

在 WPS 文字中移动和复制文本的方法有多种，其操作方法与 Windows 系统中的剪切和复制操作类似。

4. 撤消和恢复

单击快速访问工具栏中的"撤消"按钮↺，可撤消上一次操作，若要撤消多次操作，则单击按钮右侧的下拉按钮，可在下拉列表中查看和选择需要撤消的操作；按 Ctrl+Z 组合键也可以执行撤消操作。

与撤消相对应，单击快速访问工具栏中的"恢复"按钮↻，可恢复最近一次的撤消操作，单击按钮右侧的下拉按钮，则可查看和选择需恢复的多次撤消操作；也可按 Ctrl+Y 组合键执行恢复操作。

4.4.3 字符的排版

为了制作一份合格文档，在输入文本等对象后，还需要对字符、段落等进行排版设计，使文档结构清晰、可读性好，给读者提供良好的阅读体验。

字符的基本格式设置主要包括字符的形状、大小、颜色及一些特殊效果等。进行字符格式设置前，必须先选定对象，否则格式设置只能对插入点后新输入的文本起作用。可以通过以下四种方式实现格式设置。

1. 利用"字体"组按钮设置

选中需要设置格式的文本对象后，通过单击"开始"选项卡"字体"组中的相关按钮，能快速改变字符的格式，表 4-1 列举了部分常规字符格式设置及对应操作方法。

表 4-1　部分常规字符格式设置及对应操作方法

格式设置	操　作　方　法
改变字体	单击"字体"列表框 宋体 ▾右侧的下拉按钮，在下拉列表中选择所需字体
改变字号	单击"字号"列表框 五号 ▾右侧的下拉按钮，在下拉列表中选择所需字号或磅值
添加 / 取消下画线	单击"下划*线"按钮 U ▾右侧的下拉按钮，在下拉列表中选择所需下画线，或按 Ctrl +U 组合键添加默认下画线
设置 / 取消加粗格式	单击"加粗"按钮 B，或按 Ctrl +B 组合键
设置 / 取消倾斜格式	单击"倾斜"按钮 I，或按 Ctrl +I 组合键

---

* 软件中显示为"下划线"，实应为"下画线"，全书同。

续　表

格式设置	操　作　方　法
突出显示文字	单击"突出显示"按钮<img_1 />右侧的下拉按钮，在下拉列表中选择突出显示的颜色
改变字体颜色	单击"字体颜色"按钮右侧的下拉按钮，在下拉列表中选择所需字体颜色
设置文本效果	单击"文字效果"按钮右侧的下拉按钮，在下拉列表中选择所需艺术字样式，还可以为其设置轮廓、阴影等效果
设置上、下标	单击"上标"按钮x^2或下标按钮x_2，则可将选中文本对象设置为上标或下标的形式

2. 利用浮动工具栏设置

选中需要设置格式的文本对象后，在选定对象右上角，系统会弹出如图 4-15 所示的浮动工具栏，通过浮动工具栏可对字符格式进行设置。

图 4-15　浮动工具栏

3. 利用"字体"对话框设置

单击"开始"选项卡"字体"组右下角对话框启动器按钮，弹出"字体"对话框，在此对话框中可设置相关格式，如图 4-16 所示。

在"字体"对话框的"字符间距"选项卡中还可以进行更复杂的字符格式设置，包括字符间距、字符位置、字符缩放等。

4. 利用格式刷设置

格式刷可以快速复制文本的格式，利用格式刷复制格式的方法如下。

首先选中作为样板的文字对象，单击"格式刷"按钮，鼠标指针变成刷子形状，找到需要改变文字格式的文本起始位置，按下鼠标左键并拖动到结尾处，松开鼠标左键后，所有拖过的文字即与样板文字具有相同的格式；如果双击"格式刷"按钮，则可以重复多次使用，直到再次单击"格式刷"按钮或按 ESC 键，退出字符格式复制状态。

图 4-16　"字体"对话框

4.4.4　段落的排版

段落是文本、图形或其他对象的集合，段落的排版是指对整个段落的外观的更改，包括对齐、缩进、段落间距和行间距等设置

1. 利用"段落"组按钮设置

在"开始"选项卡"段落"组中，通过单击其中的按钮能快速实现对齐方式、段落间距、项目符号等设置。

需要注意的是，在段落组中还能进行边框和底纹的设置。具体设置方法如下：

① 单击"边框"按钮右侧的下拉按钮，执行下拉列表中的"边框和底纹"命令，在打开的如图 4-17 所示的"边框和底纹"对话框中进行设置。

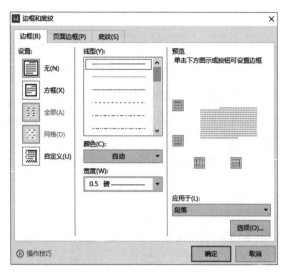

图 4-17 "边框和底纹"对话框

② 在"边框和底纹"对话框中，可在"应用于"下拉列表中选择相应的范围，包括所选文字和段落，分别实现文字或段落的边框和底纹的设置。

2. 利用"段落"对话框设置

单击"开始"选项卡"段落"组右下角的对话框启动器按钮，打开如图 4-18 所示的"段落"对话框。

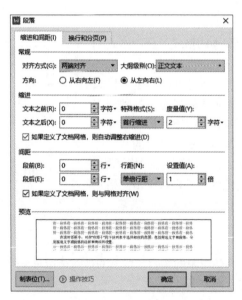

图 4-18 "段落"对话框

① 对齐方式：分左对齐、居中对齐、右对齐、两端对齐和分散对齐。

打开"段落"对话框，选择"缩进和间距"选项卡，在"对齐方式"下拉列表中选择相应的对齐方式。对齐效果如图 4-19 所示。

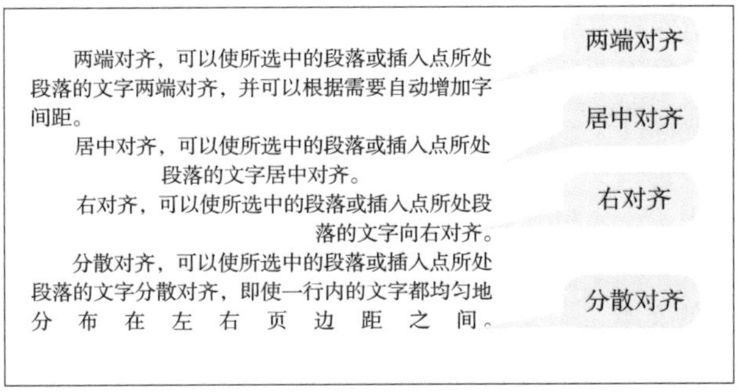

图 4-19　对齐效果

② 缩进：缩进是以段落为单位进行设置的，段落缩进的目的是使文档段落显得条理清晰，常用单位为"字符"，也可以修改为长度单位。常见的缩进方式有四种：首行缩进、悬挂缩进、左缩进和右缩进，缩进示例如图 4-20 所示。

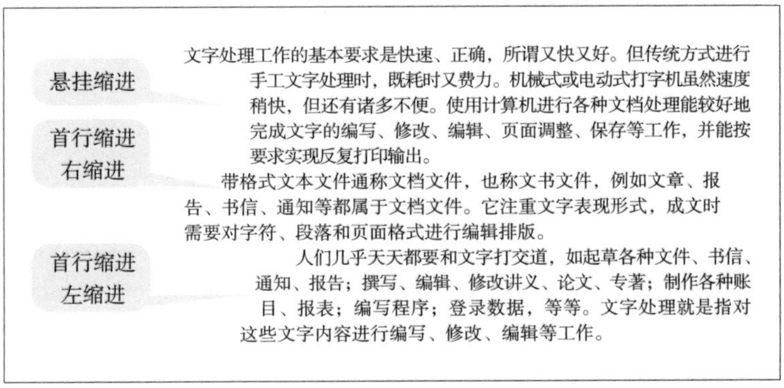

图 4-20　缩进示例

③ 间距：分为段间距和行间距，段间距是指相邻两段之间的距离，分段前和段后，常用单位为"行"或"磅"。行间距是指段中行与行之间的距离，常用单位为"磅"或数倍行距，其中的选项有"最小值""固定值"和"多倍行距"等。在默认情况下，行距为单倍行距，且段前和段后无间距。

👤实训：在案例 4-2 素材中设置段落的排版，单击"开始"选项卡"段落"组右下角的对话框启动器按钮，打开"段落"对话框。选中正文各段文字（标题行除外），设置首行缩进 2 字符，左、右各缩进 2 字符，段前间距为 0.5 行，段后间距为 0.5 行，行距为 18 磅。

4.4.5　其他排版

其他排版操作包括项目符号、编号设置，分栏和首字下沉等排版操作。

1. 项目符号、编号设置

给段落添加项目符号和编号能使文档条理分明、层次清晰。项目符号是指提纲式文档的前导符，是文本的系列性序号，如黑点、方块等。项目符号与编号最大的不同是：前者使用相同的符号，而后者是连续的数字或字母。给段落设置项目符号和编号的常用方法如下。

单击"项目符号"按钮≡▾，可以在选中的段落前添加或删除项目符号，默认情况下添加的项目符号为"●"。单击"编号"按钮≡▾，可以在选中的段落前添加或删除自动编号，默认情况下添加的起始编号为"1."。

如果内置的项目符号不满足要求，则可以分别单击按钮右侧的下拉按钮，在下拉列表中选择相应的"自定义项目符号"和"自定主编号"命令来设置。

2．分栏

分栏排版经常用于论文、报刊和杂志的排版，是将一段文字分成几栏并排显示的方式。在"页面"视图模式下可以对文本进行分栏操作，具体操作步骤如下：

① 选定需要分栏的文本。

② 在"页面布局"选项卡"页面设置"组中，单击"分栏"按钮，在弹出的下拉列表中进行选择，如果要进行较复杂的分栏设置，则选择"更多分栏"命令，在弹出的"分栏"对话框中进行设置，如图 4-21 所示。

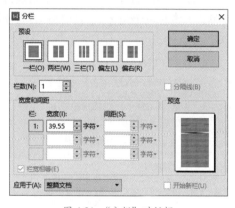

图 4-21　"分栏"对话框

图 4-22　"首字下沉"对话框

3．首字下沉

设置段落第一行的第一个字变大，并且向下一定距离，段落的其他部分保持原样，这种效果称为首字下沉，是常用的一种排版方式，其具体操作如下：

将光标定位到要设置首字下沉的段落中，在"插入"选项卡"文本"组中，单击"首字下沉"按钮，打开"首字下沉"对话框，如图 4-22 所示。

① 选择是否首字下沉及下沉的类型，设置字体、下沉行数以及下沉后的文字与正文之间的距离。

② 单击"确定"按钮，完成设置。

4.5　表格的处理

表格的处理主要包括表格的插入，表格与文本的相互转换、表格的编辑与排版、表格边框和底纹的设置，以及表格内数据的计算、排序等操作。

✎ 案例 4-3

2016 年 5 月 30 日，习近平总书记在全国科技创新大会、两院院士大会、中国科协第九次全国代表大会上指出，要营造良好学术环境，弘扬学术道德和科研伦理。坚守学术诚信，是做好科研工作的必备素质。学术诚信有两层含义：学术行为主体对待科学研究要讲求"诚"，对待其他研究者及其劳动成果要讲求"信"。要做到"诚"，就要求真、追求真理、尊重客观事实、不媚俗、不空谈、不编造数据、不捏造事实。要做到"信"，就要尊重他人的劳动成果，引用了他人的观点和成果，就要表明出处，这也是对读者的尊重和讲求信用、信誉的基本要求。

小张同学在编辑论文过程中没有摘抄他人内容与数据，而是通过自行实验完成。但是老师评阅后表示论文中数据排列混乱，且表格排版不美观。请利用 WPS 文字中表格设置与排版的相关功能，帮助小张同学在论文中制作实验数据表。

4.5.1　表格的插入

表格由若干行和若干列组成，行列的交叉称为单元格。单元格内可以输入字符、插入图片和表格等内容。常见的插入表格的方法有四种。

1. 利用窗格创建表格

将光标定位到表格插入点，在"插入"选项卡"表格"组中，单击"表格"按钮弹出下拉列表，在窗格区域将鼠标指针移至需要的行列数底端后单击，如图 4-23 所示，则在插入点处插入一个规则表格。但该方法仅适用于插入不超过 8 行 24 列的表格。

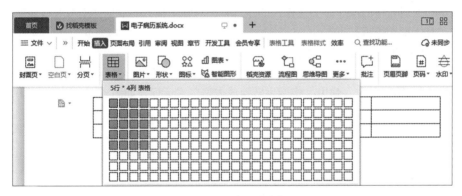

图 4-23　利用窗格创建表格

2. 利用"插入表格"对话框创建表格

在下拉列表中，选择"插入表格"命令，弹出如图 4-24所示的"插入表格"对话框。在该对话框中输入表格行数和列数，单击"确定"按钮完成表格插入。

3. 手动绘制表格

在下拉列表中，选择"绘制表格"命令，此时鼠标指针变成铅笔形状，按下鼠标左键拖动到需要的位置，松开鼠标左键后，表格的边框就形成了。在表格区域内再次按下鼠标左键并拖动鼠标，就可以绘制表格的行和列，或者在某个单元格中绘制斜线。再次单击"绘制表格"按钮，则取消鼠标的绘制功能。

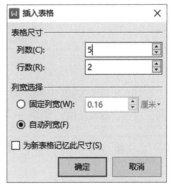

图 4-24　"插入表格"对话框

如果要擦除表格中的框线，可在新增的"表格样式"选项卡中单击"擦除"按钮，并在要擦除的表格框线上拖动。

4．利用"快速表格"命令创建表格

在下拉列表中，选择"快速表格"命令，在弹出的选项中选择一种内置的表格样式后单击，则插入一个带样式的表格，然后根据表格内容进行修改即可。

4.5.2　表格与文本的相互转换

在 WPS 文字中，可将表格转换成文本，也可将文本转换成表格。

在将表格转换成文本时，去掉表格框线后，原各单元格内容之间的连接有多种符号可选择，并且还能自定义连接符号。而在文本转换成表格时，也有多种分隔符可选择。

1．表格转换成文本

表格转换成文本具体操作步骤如下：

① 将光标置于需要转换成文本的表格中，或者选择整个表格。

② 在新增的"表格工具"选项卡中，单击"转化成文本"按钮。

③ 在弹出的"表格转化成文本"对话框中，可以选择文字分隔符的类型，默认分隔符是"制表符"。

④ 单击"确定"按钮，则表格转换成文本。

2．文本转换成表格

文本转换成表格的操作是上述操作的逆过程，对陈列整齐的数据文本可直接转换成表格的形式，具体操作步骤如下：

① 选中论文中规整的数据文本。

② 在"插入"选项卡"表格"组中，单击"表格"按钮，在弹出的下拉列表中选择"文本转换成表格"命令，弹出"将文字转换成表格"对话框，如图 4-25 所示。

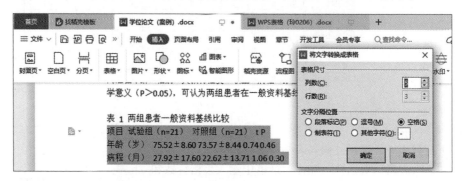

图 4-25　"将文本转换成表格"对话框

③ 在该对话框中利用默认格式设置，或者进行适当修改，单击"确定"按钮，即实现将文本转换成表格，如图 4-26 所示。

项　目	试验组（n=21）	对照组（n=21）	t	P
年龄（岁）	75.52 ± 8.60	73.57 ± 8.44	0.74	0.46
病程（月）	27.92 ± 17.60	22.62 ± 13.71	1.06	0.30

图 4-26　转换后的表格效果

👤 实训：在案例 4-3 素材中，把文本转换成表格，选中需要转换的数据文本，在"插入"选项卡"表格"组中，单击"表格"按钮，选择"将文字转化成表格"命令，在对话框中确认行数、列数后，按"确定"按钮即可。

4.5.3　表格的编辑与排版

1．输入

创建表格后，就可以在其中输入内容了，操作方法与文本的输入相同。

在表格中除了用鼠标定位插入点外，还可以按 Tab 键使插入点移至下一个单元格。

2．选择

① 选择表格：将鼠标指针移动到表格上方，当表格左上角出现如图 4-27 所示十字形箭头时，在箭头上方单击即可选中表格。

② 选择行：将鼠标指针移动到表格左外侧，当鼠标指针变成如图 4-28 所示空心右斜的箭头时，单击则选中该行，拖动鼠标则可以选中连续多行。

③ 选择列：将鼠标指针移动到列的上方，当鼠标指针变成如图 4-29 所示竖直向下的黑色箭头时，单击则选中该列，向左或向右拖动鼠标，则可以选中连续多列。

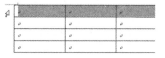　

图 4-27　选择整个表格　　　　图 4-28　选择整行　　　　图 4-29　选择整列

④ 选择单元格：将鼠标指针移动到单元格内左侧，当鼠标指针变成实心右斜的箭头↗时，单击则选中该单元格。拖动鼠标则可选中连续多个单元格。

除了上述方法，在"表格工具"选项卡"表"组中，单击"选择"按钮，也可以完成对表格、行、列和单元格的选择。

3．插入与删除

在"表格工具"选项卡"行和列"组中，单击相应按钮即可快速实现行和列的插入与删除。

① 插入：先将插入点定位到与待插入行或列相邻的单元格，在"表格工具"选项卡中单击相应按钮即可，如"在上方插入行"按钮。

② 删除：选中要删除的行或列，在"表格工具"选项卡中单击"删除"按钮，在下拉列表中选择相应命令即可实现单元格、行、列和表格的删除。

4．合并与拆分

（1）合并单元格

合并单元格是指将表格中相邻的多个单元格合并为一个单元格。具体方法是：选中连续的多个单元格后，在"表格工具"选项卡中单击"合并单元格"按钮。

（2）拆分单元格

拆分单元格与合并单元格相反，是指将一个单元格拆分成多个单元格。操作方法与合并单元格类似，选中要拆分的单元格，单击"拆分单元格"按钮，在打开的"拆分单元格"对话框中输入拆分后的行数和列数，单击"确定"按钮，如图 4-30 所示。

图 4-30　"拆分单元格"
对话框

除了上述方法，使用右键快捷菜单也可以完成单元格的合并与拆分。

5．设置行高与列宽

行高和列宽可以通过多种方法设置。

① 利用鼠标拖动：将鼠标指针指向需要调整行高的行边线上，当指针变成双向箭头形状 ÷ 时，上下拖动鼠标可改变行高，或者拖动垂直标尺上的行标志来改变行高，用类似方法也可以改变列宽。

图 4-31　"单元格大小"组

② 利用"单元格大小"组：选中要调整的单元格，在"表格工具"选项卡"单元格大小"组中，在"高度"和"宽度"文本框中输入具体的行高和列宽值，就可以完成行高和列宽的设置，如图 4-31 所示。

③ 利用"表格属性"对话框：选中要调整的行或列，在"表格工具"选项卡"表"组中，单击"表格属性"按钮，或选中表格后，在选中区域右击，在弹出的快捷菜单中选择"表格属性"命令，打开"表格属性"对话框，如图 4-32 所示，在"行"和"列"选项卡中可以设置固定的行高和列宽值。

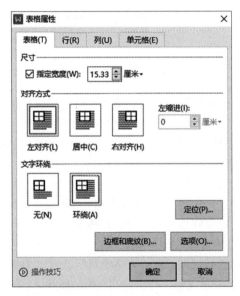

图 4-32　"表格属性"对话框

6．设置对齐方式

选中要设置对齐方式的单元格，在"表格工具"选项卡"对齐"组中，系统提供了靠上两端对齐、靠上居中对齐、靠上右对齐、中部两端对齐、水平居中、中部右对齐、靠下两端对齐、靠下居中对齐、靠下右对齐等 9 种对齐方式。

4.5.4　表格边框和底纹的设置

边框与底纹是表格的外观设计属性，可以此设计出外观精美、风格各异的表格。

1．设置边框

① 选中要设置边框的表格，在"表格样式"选项卡"绘图边框"组中，单击"边框"

按钮右侧的下拉按钮，选择"边框和底纹"命令，打开"边框和底纹"对话框，如图 4-33 所示。

图 4-33　"边框和底纹"对话框

② 在"边框"选项卡中，可以在左侧选择"自定义"设置方式后，在右侧进行内外不同边框的设置，包括边框线型、颜色和宽度等，同时还可以将设置效果应用于指定文字、段落、单元格等。

2．设置底纹

选中要设置底纹的表格，在如图 4-33 所示对话框中，选择"底纹"选项卡，可以进行填充和图案效果的设置，也可以将设置效果应用于指定文字、段落、单元格等。

3．设置样式

WPS 文字为用户提供了多种预先定义好的表格样式，能快速地美化表格。将光标定位到表格中，在"表格样式"选项卡中单击"样式"组下拉按钮，在弹出的下拉列表中选择其中一种样式即可实现样式的快速应用，如图 4-34 所示。

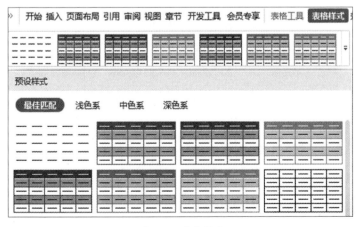

图 4-34　表格样式

4.5.5　表格内数据的计算

在 WPS 文字中不仅可以快速地进行表格的创建和设置，还可以对表格中的对象进行计算和排序等操作。例如，表 4-2 列出了两组治疗前后量表评分比较，计算其数据平均值，并将计算结果填入"平均值"行，操作完成后保存。

表 4-2　两组治疗前后量表评分比较

组　别	时间点	肾虚证	气虚证	血虚证	髓亏证
试验组（n=21）	治疗前	3.04	1.86	1.48	2.86
	入组第 12 周	2.62	1.48	1.33	2.57
对照组（n=21）	治疗前	3.10	1.86	1.43	2.67
	入组第 12 周	2.86	1.67	1.19	2.48
平均值					

操作步骤如下：

① 将插入点定位到"平均值"行的第一个单元格。

② 在"表格工具"选项卡中，单击"数据"组中的"公式"按钮，打开如图 4-35 所示

图 4-35　"公式"对话框

的"公式"对话框，在"公式"文本框中可填入计算公式，"数字格式"项选择保留的小数点的位数（0.00），"粘贴函数"项选择所需要的函数（AVERAGE），"表格范围"项选择函数要计算的表格区域（ABOVE）。最后完整的函数将显示在"公式"文本框中。

③ 单击"确定"按钮，则在当前单元格中插入计算结果。

④ 将第一个计算结果复制到其他 3 个空白单元格，再次选择这 3 个单元格，按 F9 键更新域，系统可自动计算其他行的平均值，见表 4-3。

表 4-3　平均值计算结果

组　别	时间点	肾虚证	气虚证	血虚证	髓亏证
试验组（n=21）	治疗前	3.04	1.86	1.48	2.86
	入组第 12 周	2.62	1.48	1.33	2.57
对照组（n=21）	治疗前	3.10	1.86	1.43	2.67
	入组第 12 周	2.86	1.67	1.19	2.48
平均值		2.91	1.72	1.36	2.65

⑤ 单击快速访问工具栏的"保存"按钮。

🔹 实训：在案例 4-3 素材中，要求把表格内的数据的平均值计算出来。首先，选中第

一个单元格，在"表格工具"选项卡中，单击"数据"组中的"公式"按钮，在对话框中，"数字格式"项选择保留两位小数点的"0.00"，"粘贴函数"项选择求平均值的函数"AVERAGE"，"表格范围"项选择求上方区域的"ABOVE"。"公式"文本框中自动输出"=AVERAGE(ABOVE)"，最后按"确定"按钮即可。

在实际应用过程中，表格内数据的计算的方法和范围可能发生变化，此时用户应根据实际情况修改函数和函数参数。函数的修改可以在"公式"对话框中的"公式"文本框中自行输入，也可以在"粘贴函数"下拉列表中进行选择。但需要注意的是，函数前的"="（等于号）不能省略。另外，当单元格的数据发生改变时，计算结果不能自动更新，必须选定结果，然后按 F9 键更新域，才能更新计算结果。如果有必要，还可以在"数字格式"下拉列表中设置计算结果的显示格式，如设置小数点的位数等。

> **知识链接**
>
> 在表格内数据的计算过程中，用户应该熟悉比较常用的函数和函数参数，还应该对单元格地址的表示有所了解。
>
> 1. 常用函数
>
> ① SUM( )：求和函数。② AVERAGE( )：求平均值函数。③ MAX( )：求最大值函数。④ MIN( )：求最小值函数。⑤ COUNT( )：计数函数。
>
> 2. 常用函数参数
>
> ① ABOVE：上面所有数字单元格。② LEFT：左边所有数字单元格。③ RIGHT：右边所有数字单元格。
>
> 3. 单元格地址的表示
>
> ① A1：字母代表列号，数值代表行号，表示第 1 行第 1 列（A 列）的单元格。② A1：C5：是指 A1 到 C5 的连续单元格区域。需要注意的是，如果以这种单元格地址的表示形式作为函数参数，则不能采用更新域的方法（按 F9 键）更新计算结果。

4.5.6 表格内数据的排序

为了方便用户根据自己的需求查看表格内容，WPS 文字提供了表格数据的排序功能。排序是指以关键字为依据，将原本无序的记录序列调整为有序的记录序列的过程。例如，表 4-4 列出了五组定位航行实验结果比较，将游泳总路程的值从高到低排序，操作完成后以原文件名保存。

表 4-4   五组定位航行实验结果比较

组　别	逃避潜伏期 /s	游泳总路程 /cm
模型组	42.40	665.19
多奈哌齐组	26.53	550.43
HLJDT 大剂量组	27.80	563.02
HLJDT 中剂量组	28.99	570.69
HLJDT 小剂量组	32.82	567.90

操作步骤如下：

① 选中要排序的表格区域。

② 在"表格工具"选项卡中，单击"排序"按钮，打开"排序"对话框，如图 4-36 所示。

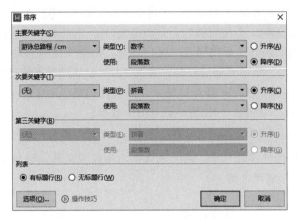

图 4-36 "排序"对话框

③ 根据需要选择列表、主要关键字、排序类型和排序方式等。在"列表"中选择是否含有标题，选中"有标题行"单选按钮则关键字变为标题内容，排序方式分为"降序"和"升序"两种。

④ 单击"确定"按钮完成排序。排序后的结果见表 4-5。

表 4-5 排序后的结果

组　　别	逃避潜伏期 /s	游泳总路程 /cm
模型组	42.40	665.19
HLJDT 中剂量组	28.99	570.69
HLJDT 小剂量组	32.82	567.90
HLJDT 大剂量组	27.80	563.02
多奈哌齐组	26.53	550.43

⑤ 单击快速访问工具栏的"保存"按钮。

🔲 实训：在案例 4-3 素材中，要求把表格内的数据按"游泳总路程"降序排列。选中整个表格，打开"排序"对话框，在"列表"中选中"有标题行"单选按钮，选择"主要关键字"为"游泳总路程 /cm"，排序类型为"数字"，排序方式为"降序"，单击"确定"按钮即可。

4.6　图形的处理

WPS 文字的编辑和排版功能除了体现在文本、表格外，还体现在图形上。图形的类型非常多，除了图片外，还有抽象的图标、形状截图和智能图形等。它们不仅能充实文档内容，而且能使文档更美观。WPS 文字为图形提供了便捷的插入与编排功能，还能对图形做裁剪等处理。

素材下载

案例 4-4

✎ 案例 4-4

　　有研究显示，侵害患者隐私权常见环节有诊疗过程、临床教学、床头卡、病案和化验报告单信息泄露等。其中检验科对信息保护不当导致的信息泄露所占比例较大。检验数据是诊断患者病情的重要数据资料，检验数据的保护是患者隐私保护中的重要环节。信息泄露将可能给患者带来沉重的舆论和心理压力，为疾病的治疗和康复带来消极影响，也为医患纠纷埋下隐患。

　　老师说："作为医护人员的我们，必须了解保护患者隐私的重要性，维护患者隐私保护的合法权益也是我们应具备的职业道德和义务。"小张同学论文中需要用到病人的检验检查结果，他不假思索地将病人信息插入到论文中，于是就有了老师前面对他说的那段话。经过反思后，他决定把实验结果部分的图片进行剪裁，除去隐私部分，同时保持图片排列整齐。借助 WPS 文字强大的图形编排能力，请帮助小张同学处理好他论文中的图片。

4.6.1　图形的插入

1．插入形状

在"插入"选项卡"插图"组中单击"形状"按钮，弹出形状列表，选择列表中的形状，可以插入线条、矩形、基本形状等。

插入各种形状的方法大同小异，下面以插入"十字形"为例介绍形状的插入方法：

单击"十字形"按钮，在文档中单击，或按鼠标左键拖动，至合适大小后，松开鼠标左键，即完成形状的插入，效果如图 4-37 所示。形状插入完成后，功能区将出现"绘图工具"选项卡，可在其中对图形进行各种格式设置，如形状样式、边框、大小等设置。

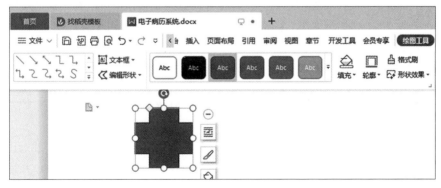

图 4-37　插入形状效果

2．插入图标

图标是 WPS 软件自带的一种特殊格式的图形文件，插入方法如下：

将光标定位到插入点，在"插入"选项卡"插图"组中单击"图标"按钮，弹出图标列表，在搜索框中输入关键词后确认，可以查找到相关图标。

3．插入图片文件

这里的图片文件是指来自外存储器或网络的图片文件。插入的方法与上述图形对象的插入方法类似，先将光标定位到插入点，在"插入"选项卡"插图"组中单击"图片"按钮，在打开的"插入图片"对话框中选择目标图片文件，然后单击"打开"按钮即可完成图片文件的插入。

4．插入艺术字

艺术字是经过加工的变形字体，是一种字体艺术的创新，具有装饰性。

在 WPS 文字中，艺术字的插入也十分简单，步骤如下：

① 先将光标定位到插入点，在"插入"选项卡"文本"组中单击"艺术字"按钮，弹出艺术字样式列表，如图 4-38 所示。

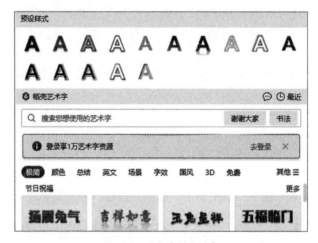

图 4-38　艺术字样式列表

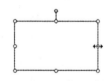

图 4-39　插入艺术字效果

② 单击所需样式，如"填充-矢车菊蓝，着色 1，阴影"（第 1 行第 2 列），在文本编辑区显示"请在此放置您的文字"提示符，提示符呈选中状态，按 Delete 键将其删除，也可以直接在文本框中输入所需文字，如输入"WPS 文字"，效果如图 4-39 所示。

4.6.2　图形格式的设置

1．缩放图形

在文档中插入图形后，常常需要调整其大小。操作方法是：单击选中图形，图形四周将出现 8 个控制手柄，移动鼠标指针到控制手柄位置，鼠标指针变成如图 4-40 所示的双向箭头形状，此时，按住鼠标左键拖动到合适位置，则可调整图形大小。如果需要保持其长宽比，则拖动图形四角的控制手柄。

图 4-40　拖动控制手柄

除利用鼠标调整图形大小外，还可以通过选中图形，在相应选项卡"大小"组中直接输入高度和宽度值，或单击该组右下角的对话框启动器按钮，打开如图 4-41 所示对话框，在"大小"选项卡中进行设置。

通常，在缩放图形时不希望因改变长宽比而造成图像失真，则应选中"锁定纵横比"复选框。

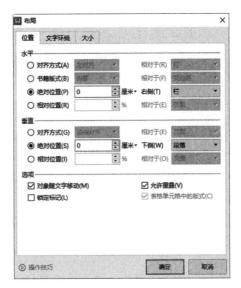

图 4-41　"布局"对话框

2. 裁剪图形

WPS 文字还提供图片的裁剪功能，包括对图片文件和图标的裁剪，但不能裁剪形状、艺术字等图形。

图形裁剪方法如下：

① 选择需要裁剪的图形。

② 在"图片工具"或"图形工具"选项卡中单击"裁剪"按钮，在弹出的列表中选择裁剪形状，如矩形，拖动图片四周的控制手柄，鼠标指针拖动的部分则被裁剪掉，如图 4-42 所示。

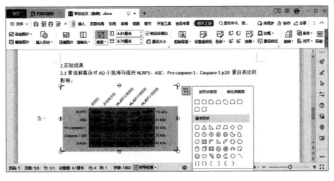

图 4-42　裁剪图形

👤实训：要求对案例 4-4 素材中的实验图进行裁剪。选中目标图形后，单击选项卡中的"裁剪"按钮，选择裁剪形状为"矩形"，再对出现在目标图形四角的控制手柄进行调整，裁剪掉图形的上半部分和左侧的小部分。

📍知识链接

裁剪图形实质上只是将图形的一部分隐藏起来，而并未真正裁剪去。可以再次选中被裁剪的图形，单击"裁剪"按钮，反向拖动进行恢复。

4.6.3　图形与文字混合排版的设置

环绕方式是图形和周边文字之间的位置关系描述，常用的有嵌入型、紧密型环绕、四周型环绕、穿越型环绕、衬于文字下方等。

设置环绕方式的操作过程如下：

① 把图形移动到指定位置。

② 在相应选项卡中，单击"对齐"组中的"环绕"按钮，弹出"环绕"下拉列表，选择环绕方式。

不同的环绕方式会产生不同的图文混排效果，表 4-6 描述了不同环绕方式在文档中的布局效果。

表 4-6　不同环绕方式在文档中的布局效果

环绕方式	在文档中的布局效果
嵌入型	图形插入到文字层。可以拖动图形，但只能从一个段落标记移动到另一个段落标记中
四周型环绕	文字环绕在图形周围，文字和图形之间有一定间隙
紧密型环绕	文字显示在图形轮廓周围，文字可覆盖图形主体轮廓外的上方
衬于文字下方	嵌入在文档底部或下方的绘制层，文字位于图形上方
浮于文字上方	嵌入在文档上方的绘制层，文字位于图形下方
穿越型环绕	文字围绕着图形的环绕顶点，这种环绕样式产生的效果与"紧密型环绕"相同
上下型环绕	文字只位于图形之前或之后，不在图形左右两侧

③ 如果需要进行更复杂的设置，右击选中的图形，在弹出的快捷菜单中，选择"文字环绕"→"其他布局选项"命令，打开"布局"对话框，切换到"文字环绕"选项卡，如图 4-43 所示，可以根据需要设置"环绕方式""环绕文字"以及"距正文"等。

图 4-43　"布局"对话框

📝 实训：要求将案例 4-4 素材中的图形排列整齐。首先在指定位置插入 1 行 3 列的整齐表格，把图形分别剪切并粘贴到单元格中，如图 4-44 所示。再把表格的边框隐藏，得到整齐排列的图形。

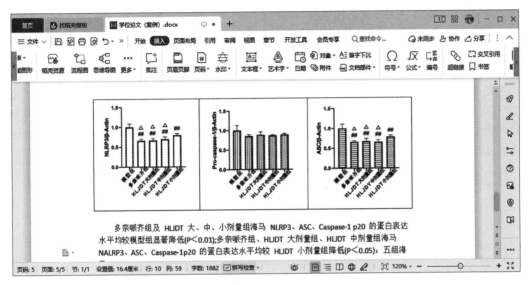

图 4-44　图形排列的操作效果

4.7　页面设置与文档打印

在打印文档之前，往往需要进行适当的页面设置，以保证打印效果和文档设计一致。页面设置包括页边距、纸张大小等设置，也可添加页面背景或水印。打印前还可查看打印预览，确定合适后再打印文档。

🖌 案例 4-5

老年痴呆病在最初期的症状是从失忆开始，如经常忘事，有些事情刻意记也会忘掉，事后还想不起来，严重影响生活和工作。再进一步发展，患者的日常生活能力会下降，不认识配偶、子女，穿衣、吃饭、大小便不能够自理，有的还有幻觉，给自己和周围的人带来无尽的痛苦。及早发现和诊断出老年痴呆病，就能尽可能地减少患者的痛苦，合理地处理患者不仅能够减少病人的痛楚，更是减轻家人的负担。

老师要求小张同学搜集相关资料，把老年痴呆病的诊断与处理的内容加入到毕业论文中。小张打印好后，老师评价页面不整齐、排版不美观。请帮助小张同学设置毕业论文的页面，以便能够打印出外观精美的文档。

案例 4-5

4.7.1　页面设置

WPS 文字采用"所见即所得"的编辑排版工作方式，而文档最终一般需要以纸质的形式呈现，所以需要进行纸型、页边距、装订线等页面设置。页面设置方法如下：

在"页面布局"选项卡中，单击"页面设置"组右下角的对话框启动器按钮，打开"页面设置"对话框，可分别在该对话框的 4 个选项卡中进行设置。

1．"页边距"选项卡

"页边距"选项卡主要用来设置文字的起始位置与页面边界的距离。用户可以使用默认的页边距，也可以自定义页边距，以满足不同的文档版面要求。在当前选项卡的"页边距"栏中，输入或单击微调按钮，即可设置上、下、左、右页边距的值。

除此之外，还可以快速设置页边距：在"页面布局"选项卡"页面设置"组中，单击"页边距"按钮，在弹出的如图 4-45 所示的下拉列表中，系统提供了"普通""窄""适中""宽"等预定义的页边距，从中进行选择即可。如果用户需要自己指定页边距，则在下拉列表中选择"自定义边距"命令，打开如图 4-46 所示的对话框，在该对话框中再按上述方法进行设置。

图 4-45　快速设置页边距

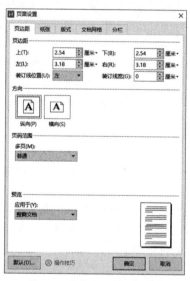

图 4-46　"页面设置"对话框

2．"纸张"选项卡

在"页面设置"对话框"纸张"选项卡中，可以设置打印纸张的大小。单击"纸张大小"下拉按钮，在下拉列表中选择需要的纸张大小，还可以通过指定高度和宽度自行定义纸张大小。

3．"版式"选项卡

在"页面设置"对话框"版式"选项卡中，可以设置页眉和页脚的版面格式、节的起始位置等。

4．"文档网格"选项卡

在"页面设置"对话框"文档网格"选项卡中，可进行文档网格、每页行数和每行字数等设置。

4.7.2　文档打印

为了便于阅读和携带，编辑好的文档往往需要打印出来，虽然显示器尺寸与纸张大小可能存在差异，但通过 WPS 文字的打印预览功能可快速查看打印后的效果。

1. 打印预览

在打印文档前，执行"文件"→"打印"→"打印预览"命令，即可在"打印预览"窗口中查看打印后效果，如图 4-47 所示。

图 4-47　"打印预览"窗口

2. 打印文档

在"打印预览"窗口中，经预览并确认无误后，即可进行打印方式的设置和打印操作。单击"更多设置"按钮，打开"打印"对话框可进行更多设置。

在"打印范围"栏中可以指定文档的打印部分，如"全部""当前页"和"所选内容"等。常用打印范围及其输入形式见表 4-7 所示。

表 4-7　常用打印范围及其输入形式

打印范围	输　入　形　式
单页	输入页码。如输入"4"，表示打印第 4 页
非连续页	多个页码之间用逗号相隔。如输入"2，4，9"，表示打印第 2、4、9 页
连续页	起始页码和终止页码之间以连字符相连。如输入"2-10"，表示打印第 2 至 10 页

在"打印预览"窗口中，还可以设置文档打印的份数、纸张类型、纸张方向、页边距，完成设置后，单击"直接打印"按钮，即可开始打印。

第 5 章
WPS 表格

与 WPS 文字一样，WPS 表格是北京金山办公软件股份有限公司自主研发的办公软件套装 WPS Office 软件的组件软件之一。作为一款集电子数据表、图表、数据库等多种功能于一体的优秀电子表格处理软件，WPS 表格除具备一般电子表格处理软件的大部分功能，为了更好地满足我国民众的使用需求，还增加了转换人民币大写、选取行列高亮显示、输入函数时的中文提示、护眼模式等功能。功能的丰富性、操作的简便性，使得 WPS 表格目前被广泛应用于行政办公、财务管理、医药统计、金融和贸易等众多领域，尤其是在医药统计领域。由于对基础性医用数据的处理需求增加，WPS 表格已经成为越来越多医务人员记录数据、处理数据、分析数据的首选软件。因此对致力于从事医药服务工作的人员来说，能熟练使用 WPS 表格是一项必备的基本技能。

本章将围绕 WPS 表格中常用操作来展开学习，内容包括工作簿的操作、工作表的操作、单元格的操作、公示与函数、医用数据的分析与处理等。

📖 学习目标

1. 理解 WPS 表格中对工作簿、工作表、单元格的管理；掌握 WPS 表格中的公式和函数的使用、图表的操作；掌握 WPS 表格中数据的输入与编辑；掌握 WPS 表格中数据的排序、筛选、分类汇总等数据分析方法；了解 WPS 表格常用医学统计方法。

2. 能通过排序、筛选、分类汇总、建立数据透视表和图表等操作分析数据；能对工作簿、工作表和单元格进行管理；能利用公式和函数进行数据的计算与信息提取。

3. 树立数据安全意识；养成严谨认真的工作习惯。

5.1　WPS 表格的工作界面与基本概念

5.1.1　工作界面

启动 WPS 表格后，其工作界面如图 5-1 所示。

与 WPS 文字类似，WPS 表格功能区主要包括开始、插入、页面布局、公式、数据、审阅和视图等选项卡。各选项卡中收录相关的命令组，方便使用者切换选用。开启 WPS 表格时，默认显示"开始"选项卡。"开始"选项卡中包括基本的编辑排版功能，如字体的字型、颜色、大小、对齐方式等设置。

工作界面的其余内容可以参考 WPS 文字的相关内容，如功能区的显示和隐藏、快速访问工具栏的设置、"文件"菜单、命令组右下角的对话框启动器按钮的使用等，此处不再赘述。

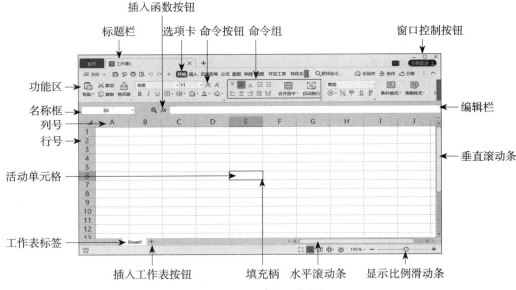

图 5-1 WPS 表格工作界面

5.1.2 基本概念

1. 工作簿

在 WPS 表格中，用来存储并处理数据的文件称为工作簿，扩展名为".xlsx"。工作簿的名称显示在标题栏中。通常所说的 WPS 表格文件就是指工作簿，新建工作簿时默认包含 1 个工作表，同时也可根据需要进行工作表的增加和删除，这样就可以在单个工作簿中管理各种类型的表格。

2. 工作表

工作表由若干行（行号为 1～1048576）和若干列（列号为 A，B…，XFC，XFC）组成。在默认情况下，WPS 表格启动后自动打开一个名为"工作簿 1"的文件，文件中包含 1 个工作表，工作表的名称显示在工作表标签上，以"Sheet1"命名，如果增加工作表，默认会以"Sheet2""Sheet3"……命名。WPS 表格利用工作表标签来区分不同的工作表，用户可以根据需要添加或删除工作表。工作表由单元格组成。

3. 单元格

工作表中行和列交叉所构成的方格称为单元格。需要处理的数据都存放在单元格内。每个单元格由唯一的地址进行标识，由列号和行号组成，例如，E8 表示 E 列第 8 行的单元格。

工作表中由绿色粗边框包围的单元格称为活动单元格，相当于 WPS 文字中的插入点，输入的内容会出现在活动单元格中。

通过上述关系描述，可以这样认为，工作簿类似会计用的活页账簿，那么工作簿中的工作表就好像是活页账簿中的活页纸，单元格则是活页纸上的表格。

4. 名称框与编辑栏

名称框用来定义单元格或者单元格区域的名称，还可以根据名称查找单元格或者单元格区域。如果没有定义名称，则在名称框中显示活动单元格的地址。编辑栏用于编辑和显示活动单元格中的数据或者公式。

> **知识链接**
>
> 　　由于一个工作簿有多个工作表，在进行不同工作表内容的调用时，需在单元格前增加工作表名称，工作表名称与单元格之间用"!"分隔，如"Sheet2!A8"，表示Sheet2 工作表中的 A8 单元格。
>
> 　　除了可以标识单个的单元格之外，也可以标识一个矩形单元格区域。用"左上角单元格坐标：右下角单元格坐标"表示，如"A5：C15"，表示左上角单元格是 A5，右下角单元格是 C15 的单元格区域。

5.2　WPS 表格的基本操作

5.2.1　启动与退出

WPS 表格的启动与退出，同 WPS 文字的操作类似。

1. 启动

启动 WPS 表格最基本的方法是，选择"开始"→"所有程序"→"WPS Office"→"WPS 表格"命令。此外，也可以双击桌面的"WPS Office"图标启动 WPS 表格程序。

2. 退出

在 WPS 表格的工作界面中，执行"文件"→"退出"命令，或者直接单击窗口右上角的"关闭"按钮，都可以退出 WPS 表格。

5.2.2　工作簿的操作

1. 新建空白工作簿

新建空白工作簿的操作方法如下：

① 单击"首页"→"新建"→"新建表格"→"空白文档"，即可新建空白工作簿，如图 5-2 所示。

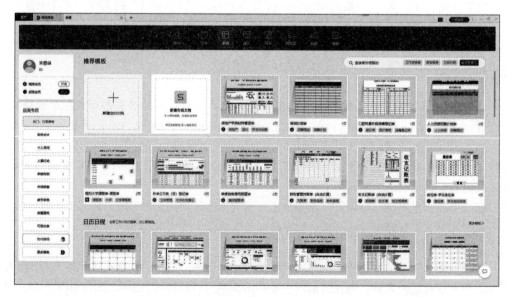

图 5-2　新建空白工作簿

② 单击工作簿标题旁边的 "+" 按钮，即可创建一个新的空白工作簿。

启动 WPS 表格时，系统会自动建立新的空白工作簿，工作簿默认名称为 "工作簿 1"，该工作簿默认有 1 张工作表 Sheet1。

2. 利用样本模板建立工作簿

利用样本模板同样可以建立工作簿，系统会自动生成有固定格式的工作表，操作步骤如下。

① 在 "首页" → "稻壳" → "模板" → "表格" 区域中，有员工考勤表、课程表、座位表、报销单、个人物品清单等常用表格模板，可以根据需要选择模板，如 "学生座位表" 模板。图 5-3 所示即为稻壳表格模板库。

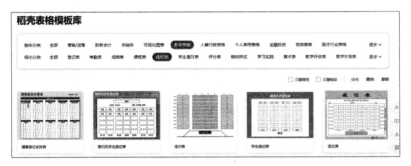

图 5-3 稻壳表格模板库

② 选中 "学生座位表" 模板后，单击 "下载" 按钮，即可创建一个新的工作簿。图 5-4 所示即为利用 "学生座位表" 模板建立的工作簿。

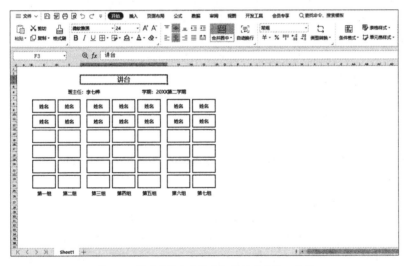

图 5-4 利用 "学生座位表" 模板建立的工作簿

3. 保存工作簿

在工作簿的数据输入和编辑完成后，需要将其保存到磁盘上。具体方法是：执行 "文件" → "保存" 命令，或者直接单击快速访问工具栏中的 "保存" 按钮，弹出如图 5-5 所示的 "另存文件" 对话框，在弹出的对话框中选择文件存储路径，输入文件名，选择文件类型，即可将文件存盘。

图 5-5　"另存文件"对话框

WPS 表格与 WPS 文字保存操作方法相同，且能够定期保存正在编辑的工作簿，同时对于强制终止的工作簿文件具有修复功能。

4.打开与关闭工作簿

打开文件的常用方法是：执行"文件"→"打开"命令，在弹出的"打开文件"对话框中选择目标文件存放的路径，双击目标文件图标，或者选中目标后单击"打开"按钮。

另外，在"文件"→"最近使用"列表中，可以查看并快速打开最近打开过的工作簿。

关闭工作簿就是将当前工作簿从内存中清除，并关闭当前工作簿的窗口。如果要关闭一个工作簿，可单击工作簿窗口的"关闭"按钮，或按 Ctrl+F4 组合键，也可以选择"文件"→"退出"命令。

如果工作簿文件被修改而未保存，当关闭工作簿时，系统将提示是否保存修改内容，则可根据需要做出相应的选择。

5.2.3　工作表的操作

1.选定工作表

工作簿中正在操作的工作表称为当前工作表或活动工作表，可以在一个工作簿中选定一个或者多个工作表，操作方法如下：

（1）选定单个工作表：单击工作表标签。

（2）选定多个连续的工作表：按住 Shift 键，依次单击第一个和最后一个工作表标签。

（3）选定多个不连续的工作表：按住 Ctrl 键，依次单击需要选定的工作表标签。

（4）选定工作簿中的所有工作表：右击工作表标签，在弹出的快捷菜单中选择"选定全部工作表"命令。

> 📍知识链接
>
> 　　若在当前工作簿中选定了多个工作表，WPS 表格会在所有选定的工作表中重复活动工作表中的操作。

2．插入工作表

插入工作表有以下两种操作方法：

（1）选定当前工作表，单击如图 5-1 所示界面中的插入工作表按钮，则在最后的工作表后插入一张新的工作表。

（2）在当前工作表标签上右击，在弹出的快捷菜单中选择"插入工作表"命令，如图 5-6 所示。在打开的"插入工作表"对话框中设置插入数目、插入位置，单击"确定"按钮，即在当前工作表之前或之后插入一张新的工作表。

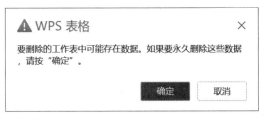

图 5-6　选择"插入工作表"命令

插入的工作表名由 WPS 表格自动命名，默认情况下依次为"Sheet1""Sheet2""Sheet3"……。

3．删除工作表

选定要删除的工作表（一个或多个），单击"开始"选项卡"单元格"组中的"工作表"按钮，选择"删除工作表"命令，或者右击工作表标签，在弹出的如图 5-6 所示的快捷菜单中选择"删除工作表"命令。如果删除的工作表中包含数据，将弹出如图 5-7 所示的删除工作表警告提示。若确定删除，则删除的工作表将不能够再恢复。

图 5-7　删除工作表警告提示

4．重命名工作表

WPS 表格默认的工作表命名方式显然不便于管理工作表。因此，有必要为工作表重命名，使其可以更加直观反映工作表的内容，同时又便于记忆。

图 5-8　"移动或复制工作表"
对话框

重命名的方法是：在工作表标签上右击，在弹出的快捷菜单中选择"重命名"命令，或者双击工作表标签，编辑名称后按 Enter 键，即可完成工作表的重命名。

5．移动与复制工作表

如果需要在当前工作簿中移动工作表，可以沿工作表标签行拖动选定的工作表标签。如果要在当前工作簿中复制工作表，只需在按住 Ctrl 键的同时拖动工作表标签。

以下操作方法，既可以在同一个工作簿中，也可以在不同的工作簿之间进行。移动工作表的操作步骤如下：

① 打开不同的工作簿。

② 在需要移动的工作表标签上右击，在弹出的如图 5-6 所示的快捷菜单中选择"移动或复制工作表"命令，打开"移动或复制工作表"对话框，如图 5-8 所示。

③ 在"工作簿"下拉列表中选择工作表要移至的目标工作簿，在"下列选定工作表之前"列表框中选择工作表要移至的位置。

④ 单击"确定"按钮完成操作。

若要复制工作表，只需在"移动或复制工作表"对话框中选中"建立副本"复选框。

5.2.4　单元格的操作

1．选定单元格与区域

在对单元格进行操作之前必须先选定单元格，被选定的单元格由绿色粗边框包围，被选定的单元格区域除最左上角单元格外均有底纹颜色。

选定单个单元格或者单元格区域的方法如下：

（1）选定单个单元格：单击相应的单元格，或用方向键移动到相应的单元格。

（2）选定单元格区域：单击该区域的第一个单元格，拖动鼠标直至选定最后一个单元格。

（3）选定不相邻的单元格或单元格区域：先选定第一个单元格或单元格区域，按住 Ctrl 键的同时，再选定其他的单元格或单元格区域。

（4）选定较大的单元格区域：单击该区域的第一个单元格，按住 Shift 键的同时，再单击最后一个单元格。

（5）选定整行或整列：单击行号或列号。

（6）选定相邻的行或列：沿行号或列号拖动鼠标，或者先选定第一行或第一列，按住 Shift 键的同时，再单击最后一行或最后一列。

（7）选定不相邻的行或列：先选定一行或一列，按住 Ctrl 键的同时，再选定其他的行或列。

（8）选定工作表中的所有单元格：单击工作表左上角行号和列号的交汇点，或者按 Ctrl+A 组合键。

2．复制与移动单元格数据

（1）使用剪贴板

类似 WPS 文字中的操作，使用剪贴板可以复制或者移动单元格中的数据，步骤如下：

①选定要进行复制或移动的单元格或单元格区域。

②单击"开始"选项卡"剪贴板"组中的"复制"按钮，将数据复制到剪贴板上，或者单击此选项卡命令组中的"剪切"按钮，将数据移动到剪贴板上。

③选定要粘贴到的目标单元格或单元格区域中开始粘贴的第一个单元格。

④单击"开始"选项卡"剪贴板"组中的"粘贴"按钮。

在复制或者剪切过程中，选定的单元格或单元格区域被一个绿色粗边框包围，可以按 Esc 键取消选定。

需要注意的是，在粘贴数据时，必须选定与复制数据单元格区域相同大小的单元格区域或者只选定一个单元格，否则系统会出现警告提示。

（2）使用鼠标拖动

在同一个工作表中，可以使用鼠标拖动的方法，将选定单元格区域中的数据从一个位置移动到另一个位置，操作方法如下：

①选定要移动的单元格或单元格区域。

②将鼠标移动到选定区域的边缘，当鼠标指针变成十字箭头形状时，按住鼠标左键拖动到目标位置，然后松开鼠标左键。

要在同一个工作表中复制数据，只需在拖动鼠标的同时按住 Ctrl 键，则表示当前进行的是复制操作。

（3）使用插入方式

若想将单元格中的数据复制或者移动到其他单元格，而又不想覆盖原来单元格中的数据，可以使用插入方式。在执行完"复制"或者"剪切"命令，选定了目标单元格或单元格区域后，只需在目标单元格上右击，在弹出的快捷菜单中选择"插入复制单元格"命令（图 5-9），然后在弹出的快捷菜单中进行相应选择，以确定活动单元格的移动方向即可。

图 5-9　选择"插入复制单元格"命令

（4）使用选择性粘贴

WPS 表格提供的选择性粘贴功能可以对单元格的特定内容进行有选择的复制。在执行完"复制"命令，选择了目标区域的左上角单元格后，右击，在弹出的快捷菜单中选择"选择性粘贴"命令，在弹出的"选择性粘贴"对话框（图 5-10）中选择所需的选项。

使用选择性粘贴可以粘贴数值、格式、公式等项目，还可以实现加、减、乘、除等运算。

图 5-10　"选择性粘贴"对话框

3．编辑与删除单元格数据

（1）编辑单元格内部分内容

① 移动与复制单元格内部分内容：双击相应单元格，进入编辑状态，或者在编辑栏内选择所要编辑的单元格内的部分内容，之后根据需要进行移动操作或复制操作即可。

② 删除单元格内的部分内容：进入编辑状态后，选择所要删除的单元格内的部分内容，按 Delete 键或 Backspace 键，即可完成操作。

（2）删除单元格内容

① 删除单个单元格内容：选定单元格后，按 Delete 键或 Backspace 键均可实现内容删除。

② 删除单元格区域内容：选定需要删除的单元格区域，按 Delete 键即可。

上述操作还可以在"开始"选项卡"单元格"组中，选择"单元格"→"清除"命令，在"清除"列表（图 5-11）中选择相应命令实现单个单元格或单元格区域内容等的删除。

图 5-11　"清除"列表

需要注意的是，"全部"命令即清除内容、格式和批注在内的所有项目。

5.2.5 数据的类型及输入

WPS 表格提供了十几种数据类型，本节主要介绍数值型、文本型、日期与时间型和逻辑型数据。

1. 数据的类型

（1）数值型数据

WPS 表格中的数值型数据包括阿拉伯数字 0，1，…，9，也包括 +，-，( )，/，$，%，E，e 等数学符号或货币符号。其中不同的符号代表特定的含义，也有不同的输入方法，需要遵循不同的输入规则。数值型数据包含多种格式，如百分比、科学计数法以及货币格式等。

在数值型数据输入之前或者输入之后，可以设置其格式，具体方法是：单击"字体""对齐方式"或"数字"组右下角的对话框启动器按钮，打开如图 5-12 所示的"单元格格式"对话框，单击"数字"选项卡，可从中选择所需的格式。

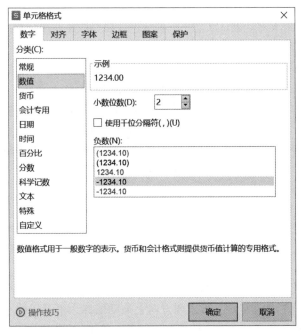

图 5-12 "单元格格式"对话框

在默认情况下，输入的数值在单元格中默认右对齐。如果要改变对齐方式，可在"单元格格式"对话框中选择"对齐"选项卡，从中选择所需的对齐方式。

（2）文本型数据

文本包含汉字、英文字母、数字、空格以及其他符号。在默认状态下，文本型数据在单元格中默认左对齐。

对于一些特殊形式的数据，如学号、身份证号码、电话号码等不具大小比较意义的数字，则需要作为文本来处理：可以在输入之前利用"单元格格式"对话框将相应单元格设置为文本型，或者先输入一个英文单引号（'），再输入这些特殊文本，例如，需要在单元格中录入"0001"，则应该输入"'0001"。

> 知识链接
>
> 　　若在一个单元格输入的文字过多，超过了单元格的宽度，必须采用加大列宽的方式，或者在"单元格格式"对话框的"对齐"选项卡中，在"文本控制"栏选中"缩小字体填充"或者"自动换行"复选框，才能显示全部内容。

（3）日期与时间型数据

WPS 表格能够识别大部分按照常用表示法输入的日期与时间型数据。在默认状态下，输入的日期与时间型数据在单元格中默认右对齐。

输入日期时，可使用"YY/MM/DD"格式，例如，2019/01/01；或者使用 YYYY-MM-DD，例如，2019-01-01。

WPS 表格提供了多种表示日期与时间的格式，在"单元格格式"对话框的"数字"选项卡中，选择"日期"或"时间"，即可设置所需格式。

（4）逻辑型数据

逻辑型数据只有两个值：TRUE（真）和 FALSE（假）。在单元格中无论以何种形式输入，系统均自动显示为大写。默认状态下，输入的逻辑型数据在单元格中居中对齐。

2．数据的输入

（1）常规数据的输入

可以在单元格中直接输入数据，也可以在编辑栏中输入。

① 在单元格中直接输入：选定单元格使之成为活动单元格，输入数据后，按 Enter 键，或者在其他位置单击，也可以利用方向键离开当前单元格。

② 在编辑栏中输入：选定单元格后将光标定位在编辑栏中，输入数据后，单击编辑栏上的"输入"按钮✓，确定输入有效；单击"取消"按钮✗，则表示输入无效。

（2）有规律数据的输入

有规律数据包括日期与时间序列，等差、等比序列等。

① 日期与时间序列的填充：输入日期与时间序列（如一月、二月、……、十二月；星期一、星期二……、星期日；第 1 季度、第 2 季度、第 3 季度、第 4 季度，以及日期增量等）的操作方法如下：

先输入某一个日期或时间型数据（如星期一），将鼠标指针指向该数据单元格右下角的填充柄，按住鼠标左键向需要的行或列方向上拖动鼠标，松开鼠标左键后，序列自动填充，同时在其右下角出现"自动填充选项"按钮▦，单击该按钮，可进行填充方式的选择。图 5-13（a）所示为自动填充选项，图 5-13（b）所示为操作示例。

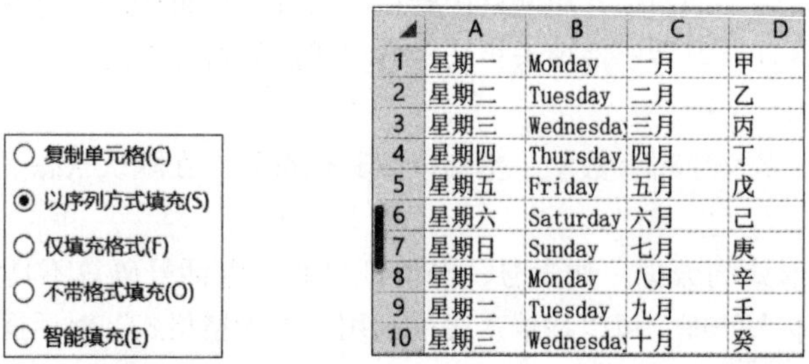

○ 复制单元格(C)
⦿ 以序列方式填充(S)
○ 仅填充格式(F)
○ 不带格式填充(O)
○ 智能填充(E)

◢	A	B	C	D
1	星期一	Monday	一月	甲
2	星期二	Tuesday	二月	乙
3	星期三	Wednesda	三月	丙
4	星期四	Thursday	四月	丁
5	星期五	Friday	五月	戊
6	星期六	Saturday	六月	己
7	星期日	Sunday	七月	庚
8	星期一	Monday	八月	辛
9	星期二	Tuesday	九月	壬
10	星期三	Wednesda	十月	癸

（a）自动填充选项　　　　　　（b）操作示例

图 5-13　自动填充选项及操作示例

② 等差数列的填充：可以通过选中序列的前两个单元格内容填充序列。具体方法如下：

先分别在两个单元格中输入序列的前两个数据，选中这两个单元格，将鼠标指针指向该单元格右下角的填充柄，按住鼠标左键向需要的行或列方向拖动鼠标，系统会根据这两个数据的关系，在拖动经过的单元格内依次填充有规律的数据。图 5-14 所示为等差序列填充示例，其中，图 5-14（a）所示为选取单元格，图 5-14（b）所示为拖动至下两个单元格。

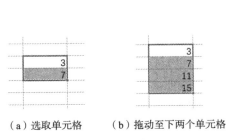

（a）选取单元格　（b）拖动至下两个单元格

图 5-14　等差序列填充示例

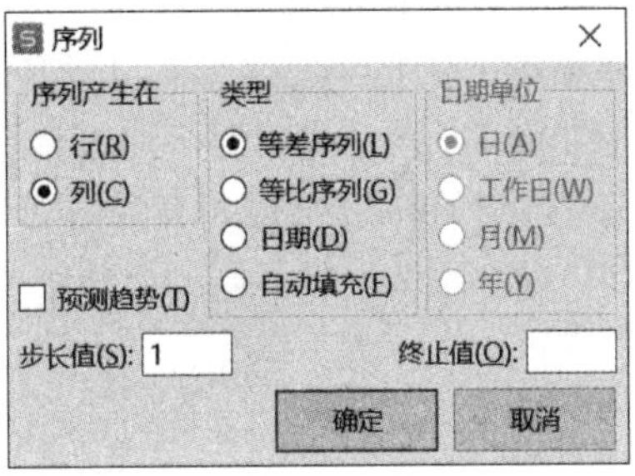

图 5-15　"序列"对话框

③ 利用"序列"对话框填充等差或等比序列：在需要进行自动填充的起始单元格中键入数据，并选中该单元格，在"开始"选项卡"编辑"组中执行"填充"→"序列"命令，打开"序列"对话框（图 5-15），在该对话框中进行有关序列选项的选择。

5.2.6　数据的格式设置

WPS 表格提供了多种数字格式，如小数位数、百分号、货币符号等。数字格式化后，单元格中呈现的是格式化后的效果，而原始数据则出现在编辑栏中。

1. 数值型数据的格式化

数值型数据的格式化，可以利用"开始"选项卡"数字"组中的命令按钮，具体操作方法如下：

① 选择需要设置的单元格。

② 分别单击"数字"组中的命令按钮或者选择"数字"下拉列表中的命令，包括中文货币符号、百分比样式、千位分隔样式、增加小数位数、减少小数位数等操作。

如果需要取消数字的格式，则可以在"清除"列表中选择"格式"命令。

2. 字体格式与对齐方式的设置

WPS 表格中的字体格式与对齐方式的设置方法与 WPS 文字相似，包括字体大小、颜色、水平和垂直对齐方式等，均可在"开始"选项卡中进行设置。

具体方法是：单击"开始"选项卡"字体""对齐方式"或"数字"组右下角的对话框启动器按钮，在打开的"单元格格式"对话框中进行相应设置即可，该处不再赘述。

3. 边框与底纹的设置

采用边框与底纹设置可改变表格局部和整体的外观，具体操作方法如下：

（1）选定所要设置的单元格。

（2）在"开始"选项卡中单击相应的对话框启动器按钮打开"单元格格式"对话框。

① 单击"边框"选项卡，在"线条"栏中"样式"列表框中设置线型，在"颜色"下拉列表中设置线条的颜色。

② 单击"预置"栏单击相应按钮，或在"边框"栏单击相应位置的边框线，即可设置

相应位置的边框线。

③ 单击"图案"选项卡，可设置单元格的底纹。

4. 条件格式的设置

在编辑工作表的过程中，有时可能需要对满足某种条件的数据以指定的格式突出显示。为此，WPS表格提供了设置条件格式的功能。常用的条件格式设置方法有以下几种：

（1）突出显示单元格规则

具体操作方法是：先选择需设置条件格式的区域，在"开始"选项卡"格式"组中，选择"条件格式"→"突出显示单元格规则"命令，从"突出显示单元格规则"下拉列表（图5-16）中选择相应命令，再在弹出的相应对话框中进行相应设置。

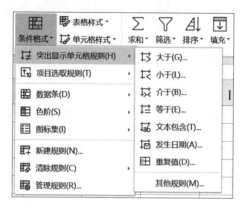

图 5-16 "突出显示单元格规则"下拉列表

（2）新建格式规则

先选择要设置条件格式的区域，在"开始"选项卡"格式"组中，选择"条件格式"→"新建规则"命令，弹出"新建格式规则"对话框，在"选择规则类型"列表框中选择"只为包含以下内容的单元格设置格式"选项，在"编辑规则说明"栏中选择合适的比较符，填写数值，再进行相应的格式设置，例如，在"进口药品"工作表中，对药品数量高于50而低于80的单元格加虚线边框，其设置方法如图5-17所示。

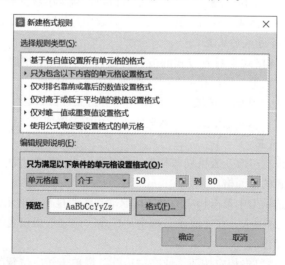

图 5-17 药品数量条件格式设置方法

5.3　公式与函数

WPS 表格具有利用公式和函数对不同类型的数据进行各种复杂运算的能力，为分析和处理数据提供了极大的方便。在日常工作中，基于数据的量化分析，会使决策更加科学。

> ✎ **案例**
>
> 　　国家针对"看病贵""药价贵"的顽疾，通过企业间的市场化竞价以降低药品价格的一种新的招标方式，从通过质量和疗效一致性评价（含视同）的仿制药对应的通用名药品中遴选试点品种入手，组织开展药品集中采购试点，以明显降低药价，减少企业交易成本，引导医院规范用药。
>
> 　　国家药品带量采购政策实施以来，到目前为止，在全国范围内已经实施多轮，多种常见药物都在政策的影响下，出现了大幅度的降价，惠及了更多患者的治疗需求。而在各种各样的治疗药物中，控制高血压的各类药物，是入选国家药品集采目录品种最多的药物类型之一，总共有 19 种降压药进入了集采目录，价格下降幅度最高达 96%，多数药物的降价幅度都超过 50%，逐步解决看病贵问题，每年节约费用 530 多亿元。
>
> 　　现在即将开展新一批药品集采任务，这里有一份药品集采目录需要帮忙整理和数据分析，请利用 WPS 表格辅助完成这项任务。

5.3.1　单元格的引用

WPS 表格中将单元格行、列坐标位置的标识称为单元格引用。对单元格或单元格区域的引用，通常是为了在公式中指明所使用数据的位置，通常以列号和行号来表示某个单元格的引用。WPS 表格提供了三种引用类型：相对引用、绝对引用和混合引用。

（1）相对引用

相对引用是指直接引用单元格或单元格区域，如"A1""B5：B20"等。在公式的计算过程中，如果采用的相对引用，当将相应的计算公式复制或填充到其他单元格时，由于公式所在的单元格位置变化了，其中的引用也随之改变，并指向与当前公式位置相对应的其他单元格。例如，将单元格 B1 中的公式"=A1*5"复制到单元格 B2 后，公式将变为"=A2*5"。

相对引用能反映两个单元格在行或列位置上的变化。

（2）绝对引用

绝对引用是固定引用范围的一种方法，具体方法是在列号、行号前分别加上符号"$"，如"$A$1""$B$5:$B$20"等。绝对引用表示某一单元格在工作表中的绝对位置。如果公式中采用的是绝对引用，当公式被复制到其他位置时，其中的单元格引用位置自始至终不变。

（3）混合引用

混合引用是相对地址与绝对地址的混合引用，即分别对行或列采用相对引用或绝对引用，如"$A1""A$1"。当计算公式复制到其他位置时，行或列发生变化的规律，与其对应引用方式的变化规律相同。

5.3.2 公式的使用

WPS 表格中的公式总是以等于号（=）开头，由运算符、常量、函数以及单元格引用等元素组成。使用公式可以进行加、减、乘、除等简单的运算，也可以完成统计、汇总等复杂计算。

公式是对工作表中的数据进行分析与计算的式子。利用公式可对同一工作表的各单元格、同一工作簿不同工作表中的单元格，甚至与其他工作簿的工作表中单元格中的数值进行加、减、乘、除、乘方等运算及它们的组合运算。使用公式的优点在于：当公式中引用的单元格数值发生变化时，公式会自动更新其单元格中的内容。

1. 公式的语法

WPS 表格中的公式是利用运算符把数值、单元格引用、函数等连接在一起的有意义的式子。输入公式前必须先输入"="号，然后再输入表达式。表 5-1 列出了常用的 4 类运算符。

表 5-1　常用的 4 类运算符

运算符名称	运算符表示形式及意义
算术运算符	+（加）、-（减）、*（乘）、/（除）、%（百分比）、^（乘方）
关系运算符	=（等于）、>（大于）、<（小于）、>=（大于或等于）、<=（小于或等于）、<>（不等于）
文本运算符	&（将两个字符串连接）
逻辑运算符	NOT（非）、AND（与）、OR（或）

每个运算符都有自己的运算优先级，对于不同优先级的运算，按照优先级从高到低的顺序进行。对于同一优先级的运算，则按照从左到右的顺序进行。各运算符的优先级如下：

① 算术运算符从高到低分为 3 个级别：百分比和乘方、乘和除、加和减。

② 关系运算符优先级相同。

③ 逻辑运算符优先级从高到低依次为：非、与、或。

这 4 类运算符优先级从高到低依次为：算术运算符、文本运算符、关系运算符、逻辑运算符。可以通过增加圆括号改变运算的优先级。

2. 公式的输入

① 选择要输入公式的单元格。

② 在编辑栏内或在所选单元格中输入"="（注意："="前不能有空格）。

③ 单击参与计算的单元格，输入相应运算符。

④ 单击编辑栏的"输入"按钮"√"或直接按 Enter 键即可得到计算结果。

3. 公式的复制填充

公式也可以像数据一样在工作表中进行复制。当多个单元格中具有类似的计算时，只需在一个单元格中输入公式，其他的单元格可以采用公式的复制填充，具体方法如下：

选择包含公式的单元格，鼠标指针移动到此单元格的右下角，鼠标指针变成填充柄的形状后，按住鼠标左键拖动即可实现公式的复制填充。

👤 实训：在本章案例素材的"进口药品"工作表中，需要计算每种药品的销售额，则可以通过“单价”和“数量”两列数据的乘积求得，具体操作方法是：首先在单元格 G3 中输入公式“=E3*F3”，按 Enter 键后，得到第一种药品的销售额，然后利用填充柄对公式进行复制，计算出其他药品的销售额，效果如图 5-18 所示。

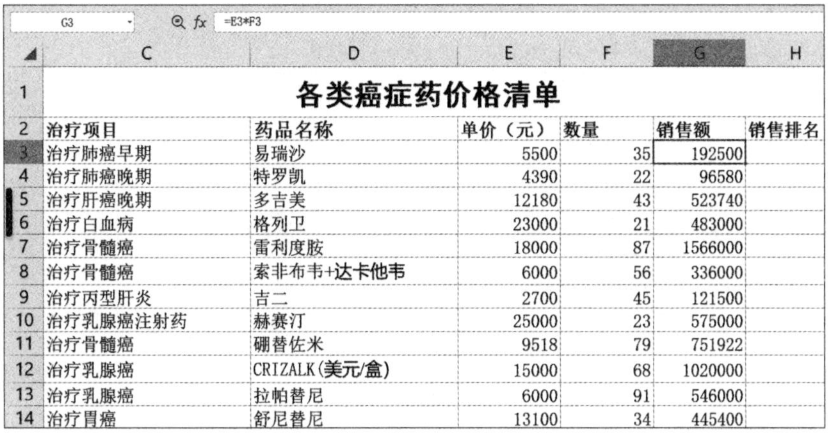
G3 fx =E3*F3

	C	D	E	F	G	H
1	各类癌症药价格清单					
2	治疗项目	药品名称	单价（元）	数量	销售额	销售排名
3	治疗肺癌早期	易瑞沙	5500	35	192500	
4	治疗肺癌晚期	特罗凯	4390	22	96580	
5	治疗肝癌晚期	多吉美	12180	43	523740	
6	治疗白血病	格列卫	23000	21	483000	
7	治疗骨髓癌	雷利度胺	18000	87	1566000	
8	治疗骨髓癌	索非布韦+达卡他韦	6000	56	336000	
9	治疗丙型肝炎	吉二	2700	45	121500	
10	治疗乳腺癌注射药	赫赛汀	25000	23	575000	
11	治疗骨髓癌	硼替佐米	9518	79	751922	
12	治疗乳腺癌	CRIZALK(美元/盒)	15000	68	1020000	
13	治疗乳腺癌	拉帕替尼	6000	91	546000	
14	治疗胃癌	舒尼替尼	13100	34	445400	

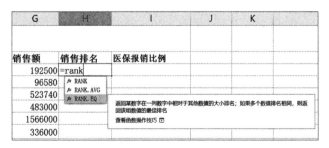

图 5-18 公式的复制填充效果

5.3.3 函数的使用

WPS 表格提供了大量的内置函数，用于进行繁杂的运算，这些函数包括数学和三角函数、统计、文本、日期与时间、逻辑、信息、查找和引用、财务、工程等多种类型。

1. 函数的格式

函数的格式为：函数名 (参数 1, 参数 2,……)。

每一个函数可以有一个或者多个参数，也可以没有参数。如果该函数需要多个参数，参数之间以逗号分隔。如果该函数不需要任何参数，函数名后的圆括号也不能省略，如返回当前日期与时间的函数“NOW()”。

2. 函数的引用

函数的引用，可以直接在单元格或者编辑栏内输入，也可以使用函数向导来插入函数。

例如，在如图 5-18 所示工作表中计算每种药品的销售排名（降序），操作步骤如下：

① 选择插入函数的单元格 H3，输入“=”。

② 输入“rank”，系统会自动浮动显示与输入字母匹配的所有函数，并出现该函数的功能提示，如图 5-19 所示。

图 5-19 函数功能提示

③ 双击“RANK.EQ”函数名。

④ 单击"插入函数"按钮 fx，打开"函数参数"对话框（图 5-20），根据该对话框中的中英文提示分别对"数值""引用""排位方式"3 个参数进行设置。

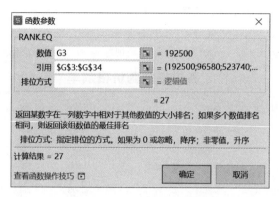

图 5-20 "函数参数"对话框

⑤ 单击"确定"按钮即可完成第一个药品的排名。

⑥ 将公式复制到其他单元格，即可分别求出其他药品的排名。

以上操作过程也可以通过单击"插入函数"按钮 fx，在打开的"插入函数"对话框（图 5-21）中进行函数类别和具体函数的选择。后续操作同上。

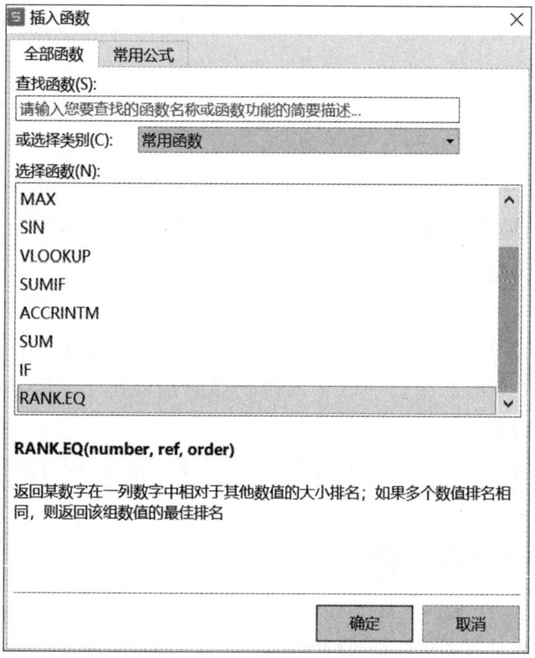

图 5-21 "插入函数"对话框

在函数的引用过程中，还可以在"公式"选项卡中进行函数类型的选择。

3．函数操作技巧的帮助

由于 WPS 表格中函数种类繁多，除了一些常用的函数以外，用户很难记住所有的函数并熟知函数的使用方法，因此需要学会利用 WPS 表格的函数操作技巧的帮助来了解并快速掌握函数的应用。

例如，在如图 5-19 所示的计算每种药品销售排名需要用到的 RANK.EQ() 函数，对该函数不熟悉时，则可以通过以下步骤来了解并正确应用该函数：

① 在如图 5-20 所示的"函数参数"对话框中，单击左下角的"查看函数操作技巧"链接，打开该函数的帮助窗口，有函数的使用方法视频讲解，如图 5-22 所示。

图 5-22　函数的使用方法讲解视频

② 也可以阅读"图文技巧"（图 5-23）了解函数的作用及参数，了解到 RANK.EQ() 函数是一个排序函数，其参数有 3 个，第 1 个参数为需要排序的数字，第 2 个参数为排序的范围，第 3 个参数控制升序或降序。

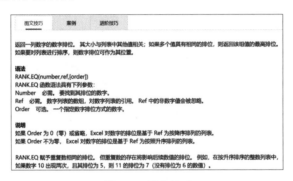

图 5-23　图文技巧

③ 还可以通过查看"案例"部分的内容，即通过系统提供的示例来分析各参数的设置方法。

5.4　医用数据的分析与处理

5.4.1　数据排序

在实际工作中，为了提高工作效率，常常需要根据预期的规律对数据进行排序。在数据清单中，可以根据一列或多列内容按升序或降序对记录重新排序，但是不会改变每一行记录的内容。

1. 单条件排序

单条件排序是指以某一列（字段）为关键字进行的排序，只需选择要排序列中的任意一个单元格，单击"数据"选项卡中的"升序"按钮 或"降序"按钮 ，即可实现按递增或递减方式排序。

2. 多条件排序

在按照单个字段进行排序时，往往会出现该字段中有多个数据相同的情况，此时可选择多条件排序。多条件排序是指以多列（字段）为关键字进行的排序。

👤实训：在本章案例素材的"进口药品"工作表中，为了快速查看每个科室的药品销售情况，对数据清单按主要关键字"科室名称"升序、次要关键字"销售额"降序排序。

具体操作步骤如下：

① 选定需排序的数据清单任意一个单元格，或者选定单元格区域 A2∶H34 的数据清单。

② 在"数据"选项卡"排序"组中，选择"排序"→"自定义排序"命令，弹出"排序"对话框（图 5-24），在"主要关键字"列表框中选择"科室名称"，选择"升序"次序。

③ 单击"排序"对话框左上角的"添加条件"按钮，在"次要关键字"列表框中选择"销售额"，并选择"降序"次序。

图 5-24　"排序"对话框

④ 单击"确定"按钮，完成排序。排序后的结果如图 5-25 所示。

▲	A	B	C	D	E	F	G	H
1			各类癌症药价格清单					
2	科室名称	季度	治疗项目	药品名称	单价（元）	数量	销售额（万元）	销售排名
3	肿瘤1科	1	治疗骨髓瘤	雷利度胺	18000	87	156.60	4
4	肿瘤1科	2	治疗白血病	格列卫	23000	33	75.90	11
5	肿瘤1科	2	治疗肝癌晚期	多吉美	12180	43	52.37	18
6	肿瘤1科	2	治疗肺癌早期	易瑞沙	5500	79	43.45	21
7	肿瘤1科	4	治疗肺癌晚期	特罗凯	4390	68	29.85	25
8	肿瘤1科	4	治疗肺癌早期	易瑞沙	5500	35	19.25	26
9	肿瘤1科	3	治疗白血病	格列卫	23000	8	18.40	27
10	肿瘤1科	1	治疗肺癌晚期	特罗凯	4390	12	5.27	31
11	肿瘤2科	4	治疗白血病	格列卫	23000	75	172.50	3
12	肿瘤2科	3	治疗骨髓瘤	雷利度胺	18000	65	117.00	6
13	肿瘤2科	2	治疗乳腺癌	CRIZALK(美元	15000	68	102.00	7

图 5-25　排序后的结果

📍知识链接

多个关键字参与排序时，先按主要关键字进行排序，当主要关键字中有相同的数据时，再按次要关键字进行排序，以此类推。

"排序"对话框中，如果选中右上角的"数据包含标题"复选框，表示当前数据清单的第一行不参与排序，仅作为标题。不选则表示当前数据清单的第一行参与排序，作为普通数据对待。

5.4.2　数据筛选

在实际应用中，常常需要从大量的数据中挑选出符合某些条件的数据，数据筛选是最常用的一种方法。通过筛选，可以在数据清单中显示出满足条件的数据，而将其他数据暂时隐藏起来。在 WPS 表格中，提供了自动筛选和高级筛选两种筛选方法。

1．自动筛选

自动筛选功能简单、操作快捷，对于一些比较简单的条件，可以采用自动筛选功能。

🔊实训：在本章案例素材的进口药品数据清单中，利用自动筛选功能，筛选出"肿瘤 3 科"销售额排名前十的药品清单。

操作步骤如下：

图 5-26　数字筛选

① 单击数据清单中的任意单元格，在"数据"或者"开始"选项卡中，单击"筛选"按钮▽，此时数据清单第一行的每个字段名右侧显示一个下拉筛选按钮▾。

② 单击"科室名称"下拉筛选按钮，仅勾选择"肿瘤 3 科"复选框，可以筛选出所有肿瘤 3 科的记录，单击"确定"按钮，此时筛选按钮变成漏斗状▽。

③ 单击"销售排名"下拉筛选按钮，选择"数字筛选"→"小于或等于"命令，如图 5-26 所示。在"自定义自动筛选方式"对话框的右侧输入框中填写"10"，单击"确定"按钮。

两次筛选后的结果如图 5-27 所示。

▲	A	B	C	D	E	F	G	H
1				各类癌症药价格清单				
2	科室名称▽	季度▽	治疗项目▽	药品名称 ▽	单价（元▽	数量▽	销售额（万元▽	销售排▽
15	肿瘤3科	1	治疗晚期肾癌	阿西替尼美国产	20000	65	130.00	5
16	肿瘤3科	1	白血病耐药后使用	尼洛替尼瑞士产	33693	75	252.70	2
17	肿瘤3科	1	治疗肺鳞癌	阿法替尼德国产	30000	33	99.00	8
20	肿瘤3科	1	治疗前列腺癌	阿比特龙	37000	96	355.20	1
33	肿瘤3科	1	治疗肝癌晚期	多吉美	12180	75	91.35	9

图 5-27　两次筛选后的结果

2．高级筛选

对于一些较为复杂的筛选操作，有时利用自动筛选已无法完成，则可以采用 WPS 表格提供的高级筛选功能。

在进行高级筛选操作前，必须先设置条件区域，在该区域中输入条件的规则如下：

（1）在条件区域的第一行必须是待筛选数据所在列的列字段名。

（2）当两个条件是"与"的关系，即必须同时成立，则将两个条件分别输入在相应字段名下方，且两个条件在同一行中。如果两个条件是同一个字段，则再增加一列，输入该字段名、条件内容。

（3）当两个条件是"或"的关系，即只需满足其中任意一个条件，则将两个条件填写在相应字段名下方，两个条件不能在同一行。

🔊实训：在本章案例素材的进口药品数据清单中，利用高级筛选功能，筛选出"肿瘤 3 科"销售额排名前十的药品清单。

操作步骤如下：

① 将字段名称这一行（A2：H2 单元格区域）的内容复制到 A36：H36 单元格区域，在

"科室名称"和"销售排名"所在列下方的单元格 A37 和 H37 分别输入"肿瘤 3 科""<=10"
（注意：在同一行）。

　　② 单击数据清单某一单元格，在"数据"选项卡中，单击"高级筛选"按钮，弹
出"高级筛选"对话框，如图 5-28 所示。设置该对话框，将"列表区域"选定为"sheet1!
$A$2:$H$34"，将"条件区域"选定为"sheet1! $A$36:$H$37"。

▲	A	B	C	D	E	F	G	H
23	肿瘤1科	4	治疗肺癌晚期	特罗凯	4390	68	29.85	25
24	肿瘤2科	1	治疗肺癌早期	易瑞沙	550			19
25	肿瘤2科	1	治疗肺癌晚期	特罗凯	439			28
26	肿瘤2科	1	治疗肝癌晚期	多吉美	1218			10
27	肿瘤2科	3	治疗白血病	格列卫	2300			3
28	肿瘤2科	1	治疗肝癌晚期	多吉美	1218			22
29	肿瘤2科	1	治疗白血病	格列卫	2300			13
30	肿瘤2科	4	治疗骨髓癌	雷利度胺	1800			6
31	肿瘤2科	2	治疗肺癌早期	易瑞沙	550			17
32	肿瘤3科	3	治疗肺癌晚期	特罗凯	439			24
33	肿瘤3科	1	治疗肝癌晚期	多吉美	1218			9
34	肿瘤1科	1	治疗白血病	格列卫	2300			11
35								
36	科室名称	季度	治疗项目	药品名称	单价（元）	数量	销售额（万元）	销售排名
37	肿瘤3科							<=10

图 5-28　"高级筛选"对话框

　　③ 单击"确定"按钮，即在原始数据区域得到如图 5-29 所示的高级筛选结果。

▲	A	B	C	D	E	F	G	H
1				各类癌症药价格清单				
2	科室名称	季度	治疗项目	药品名称	单价（元）	数量	销售额（万元）	销售排名
15	肿瘤3科	1	治疗晚期肾癌	阿西替尼美国产	20000	65	130.00	5
16	肿瘤3科	1	白血病耐药后使用	尼洛替尼瑞士产	33693	75	252.70	2
17	肿瘤3科	1	治疗肺鳞癌	阿法替尼德国产	30000	33	99.00	8
20	肿瘤3科	1	治疗前列腺癌	阿比特龙	37000	96	355.20	1
33	肿瘤3科	1	治疗肝癌晚期	多吉美	12180	75	91.35	9
35								
36	科室名称	季度	治疗项目	药品名称	单价（元）	数量	销售额（万元）	销售排名
37	肿瘤3科							<=10

图 5-29　高级筛选结果

　　如果希望筛选后的结果不影响原始数据清单的显示，则可在"高级筛选"对话框中选中
"将筛选结果复制到其他位置"单选按钮，并在对话框中"复制到"文本框中指定结果存放
的第一个单元格（单击该单元格即可引用其位置）。

5.4.3　数据分类汇总

　　在数据分析中，有时还需要对数据进行分类、汇总处理，以发现其隐藏的信息。通
过分类汇总命令，可以对数据实现分类以及求和、均值等汇总计算，并且将汇总结果分级
显示。

1．创建分类汇总

　　通常，分类汇总是对数据清单中的某个字段进行分类，将字段值相同的记录集中在一
起。因此在进行分类汇总之前，首先应在数据清单中以该字段为关键字进行排序。

　　以如图 5-25 所示的排序结果为例，按"科室名称"进行分类汇总，统计出各科室的药
品销售总额。

　　具体操作步骤如下：

① 单击数据清单任意单元格，在"数据"选项卡"分级显示"组中，单击"分类汇总"按钮，弹出"分类汇总"对话框（图 5-30）。

② 在"分类汇总"对话框中，"分类字段"选择"科室名称"，"汇总方式"选择"求和"，"选定汇总项"勾选"销售额"复选框。

图 5-30 "分类汇总"对话框

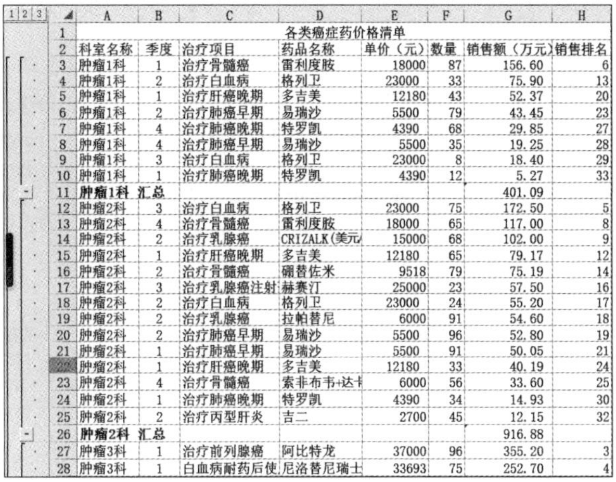

图 5-31 分类汇总结果

③ 单击"确定"按钮，即得到分类汇总结果，如图 5-31 所示。

2．分级显示

从图 5-31 所示的汇总结果可以看出，在显示分类汇总结果的同时，分类汇总表的左侧出现分级显示按钮 ➕ 和 ➖，左上方出现分级显示的级别符号 1 2 3，利用这些按钮和符号可以控制数据的分级显示，如单击级别符号 2，则只显示 2 级汇总结果，如图 5-32 所示。

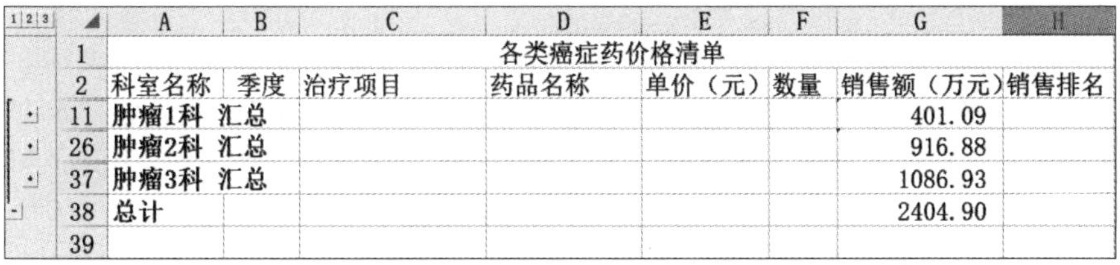

	A	B	C	D	E	F	G	H
1				各类癌症药价格清单				
2	科室名称	季度	治疗项目	药品名称	单价（元）	数量	销售额（万元）	销售排名
11	肿瘤1科 汇总						401.09	
26	肿瘤2科 汇总						916.88	
37	肿瘤3科 汇总						1086.93	
38	总计						2404.90	
39								

图 5-32 2 级分类汇总结果显示

3．取消分类汇总

如果需要取消分类汇总，恢复到数据清单的初始状态，只需在如图 5-30 所示"分类汇总"对话框中单击"全部删除"按钮即可。

5.4.4 数据透视表

数据透视表是用于快速汇总大量数据的交互式表格，可以帮助用户分析、组织复杂烦琐的表格数据，用户利用它可以很轻松地从不同角度对数据进行分类汇总，从而为用户判断和决策提供可靠的依据。

1．建立数据透视表

下面通过一个实例来介绍数据透视表的创建。

👤 实训：根据本章案例素材的进口药品数据清单，在新工作表中建立数据透视表，要求汇总出每个科室、每个季度的总销售额。

操作步骤如下：

① 单击数据清单中某一单元格，在"插入"或"数据"选项卡中，单击"数据透视表"按钮。

② 在弹出的如图 5-33 所示的"创建数据透视表"对话框中，选择区域默认当前工作表数据清单，如果有误，用户可以重新选择，在对话框的下方，选择放置数据透视表的位置为"新工作表"，单击"确定"按钮。

图 5-33　"创建数据透视表"
对话框

图 5-34　所需字段拖放至
"数据透视表"区域后的效果

③ 此时系统新建一个工作表，同时在窗口右侧显示"数据透视表"任务窗格。在"字段列表"区域，将需要添加到报表的字段拖放至"数据透视表区域"。此外将"季度"拖放至"列"区域，将"科室名称"拖放至"行"区域，将"求和项：销售额（万元）"拖放至"值"区域，如图 5-34 所示即为所需字段拖放至"数据透视表"区域后的效果。

④ 此时，在当前工作表中生成如图 5-35 所示数据透视表结果。

	A	B	C	D	E	F
1						
2						
3	求和项:销售额（万元）	季度 ▾				
4	科室名称 ▾	1	2	3	4	总计
5	肿瘤1科	214.242	119.35	18.4	49.102	401.094
6	肿瘤2科	184.34	351.9422	230	150.6	916.8822
7	肿瘤3科	993.7675	48.5972	31.608	12.9552	1086.9279
8	总计	1392.3495	519.8894	280.008	212.6572	2404.9041

图 5-35　数据透视表结果

2. 改变数据透视表的汇总方式

在数据透视表字段列表中，单击"值"区域"求和项：销售额（万元）"右侧下拉列表按钮，在下拉列表中选择"值字段设置"命令，此时弹出"值字段设置"对话框，如图 5-36 所示。在"值字段汇总方式"列表框中，可以根据需要选择其他值汇总方式。

图 5-36 "值字段设置"对话框

5.4.5 图表的创建与编辑

WPS 表格能根据数据创建各种图表，更直观地揭示数据之间的关系，方便用户获取数据变化趋势、成分比例、对比关系等信息。图表是数据的图形化表示，它与工作表中的数据相关联，并随之同步改变。

1．图表的创建

新创建的图表以工作表中的数据为基础，可以分为嵌入式图表和独立图表两种存在形式。嵌入式图表是指图表与数据在一张工作表中，而独立图表则是指在新工作表中建立的图表。

👤实训：在本章案例素材的"进口药品"工作表中，利用前 5 种药品名称和销售额两列数据创建簇状柱形图图表。

操作步骤如下：

① 在表格中先选择用于创建图表的药品名称数据清单单元格区域 D2：D7，按住 Ctrl 键，再选择销售额数据清单单元格区域 G2：G7。

② 在"插入"选项卡"图表"组中，单击"全部图表"或"插入柱形图"按钮，在如图 5-37 所示的"图表类型"下拉列表中，选择"簇状柱形图"选项，自动生成如图 5-38 所示的柱状图。

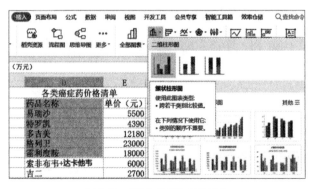

图 5-37 "图表类型"下拉列表

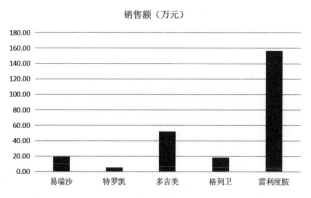

图 5-38　自动生成的柱状图

③适当调整图表的大小和位置。

2. 图表的编辑

建立图表后，如果需要使之更加美观、可读性更强，则可以对图表进行编辑修改。图表的编辑是指对图表中各个对象的编辑，如更改图表类型、切换行列、更新数据、更改样式、设置图表格式等，还可以对图表标题、坐标轴、图例、数据标签等进行编辑和设置。在选择图表后，功能区自动出现"图表工具"选项卡，图表的编辑均可以在该选项卡中进行。

（1）更改图表类型

单击"图表工具"选项卡中的"更改类型"按钮，在弹出的"更改图表类型"对话框（图 5-39）中，选择合适的图表类型。

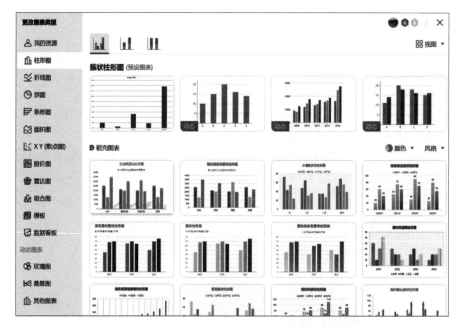

图 5-39　"更改图表类型"对话框

（2）更改图表样式

在"图表工具"选项卡中，单击"预设样式"下拉按钮，在弹出的下拉列表（图 5-40）中，选择其中的样式，则可以更改图表样式和颜色。

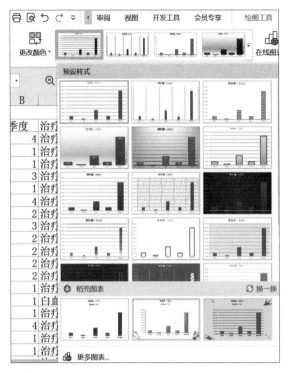

图 5-40　"预设样式"下拉列表

（3）设置坐标轴标题

坐标轴标题是指为横向坐标轴和纵向坐标轴添加的说明，例如需要添加横向坐标轴说明，则可以在"图表工具"选项卡的命令组中，依次单击"添加元素"→"轴标题"→"主要横向坐标轴"，即可在横向坐标轴下方编辑文字，添加文字说明。添加后如需进行更多格式设置，单击图 5-41 中的"设置格式"按钮，打开更多格式设置功能。

图表标题、图例、数据标签等元素的编辑和设置方法与设置坐标轴标题的方法类似，此处不再赘述。

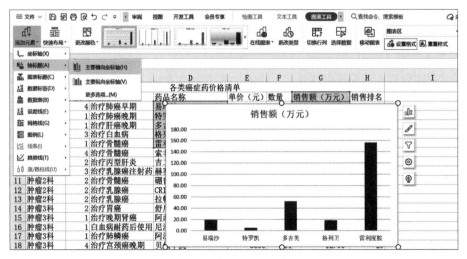

图 5-41　设置坐标轴标题

5.5 页面设置和工作表打印

在打印工作表之前，可以对工作表进行一些必要的设置。在"页面布局"选项卡中，单击"页面设置"组中的相应按钮，或单击右下角的对话框启动器按钮，打开"页面设置"对话框，如图 5-42 所示。

图 5-42 "页面设置"对话框

1. 设置页面

图 5-42 所示"页面设置"对话框中的"页面"选项卡，可以进行打印方向、缩放比例、纸张大小、打印质量、起始页码等设置。

2. 设置页边距

在"页面设置"对话框中选择"页边距"选项卡，在该选项卡中可以对整个纸张的上、下、左、右边距进行设置，还可以设定页眉和页脚与页边的距离。在"居中方式"栏中，选中"水平"复选框，可使工作表中的数据在左、右页边距之间水平居中，选中"垂直"复选框，可使工作表中的数据在上、下页边距之间垂直居中。

3. 设置工作表

在"页面设置"对话框中选择"工作表"选项卡（图 5-43），在该选项卡中可以进行打印区域、打印标题等相关设置。

（1）打印区域：当该文本框中内容为空时，默认为打印整个工作表。可以通过单击"打印区域"文本框右侧的单元格区域选定按钮 ，再按住鼠标左键拖动选定工作表中的一部分内容，此时，单元格区域地址会自动引用在打印区域，如果有误，可修改列号或行号。

（2）打印标题：当工作表较长时，常常需要在每一页上端都显示标题，可以在"顶端标题行"和"左端标题列"文本框中选定需要显示的标题区域，方法与打印区域选定相同。

（3）打印预览

单击"页面设置"对话框中的"打印预览"按钮，可切换到"打印预览"窗口。

图 5-43　"工作表"选项卡

（4）打印

页面设置完成之后，单击"打印"按钮，弹出如图 5-44 所示的"打印"对话框，在该对话框中可以设置打印机、页码范围、打印内容以及份数等。待设置完成后，单击右下角的"确定"按钮，即可进行打印。

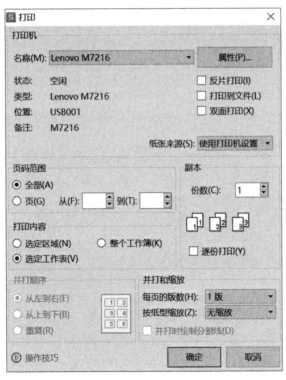

图 5-44　"打印"对话框

第6章
WPS 演示

WPS 演示与 WPS 文字、WPS 表格一样，是 WPS Office 办公软件三大组件软件之一。WPS 演示是制作和演示幻灯片的软件，能够制作出集文字、图形、声音以及视频等多媒体元素于一体的演示文稿。可用于设计制作授课文稿、专家报告、演示产品、广告宣传等方面的电子版幻灯片，应用广泛。在医学领域，教材宣教是普及医药科学知识、教育和引导群众养成良好卫生习惯的重要手段。因此，利用演示文稿制作健康宣教等医学科普文稿是现代医学生的必备技能，健康教育对培养健康的心理素质、提高个体及社会的健康水平有积极意义。

本章围绕健康宣教演示文稿制作开展学习，内容主要包括幻灯片中各种对象的插入与编辑、对象的动画设置以及交互设置、幻灯片的制作技巧、放映方式与打印设置等内容。

📖 学习目标

1. 理解演示文稿和幻灯片两者的关系；掌握幻灯片中各种对象的插入与编辑方法；了解对象动画的不同类别及其对应应用场景；熟悉演示文稿的放映方式；了解打印演示文稿的不同方法。

2. 能制作图文并茂的演示文稿；能设置幻灯片播放时的切换效果；能进行四种动画效果设置；能进行页面设置和背景美化；能放映、打印演示文稿。

3. 养成认真负责的工作态度；树立医者仁心的高尚情操。

6.1 WPS 演示的工作界面、视图模式与制作原则

演示文稿由一张或若干张幻灯片组成，每张幻灯片一般包括两部分内容，即幻灯片标题（用来表明主题）和若干文本条目（用来论述主题），另外，还可以包括图形、表格等其他对于论述主题有帮助的内容。

6.1.1 工作界面

与 WPS 文字、WPS 表格类似，WPS 演示工作界面由标题栏、快速访问工具栏、功能区及选项卡、幻灯片 / 大纲窗格、幻灯片编辑窗格和备注窗格等主要部分组成，如图 6-1 所示。

1. 标题栏

标题栏位于 WPS 演示工作界面顶部，在其中显示当前打开的演示文稿的文件名、用户和窗口控制按钮等，在如图 6-1 所示的窗口中，标题栏上显示当前打开的演示文稿为"健康宣教——高血压病人护理 .pptx"。

标题栏右侧的窗口控制按钮包括"帮助"按钮、"最小化"按钮、"最大化 / 向下还原"按钮和"关闭"按钮。

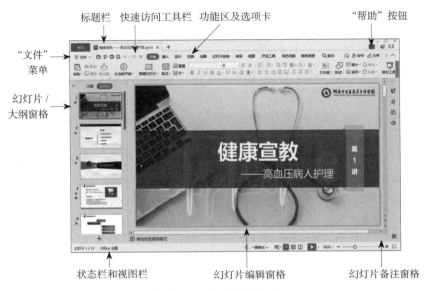

图 6-1　WPS 演示工作界面

2．快速访问工具栏

快速访问工具栏集中了一些常用的命令按钮，如"保存"按钮、"撤销"按钮、"恢复"按钮等，用户也可以通过单击快速访问工具栏右侧的下拉按钮进行命令按钮的显示和隐藏设置，从而方便用户使用。

3．"文件"菜单

"文件"菜单位于 WPS 演示工作界面的左上角，包括"新建""打开""保存""另存为""打印""退出"等选项，用户选择选项后，在右侧会显示相应操作选项或弹出对话框。

4．幻灯片／大纲窗格

幻灯片／大纲窗格位于 WPS 演示工作界面的左侧，显示当前幻灯片缩略图及当前幻灯片位置。

5．幻灯片编辑窗格

幻灯片编辑窗格位于 WPS 演示工作界面的中间，是对幻灯片进行编辑的主要工作区。

6．状态栏和视图栏

状态栏和视图栏位于 WPS 演示工作界面的最下方，状态栏显示当前幻灯片页数、总页数等信息，视图栏显示视图切换按钮、显示比例滑动条。

7．"帮助"按钮

"帮助"按钮位于 WPS 演示标题栏右侧，单击"帮助"按钮可以弹出"演示文稿帮助"界面。

6.1.2　视图模式

演示文稿为幻灯片提供了不同的视图模式，以方便用户进行查看和编辑。单击是"视图"选项卡即可进行 4 种视图方式的切换：普通视图、幻灯片浏览视图、备注页视图和阅读视图。每种视图都包含有特定的工作区、工具栏、相关的按钮以及其他工具。

1．普通视图

普通视图是 WPS 演示默认的编辑视图，是设计和编辑幻灯片的主要方式。该视图中只能显示一张幻灯片，称为当前幻灯片，该视图能完成的功能有：文本的输入、编辑与排版，图形、表格的插入，添加备注等。普通视图包含3种窗格：幻灯片/大纲窗格、幻灯片编辑窗格和幻灯片备注窗格。

在幻灯片/大纲窗格中，幻灯片以缩略图的形式呈现，每张缩略图的左上角有该幻灯片的序号和动画播放按钮。单击缩略图，即可在右边的幻灯片编辑窗口中进行编辑修改，单击动画播放按钮，可以浏览幻灯片动画播放效果。

2．幻灯片浏览视图

在幻灯片浏览视图中，所有的幻灯片均以缩略图的形式呈现。用户可以方便地对幻灯片的顺序进行调整，还可以进行幻灯片的复制、移动和删除等操作，但不能对幻灯片进行内容编辑，如果需要修改幻灯片的内容，则可以双击某张幻灯片，切换到普通视图后进行编辑。

3．备注页视图

备注页视图是系统提供用来编辑备注页的，该视图分为两个部分，上半部分是幻灯片的缩小图像，下半部分是备注文本预留区，可以一边观看幻灯片的缩小图像，一边在文本预留区内输入幻灯片的备注内容。

4．阅读视图

在阅读视图下，用户可以在窗口中而不是全屏方式下浏览幻灯片的最终效果，便于用户查看幻灯片的每个动画效果，检验演示文稿的正确性。在演示文稿中右击，在弹出的快捷菜单中选择"结束放映"命令可退出阅读视图。

6.1.3　制作原则

制作一个简单的演示文稿并不难，但是制作一个逻辑结构清晰、内容精炼、界面美观的演示文稿并不容易，只有懂得一定制作规则才有可能制作出优秀的演示文稿。本节重点介绍布局设计和逻辑结构设计两个基本原则。

1．布局设计基本原则

（1）亲密原则

亲密原则是指将相互关联、意思相近的内容放在一起。

进行对象排版时，首先，注意元素的关联性，关联性越大，间距就越小，即无关联的元素不要太靠近，让读者产生误解。亲密原则在间距对比中才会产生效果，距离的对比要足够强烈，才能够清晰体现不同内容；其次，在文字信息排版中要遵循"字间距＜行间距＜段间距＜组间距"的基本规则，以此保证各个间距组合之间的相对性比例，让信息更高效地传达的同时，还能使排版具有节奏感和美感；除此之外，还可以通过线条分割、形状分割与色彩分割等建立组合关系。

（2）对齐原则

对齐原则是指任何元素都不能在页面上随意摆放，都应该与页面上的其他元素存在某种视觉联系，对元素进行合理的拆分后，要遵循对齐原则，保证页面上的某两个元素之间围绕一条直线对齐。常用的对齐方式有：左对齐、右对齐、居中对齐等，在制作过程中可根据实际情况调整，一般而言选择左对齐的偏多。

（3）对比原则

对比原则是指有意识地增加不同等级元素之间的差异性，从而突出层次。

制作过程中，如果是文本内容，则可以通过字体加粗、变大、更换颜色、添加背景、添加下画线等方式，使重点、核心内容效果突出；如果是需要突显不同模块内容的差异，则可以通过修改不同模块风格达到目的。

（4）重复原则

重复原则是指对相同等级的元素重复，主要强调在幻灯片设计过程中，要注意幻灯片中元素的重复，进而实现其格式、风格以及视觉上的统一。

一般情况下，幻灯片版面的构成要素有：色彩、形状、大小、空间关系、排列方式等，至少保持两种构成要素不变化。制作精良的演示文稿往往遵循重复原则，如每张幻灯片页面的同一层次，在字体、颜色、风格都保持统一；另外，在图片的处理上，图片着色、裁剪方式和阴影、艺术效果、排列方式等一般不作变化，如图片的抠图处理、阴影效果等风格保持一致，再结合其他制作技巧，使得演示文稿更加精炼，视觉上也更加完整，档次明显提高。

教学视频

演示文稿
逻辑结构设计
原则

2．逻辑结构设计基本原则

（1）MECE 原则

MECE 是 "mutually exclusive collectively exhaustive" 的首字母缩写，中文意思是 "相互独立，完全穷尽"，也就是对于一个重大的议题能够做到不重叠、不遗漏地分类，而且能够借此有效把握问题的核心和有效解决问题的方法。符合 MECE 原则的演示文稿常用目录结构有以下 4 种：

① PREP 结构：PREP 四个英文字母分别代表 "point"（观点）、"reason"（理由）、"example"（案例）、"point"（观点），即首先抛出观点，后面讲述持有该观点的理由，再通过实例来说明，最后再重复和强调之前提出的观点。PREP 结构的关键是：首先是抛出观点，后面的理由有两三个即可，通常建议两个，这样比较容易控制住全场，而在案例部分，最好讲述自己的经历或故事，这样会更有说服力，最后再重复和强调一下之前抛出的观点。

② 时间轴结构：时间轴结构可以按照过去、现在到将来的时间顺序来进行陈述，既可以陈述事实，也可以谈想法，关键是要跟着时间顺序进行表述，能说明由于延续性发展过程导致的结果、事件，将受众的视野展开来。时间的前后关系是一种强逻辑关系，时间轴结构的意义在于，通过时间线索，可以将不同的事物或者故事联系起来，并赋予清晰的逻辑。

③ 黄金圈法则结构：黄金圈法则的基本结构是三个套在一起的圈。最里面的一圈是 "why"，主要阐述目标使命理念和愿景；中间一圈是 "how"，主要阐述具体的操作方法和路径；最外圈是 "what"，主要阐述有什么具体的特点或者已经达成的结果。在和人们沟通时，通过 "why" → "how" → "what"，也就是从内圈到外圈的结构顺序，向人们阐述自己从事某项事业的动机、方法和具体特征，这样能够更容易激发人们的热情。

④ SCQA 结构：SCQA 结构是一个结构化的表达工具，在这个结构当中，"S" 表示 "situation"，即情景；"C" 表示 "communication"，即冲突；"Q" 表示 "question"，即疑问；"A" 表示 "answer"，即回答。情景 "S" 陈述的通常是大家都熟悉、普遍认同的事所发生的背景。由此切入既不突兀又容易让大家产生共鸣，产生代入感，然后引出冲突 "C"。"Q" 是疑问，是根据前面的冲突从对方的角度提出对方所关心的问题。最后 "A" 是回答，是对 "Q" 的回答也是接下来要表达的中心思想。整个结构其实是形成良好的沟通氛围，然后带出冲突和疑问，最后提供可行的解决方案。

（2）信噪比原则

信噪比原则是指尽可能避免使用削弱主题的内容。例如，选择了不恰当的图表和模棱两可的标识标记；错误地强调了线条、造型或符号标记；使用了对主题起不到烘托作用的元素。所有的沟通，都跟信息的创造、传达及接收有关。在这个过程的每一阶段，信息的形式（即信号）会递减，无关的信息（即噪声）会增加。信息递减会改变信息的形态，因而减少了有用信息的数量。"噪声"则是以无用的信息冲淡了有用信息。优秀设计的目标就是把信号放到最大，把噪声减到最小，创造高信噪比。

（3）KISS 原则

KISS 是 "keep it simple and stupid"（保持简单和愚蠢）的首字母缩写。KISS 原则是指演示文稿的设计内容和布局越简单越好，任何没有必要的复杂都是需要避免的，主要方法有以下3种：①提炼内容，将问题简单化，变复杂为简单、化抽象为直观；②保持简单版式布局；③一张幻灯片不超过一个主题，充分借助图表，尽量少文字。

以上仅为制作精良演示文稿需要掌握的几个基本原则，基于此还可进行制作方法的完善与拓展。

6.2 WPS 演示的基本操作

6.2.1 制作流程

在制作演示文稿过程中，科学合理的制作流程，不但有助于设计清晰的逻辑结构，还能有效缩减时间成本、提高制作效率。

演示文稿的制作流程一般可以分为以下4个步骤：

1. 提炼大纲

演示文稿的大纲是整个演示文稿的框架，只有框架搭好，演示文稿才能呈现清晰的脉络。在设计之初应该根据目标和要求，对原始文字材料进行合理取舍、理清主次、提炼并归纳出大纲。

2. 充实内容

确定好演示文稿的基本框架，就可以充实每一张幻灯片：精炼标题文字内容，提炼正文内容。该过程还涉及幻灯片的插入、幻灯片中各种对象的插入与编辑、动画和交互效果的设置等操作。

3. 美化幻灯片

对齐是美化幻灯片最基本的应用，另外，利用主题和模板可以统一幻灯片的颜色、字体和效果，使幻灯片具有统一的风格。

4. 预演播放

查看播放效果，检查整体效果和有无错误。

6.2.2 创建

打开 WPS 演示软件后，系统将默认建立一个空白演示文稿。除此之外，常用以下3种方式创建演示文稿：

1. 创建空白演示文稿

空白演示文稿是指幻灯片中不包括任何背景图案和内容，更利于用户发挥创意，突出个性。其操作方法如下：

执行"文件"→"新建"→"新建"命令，如图 6-2 所示，打开新建演示文稿窗口。在新建演示文稿窗口中单击"新建空白文档"按钮即创建空白演示文稿。

图 6-2　执行"文件"→"新建"→"新建"命令

2. 利用"可用的模板和主题"创建

"可用的模板和主题"不仅可以创建一个具有标题幻灯片和若干附加主题幻灯片的演示文稿，还能为演示文稿提供建议内容和组织方式（策略、销售、培训或者报告等），可以快速建立各种文稿类型。其操作方法如下：

在新建演示文稿窗口中，用户可以根据需要在"可用的模板和主题"选项区域选择合适的模板或主题，系统将自动生成内容框架完整的演示文稿。图 6-3 所示即为系统自动生成的演示文稿。

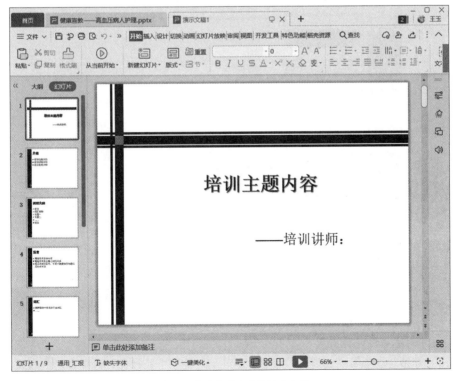

图 6-3　系统自动生成的演示文稿

3．根据现有演示文稿创建

根据现有演示文稿也可快速创建演示文稿。

6.3　幻灯片的管理

要管理幻灯片，首先要选择合适的视图模式，一般都是在普通视图与幻灯片浏览视图中对幻灯片进行管理。

6.3.1　幻灯片的版式设置

"版式"指的是幻灯片内容在幻灯片上的排列方式，通过幻灯片版式的应用可以对文字、图片等对象进行更加合理的布局。版式由占位符组成，占位符是一种带有虚线或阴影线边沿的框，在这些框内可以放置标题及正文，或者是表格和图片等对象。演示文稿内置了 11 种常规排版的格式，有标题幻灯片版式、标题和内容版式、两栏内容版式等。

1．设置现有幻灯片的版式

在"开始"选项卡"幻灯片"组中单击"版式"按钮，在弹出的"Office 主题"下拉列表（图 6-4）中为其选择一种版式。还可以在窗口左侧的幻灯片缩略图上右击，在弹出的快捷菜单中选择"幻灯片版式"命令，在弹出的二级快捷菜单中进行选择。

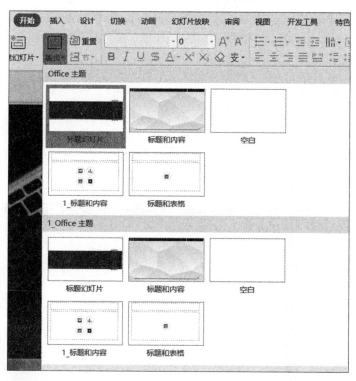

图 6-4　"Office 主题"下拉列表

2．设置新建幻灯片的版式

单击"开始"选项卡"幻灯片"组中"新建幻灯片"下拉按钮，选择合适的版式，也可以选择没有任何占位符的"空白演示"版式。

6.3.2　幻灯片的插入

1．利用"新建幻灯片"按钮插入

选择其中一张幻灯片，在"开始"选项卡"幻灯片"组中单击"新建幻灯片"下拉按钮，在下拉列表中选择一种版式，即可在选择的幻灯片后插入一张新幻灯片。

2．利用快捷菜单插入

选择其中一张幻灯片，在幻灯片缩略图上右击，选择"新建幻灯片"命令，即可在当前幻灯片的后面插入一张幻灯片，如图 6-5 所示。

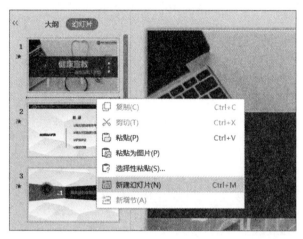

图 6-5　"新建幻灯片"命令

3．利用 Enter 键插入

在普通视图中，选择其中一张幻灯片，按 Enter 键即可在当前幻灯片的后面插入一张幻灯片，这是最便捷的插入新幻灯片的方法。

6.3.3　幻灯片的操作

1．复制幻灯片

（1）利用工具进行复制

选中待复制的幻灯片，在"开始"选项卡"剪贴板"组中单击"复制"按钮，将光标定位到目标位置，再单击"粘贴"按钮即可。

（2）利用快捷菜单或快捷键进行复制

在目标幻灯片上右击，在弹出的快捷菜单中选择"复制"命令（或按 Ctrl+C 组合键），将光标定位到目标位置，右击，在弹出的快捷菜单中选择"粘贴"命令（或按 Ctrl+V 组合键）即可。

（3）利用鼠标拖动进行复制

按住 Ctrl 键的同时，把要复制的幻灯片拖动到新的位置即完成了复制操作。

2．移动幻灯片

（1）利用工具进行移动

选中待移动的幻灯片，在"开始"选项卡"剪贴板"组中单击"剪切"按钮，将光标定位到目标位置，再单击"粘贴"按钮即可。

（2）利用快捷菜单或快捷键进行移动

在目标幻灯片上右击，在弹出的快捷菜单中选择"剪切"命令（或按 Ctrl+X 组合键），将光标定位到目标位置，右击，在弹出的快捷菜单中选择"粘贴"命令（或按 Ctrl+V 组合键）即可。

（3）利用鼠标拖动进行移动

按下鼠标左键拖动幻灯片到新的位置，松开鼠标即完成移动操作。

3．删除幻灯片

选中需要删除的一张或多张幻灯片，按 Delete 键即可进行删除，或者右击选定的幻灯片，在弹出的快捷菜单中选择"删除幻灯片"命令即可。

> **知识链接**
>
> 幻灯片的选定：
> ① 选定一张幻灯片：在幻灯片／大纲窗格中单击该幻灯片即可。
> ② 选定两张或多张相邻的幻灯片：首先单击第一张幻灯片，然后按住 Shift 键，再单击最后一张幻灯片。
> ③ 选定两张或多张非相邻幻灯片：按住 Ctrl 键，并依次单击所需的幻灯片。

6.4　对象的插入与编辑

建立幻灯片时，通过选择幻灯片版式为插入的对象提供了占位符，可插入所需的文本、图片等对象，此外，演示文稿中还可以插入视频、音频等对象。

6.4.1　文本的插入

在幻灯片中，文本对象常通过文本占位符插入，也可以根据需要插入文本框，再利用文本框插入文本。

1．利用占位符插入文本

在幻灯片版式中含有标题、正文和项目符号列表的文本占位符，单击占位符处，"单击此处添加文本"等提示语字样自动消失，光标将自动置于占位符内，此时输入文本即可。

2．利用文本框插入文本

若要在幻灯片的任何位置插入文本，则可以通过选择"插入"选项卡"文本"组中的"文本框"下拉按钮，在下拉列表中选择"横向文本框"或"竖向文本框"命令后，在幻灯片需要插入文本框的地方，按住鼠标左键拖动，绘出文本框，即可以在绘制的文本框中进行文本内容的输入。

文本的复制、移动等操作与在 WPS 文字软件中的操作相同，这里不再赘述。

6.4.2　图形的插入与编辑

素材下载

案例（利用 WPS 演示帮助科室完善演示文稿）

> **案例**
> 2020 年是不平凡的一年，新冠肺炎疫情是新中国成立以来发生的传播速度最快、感染范围最广、防控难度最大的一次重大突发公共卫生事件。疫情发生后，广大护士

积极响应党中央号召，白衣执甲，逆行出征，英勇无畏地投入疫情防控第一线，在打赢新冠肺炎疫情防控阻击战中作出了重要贡献。

可见，护士有保护生命、减轻痛苦、增进健康的职责，健康宣教是护士的一个重要的职能，护士为履行职责必须在实际工作中努力发挥健康宣教的重要功能。健康宣教在护理工作中占有很重要的地位，护士要能够明确在其本职工作中开展健康宣教的重要作用，在此基础上，护士必须懂得如何开展健康宣教，并具有开展健康宣教的能力，才能把健康宣教工作落到实处，取得一定的有效成果。

内分泌科将给病人做一次关于高血压的健康宣教，用通俗易懂的语言介绍该疾病相关知识，告知患者以后需要在哪些方面引起注意和防范。请利用 WPS 演示帮助科室完善演示文稿。

1．插入图形

（1）插入图片文件与图标

选择需要插入图片文件的幻灯片，单击"插入"选项卡"图像"组中的"图片"按钮，在打开的"插入图片"对话框中选择存储路径，找到目标图片文件，单击"确定"按钮即可。

图标的插入则可以单击"插入"选项卡"形状"组中的"图标库"按钮，在"图标"对话框中选择相应图标插入。

（2）插入形状与智能图形

选择需要插入形状的幻灯片，单击"插入"选项卡"形状"组中"形状"按钮，在弹出的下拉列表中选择需要的形状，将鼠标指针移动到幻灯片中，此时指针变成十字光标，拖动鼠标即可在幻灯片上绘制形状，如线条、矩形、基本形状、箭头等。

同时，WPS 演示中还提供了丰富多彩的智能图形，具体操作步骤如下：选择需要插入智能图形的幻灯片，单击"插入"选项卡"形状"组中"智能图形"按钮，打开"选择智能图形"对话框，在该对话框中选择一种智能图形，单击"插入"按钮，所选样式的智能图形即插入到当前幻灯片中。

2．编辑图形

（1）编辑图片文件

插入图片文件后，功能区中新增"图片工具"选项卡，在该选项卡中可对图片进行设置。

👤 实训：在本章案例素材"健康宣讲——高血压病人护理"演示文稿中，需要将插入的图片文件高度设置为"8 厘米"，宽度设置为"10 厘米"，水平位置设置为"3 厘米"（相对于居中）。

① 设置图片大小：选中图片，在"图片工具"选项卡"大小"组中输入具体的高度和宽度值即可。在默认情况下，图片的纵横比是锁定的，单击"大小"组右下方的对话框启动器按钮，打开"对象属性"窗格（图 6-6），选择"大小与属性"选项卡。在"大小"栏中单击"锁定纵横比"的复选框，可选择或取消图片纵横比的锁定。在该窗格中还可以对图片进行其他设置。

② 裁剪图片：如果图片需要修剪掉多余的部分，或者是将图片裁剪成不同的形状，就

图 6-6　"对象属性"窗格
（图片）

图 6-7　"效果"选项卡

可以使用"裁剪"功能。单击"图片工具"选项卡"大小"组中的"裁剪"按钮，拖动图片四周的控制手柄即可裁剪图片。如果在"裁剪"下拉列表中选择"按形状裁剪"，则可将选中的图片裁剪为圆形、正方形等多种形状。

③ 调整图片叠放次序：当需要将多张图片叠放在一起时，就需要对图片叠放的次序进行调整。常用方法是：在图片上右击，在弹出的快捷菜单中进行相应命令的选择；还可以在"排列"组中单击"上移一层"或"下移一层"按钮进行层次的设置。另外，单击此按钮右侧的下拉按钮，可设置图片"置于顶层"或"置于底层"。

④ 设置图片效果：该操作可以对插入的图片进行艺术美化处理。单击"大小"组右下方的对话框启动器按钮 ，打开"对象属性"窗格，选择"效果"选项卡（图 6-7），即可对图片进行效果设置。

⑤ 删除图片背景：选中图片，单击"图片样式"组中的"抠除背景"按钮，在弹出的下拉列表中，选择"设置透明色"命令，在图片背景上单击即可。图 6-8 所示为删除图片背景前后对比，其中，图片原图和删除背景后效果图分别如图 6-8a、b 所示。

（a）图片原图

（b）删除背景后效果图

图 6-8　删除图片背景前后对比

（2）编辑形状

插入图形后，可以根据需要对形状进行文字添加、形状更改等操作。

① 添加文字：在插入的形状上右击，在弹出的快捷菜单中选择"编辑文字"命令，输入文字内容即可。

② 更改形状：在"绘画工具"选项卡"插入形状"组中，单击"编辑形状"按钮，在弹出的下拉菜单中选择"更改形状"命令，选择其中某种形状；还可以选择"编辑顶点"命令，通过更改顶点位置进行更复杂形状的设置。

（3）组合多个图形

若在同一张幻灯片中有多个图形，可通过"组合"功能把多个图形组合成一个整体，以方便对图形进行管理。具体方法是：按住 Ctrl 键，依次单击需要组合的图形，单击"绘画工具"选项卡"排列"组中的"组合"按钮，在弹出的下拉列表中选择"组合"命令，即完成对多个图形的组合。若要取消组合，则选择"取消组合"命令即可；也可以通过在选定的多个图形上右击，在弹出的快捷菜单中选择"组合"或"取消组合"命令。

6.4.3　音频与视频的插入与编辑

1．插入音频与视频

（1）插入音频

为了增强幻灯片的感染力，用户可以在幻灯片中插入音频文件。在幻灯片中不仅可以插入音频库中的音频，还可以插入其他音频文件，操作方法如下：

① 插入文件中的音频：打开"插入"选项卡，单击"媒体"组中"音频"按钮，在下拉列表中选择"嵌入音频"命令，找到相应的音频文件，单击"打开"按钮即可完成操作。

② 插入音频库中的音频：音频库中的音频是系统自带的音频，单击"音频"下拉列表中"音频库"右侧的"更多"，在"音频库"窗格中选择音频即可插入。

（2）插入视频

演示文稿中的视频来源有多种，根据来源的不同可采用不同的方法进行插入。

① 插入文件中的视频：单击"插入"选项卡"媒体"组中"视频"按钮，在下拉列表中选择"嵌入本地视频"命令，找到相应的视频文件，单击"打开"按钮即可。

② 插入网络视频：这种方式需要填写视频资源网站的视频分享代码，具体方法是：单击"视频"按钮，在下拉列表中选择"网络视频"命令，将视频分享代码粘贴到文本框中，单击"插入"按钮完成网络视频的插入。

（3）插入屏幕录制视频

打开"插入"选项卡，单击"媒体"组中"屏幕录制"按钮，屏幕录制是现场录制音频和视频，录制好后将刚录制好的视频插入到幻灯片中即可。

2．编辑音频与视频

（1）编辑音频

插入音频后，幻灯片中将出现"小喇叭"图标，在"音频工具"选项卡（图 6-9）即可对音频进行设置，主要包括：设置音量大小、设置音频启动方式、隐藏音频图标、设置循环播放、跨幻灯片播放等。

① 设置音量大小：单击"音量"按钮，在弹出的下拉列表中可选择"高""中""低""静音"四种音量大小。

图 6-9 "音频工具"选项卡

② 设置音频启动方式：插入音频后，系统默认的音频启动方式为"自动"。单击"开始"下拉按钮，可以选择其他的启动方式，包括"自动"和"单击"。

③ 隐藏音频图标：勾选"放映时隐藏"复选框，在幻灯片放映时音频图标将被隐藏。

④ 设置循环播放：勾选"循环播放，直到停止"复选框，音频将循环播放。

⑤ 跨幻灯片播放：单击"跨幻灯片播放"单选按钮，填入幻灯片页，则音频将播放至所填入的幻灯片页停止。

（2）编辑视频

视频的编辑主要包括设置视频播放时长、设置视频启动方式等。

① 设置视频播放时长：单击"视频工具"选项卡"裁剪视频"组中的"裁剪视频"按钮，打开"裁剪视频"对话框，在对话框中选择视频的开始与结束时间，单击"确定"按钮即可；

② 设置视频启动方式：视频启动方式有"单击"和"自动"两种，在"视频工具"选项卡中，单击"开始"下拉按钮，可以设置视频的启动方式。

在"视频工具"选项组中，还可以对视频属性进行更多的设置，包括设置全屏播放、设置视频音量大小、设置未播放时隐藏、设置循环播放等。

6.5　幻灯片的美化

WPS 演示提供了各种专业设计的主题，这些主题为用户提供了美观的背景图案，可以帮助用户迅速地创建带有设计的幻灯片，是控制演示文稿统一外观的最有力和最迅速的一种方法。用户即可以直接应用这些主题，也可以根据自己的需要创建主题或设置背景。

6.5.1　主题的选用

一个"主题"是由一组固定颜色、字体、效果和背景等设计为一体的一个集合体。主题的选用方法如下：

单击"设计"选项卡（图 6-10），鼠标指针在"主题"样式上稍作停留，对应的"主题"即可显现在下方，并显示应用后的预览效果，单击选中主题，在弹出的对话框中选择"应用本模板风格"按钮即可将所选"主题"样式应用到所有幻灯片中。打开"更多设计"，系统所有的内置主题将显现出来。

图 6-10 "设计"选项卡

6.5.2　背景的设置

1. 使用预设背景

WPS 演示提供了预设的背景样式，设置方法如下：单击"设计"选项卡"背景"组中的"背景"下拉按钮，弹出"背景"下拉列表（图 6-11）。用户选择相应的背景样式，则该背景将应用到所有幻灯片中。

图 6-11　"背景"下拉列表

2. 使用自定义背景

用户还可以进行自定义背景设置，设置方法如下：单击"设计"选项卡"背景"组中的"背景"下拉按钮，在弹出的下拉列表中选择"背景"命令，或者在任意幻灯片空白处右击，选择快捷菜单中的"设置背景格式"命令，打开"对象属性"窗格（图 6-12），有纯色填充、渐变填充、图片或纹理填充、图案填充 4 种模式可供选择。

① 纯色填充：纯色填充是把任何一种单一颜色作为为幻灯片的背景。单击"填充"下拉按钮，在弹出的颜色列表中选择一种颜色即可。若是全部幻灯片都采用同一颜色设置，则单击"全部应用"按钮。

② 渐变填充：渐变填充需要几个步骤来完成：第一步，设置"预设颜色"，单击"填充"下拉按钮，选择一种渐变填充效果完成设置；第二步，设置"样式"，在"渐变样式"栏的 4 种渐变模式中选择一种。

如有需要，还可以进行以下设置：

图 6-12　"对象属性"窗格

- 设置"角度"：在"角度"文本框中输入颜色渐变的角度；

- 设置"渐变光圈"：在"渐变光圈"栏设置每个渐变光圈的色标颜色、位置、透明度、亮度来设置背景的渐变。

③ 图片或纹理填充：单击"图片或纹理填充"单选按钮，在"填充"下拉列表中选择一种纹理完成设置。如果需要采用图片作为背景，则单击"图片填充"下拉按钮，选择"本地文件"命令，打开"选择纹理"对话框，选择图片文件，单击"打开"按钮，完成图片背

景的设置。还可以设置图片的透明度。

④ 图案填充：单击"图案填充"单选按钮，设置好"前景"与"背景"的颜色，在 48 种图案中选择需要的图案即可完成设置。

6.6 动画与交互效果的设置

设置对象动画是指对幻灯片中的元素进行动画效果的设置。交互效果的设置是指人与计算机之间通过使用某个动作，实现人与计算机之间的相互交流与互动。

📌实训：在本章案例素材"健康宣讲——高血压病人护理"演示文稿中，将第四张幻灯片的文本的动画设置为"进入-飞入""自底部"。动画出现顺序为先图片、后文本。

6.6.1 动画的设置

幻灯片的动画设置是指在幻灯片的播放过程中，对幻灯片中的每一个对象进行动作的设置，包括四大类动画：进入、强调、退出和动作路径。

"进入"动画是指对象在当前页面的出现方式，是一个"从无到有"的动画过程。根据组合方式的不同，"进入"动画也可以用来突出对象的存在。"强调"动画是指对象"已经显示但要用动画突出重点"的动画过程。"退出"动画是指对象"从显示到隐藏"的动画过程。"动作路径"动画是指对象"按指定路径移动"的动画过程。

1. 添加动画

选定需要进行动画设置的对象，选择"动画"选项（图 6-13），打开"动画"组中的下拉按钮，在这个下拉列表中可以选择动画进行添加。此处选择"进入"→"飞入"。

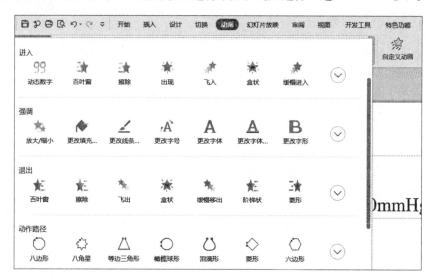

图 6-13 "动画"选项卡

如果需要查看更多的动画效果，则单击"更多选项"下拉按钮，在打开的下拉列表中再选择相应动画。

2. 设置动画效果选项

动画添加后，往往需要对动画效果选项进行设置。动画效果选项是指动画的方向和形式，不同的动画有不同的效果选项。在为文本对象添加"飞入"动画后，在"自定义动画"窗格中，单击"方向"下拉按钮，在"方向"下拉列表（图6-14）中会出现"自底部""自左侧""自右侧"和"自顶部"等选项，此处选择"自底部"。

图 6-14　"方向"下拉列表

图 6-15　"开始"下拉列表

3．设置动画属性

（1）设置动画开始方式

动画开始方式有"单击时""之前""之后"三种方式。其中，"单击时"表示当前动画是通过鼠标单击启动的，"之前"表示播放前一动画的同时播放该动画，"之后"表示前一动画播放之后再开始播放该动画。设置方法是：在"自定义动画"窗格中，单击"开始"下拉按钮，在"开始"下拉列表（图6-15）中进行选择即可。

（2）设置动画持续时间和延迟

持续时间是指整个动画的播放时长；延迟是指等待一段时间后播放动画。设置方法是：单击动画对象右侧的下拉按钮，选择"计时"命令，在弹出来的对话框中，通过"延迟"和"速度"右侧的微调按钮或者直接输入数值进行设置，完成后单击"确定"按钮。

4．调整动画播放顺序

动画属性设置完成后，设置了动画的对象左上角将出现动画播放顺序的序号，其中，序号大于或等于1的表示这些动画是鼠标"单击时"才启动的动画，"0"表示该动画为自动播放的动画。调整动画播放顺序可采用如下两种方法：

① 选定动画对象后，单击"动画"选项卡"自定义动画"组的"自定义动画"按钮，在打开的"自定义动画"窗格底端，单击"重新排序"右侧的上箭头和下箭头，进行向前或向后顺序调整，即可将动画播放顺序调整为先图片、后文本，如图6-16所示。

② 选定动画对象后，单击"自定义动画"按钮，在打开的"自定义动画"窗格的动画列表框中，可以直接按住鼠标左键拖动动画对象到设定的位置再松开鼠标左键，即可快速改变该对象的播放顺序。

5 优化动画属性

在"自定义动画"窗格中除了能调整动画播放顺序外，还能设置如动画声音效果、动画播放速度等效果选项。

图 6-16　动画播放顺序调整效果

（1）设置动画声音效果

选中动画对象，单击右侧的下拉按钮，在弹出的下拉列表中选择"效果选项"命令（图 6-17），在弹出的"效果"选项卡（图 6-18）中单击"声音"右侧的下拉按钮，在下拉列表中选择一种音效，单击"确定"按钮，即可以预览到声音与动画同步播放。

图 6-17　选择"效果选项"命令　　　　图 6-18　"效果"选项卡

（2）设置动画播放速度

在如图 6-17 所示下拉列表中，选择"计时"命令，在弹出的"计时"选项卡中，单击"速度"右侧的下拉按钮，在其下拉列表中可以进行 5 种速度的设置。

> 💡 知识链接
>
> 　　设置动画以后，在幻灯片浏览视图中，幻灯片缩略图下方会出现动画符号🌟，表示该幻灯片应用了动画。
> 　　要删除幻灯片中设置的动画，可以在图 6-17 所示下拉列表中选择"删除"命令。

6.6.2　交互效果的设置

1. 创建超链接

WPS 演示提供了强大的超链接功能，用户可以在任何对象（文本、表格、图形等）上创建超链接。在演示文稿中添加超链接后，可实现幻灯片和幻灯片之间、幻灯片和外部文件之间、幻灯片与网页之间、幻灯片与邮箱之间的相互跳转。

（1）链接到"本文档中的位置"

链接到"本文档中的位置"能实现演示文稿内部幻灯片之间的跳转。例如，在目录幻灯片页中，为每一章节标题文字添加超链接，即单击每一章节标题目录文字即可跳转到相应章节的幻灯片中，操作方法如下：

选中章节目录的标题文字，在"插入"选项卡"链接"组单击"超链接"按钮，或在标题文字上右击，在弹出的快捷菜单中选择"超链接"命令，打开"插入超链接"对话框，如

图 6-19 所示。在"链接到"列表框中选择"本文档中的位置"，此时右侧呈现当前演示文稿的所有幻灯片，选择需要跳转到的目标幻灯片，同时还可以在右侧"幻灯片预览"区域查看幻灯片的内容，以确定选择的幻灯片是否正确，单击"确定"按钮。

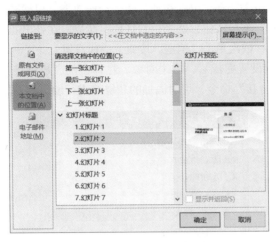

图 6-19　"插入超链接"对话框

当幻灯片放映时，将光标置于已设置好的标题文字上方，鼠标指针将变成手形，单击即可自动跳转到目标幻灯片。

（2）链接到"原有文件或网页"

①链接到原有文件：在如图 6-19 所示对话框中，选择"原有文件或网页"，再选择目标文件，单击"确定"按钮。

②链接到网页：在如图 6-19 所示对话框中，选择"原有文件或网页"，在"地址"文本框中，输入要跳转的网页的网址，单击"确定"按钮。

（3）链接到"电子邮件地址"

在如图 6-19 所示对话框中，选择"电子邮件地址"，再在对话框右侧输入电子邮件地址和主题，单击"确定"按钮。

2. 插入动作按钮

动作按钮的作用是：当单击或鼠标指针指向某个按钮时就能产生链接效果，如链接到某一张幻灯片、某个网站、某个文件，播放某种音效，运行某个程序等。

实训：为本章案例素材每一章节的幻灯片添加动作按钮，单击它就可以返回到目录幻灯片，具体操作方法如下：单击"插入"选项卡"形状"组的"形状"按钮，"动作按钮"组（图 6-20）显示在下拉列表的最底端。

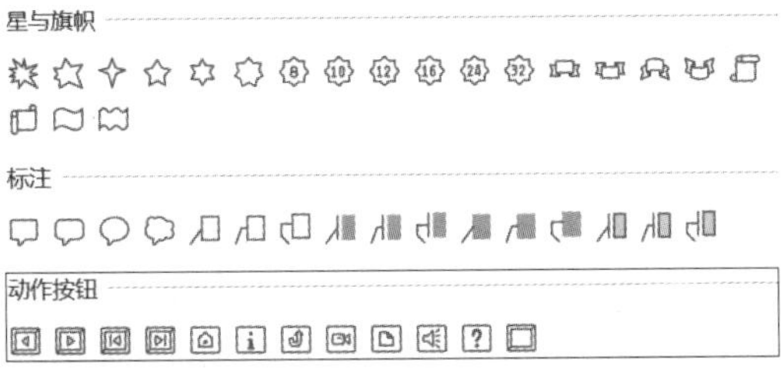

图 6-20　"动作按钮"组

　　每一个动作按钮都有相应的名称，选择合适的动作按钮后，这时鼠标指针变成了十字形状，只需在幻灯片相应的位置单击或拖动鼠标，即可生成动作按钮，同时弹出"动作设置"对话框，如图 6-21 所示。

　　动作按钮有"鼠标单击"和"鼠标移动"两个动作效果，根据需要对相关属性进行设置即可。单击"超链接到"下拉按钮，选择"幻灯片"命令，在弹出的"超链接到幻灯片"对话框中选择目标幻灯片，依次单击"确定"按钮，完成设置。

　　超链接和动作按钮设置完成后，右击对象，在弹出的"超链接"二级快捷菜单中选择"编辑超链接""取消超链接"命令，可对添加的超链接进行编辑和删除等操作。

图 6-21　"动作设置"对话框

6.7　演示文稿的放映

　　演示文稿的放映包括整张幻灯片在放映时产生的动画效果和放映方式的设置。

　　🔖实训：在本章案例素材"健康宣讲——高血压病人护理"演示文稿中，设置幻灯片的切换效果为"插入"，效果选项为"向左下"，并设置放映方式为自定义播放和全屏播放。

6.7.1　设置幻灯片切换方式

　　幻灯片切换方式是指从一张幻灯片放映到另一张幻灯片时的过渡效果，也是每一张幻灯片出现时的动画。

　　1．设置幻灯片切换效果

　　演示文稿中提供了 18 种幻灯片切换效果，幻灯片切换效果设置步骤如下：

　　① 选定幻灯片，打开"切换"选项卡，在"切换"组中单击下拉按钮，呈现的"幻灯片切换"下拉列表（图 6-22）中显示出了所有的切换效果，设置幻灯片的切换效果为"插入"，选择并应用到当前幻灯片中。

图 6-22　"幻灯片切换"下拉列表

② 切换效果设置完成后，用户还可以在右侧的"效果选项"下拉列表中进一步设置，该操作与对象的动画效果设置类似。

如果需要把当前的幻灯片切换效果应用到所有幻灯片中，则单击"切换"选项卡"应用范围"组中的"应用到全部"按钮，即应用到所有幻灯片中。

2．设置幻灯片换片方式

换片方式有两种：一种是"单击鼠标时换片"，另一种是"自动换片"。"单击鼠标时换片"表示单击时才切换幻灯片；"自动换片"表示根据设定的换片时间进行自动切换。若同时选中，则表示在幻灯片放映时，两种方式都可以进行换片。在"切换"选项卡的"换片方式"组中选择相应的换片方式即可。

3．设置幻灯片切换声音

在必要时还可以设置幻灯片切换时的声音。在"切换"选项卡，单击"速度和声音"组的"声音"下拉按钮，在下拉列表中选择需要的声音即可。

4．设置幻灯片切换速度

切换速度表示幻灯片切换过程的时长，可以通过持续时间来设置，具体方法是：在"切换"选项卡"速度和声音"组的"速度"文本框中，通过调整微调按钮或输入新的时长即可。

5．取消切换效果

若需取消幻灯片切换效果，则在如图 6-22 所示下拉列表中，选择切换效果为"无切换"即可；若需要删除声音，则在"声音"下拉列表中选择"无声音"即可。

6.7.2　设置放映方式

在演示文稿窗口中，单击视图栏右侧的"从当前幻灯片开始播放"按钮，幻灯片将以全屏形式从当前幻灯片开始播放。此时用户则可以浏览到所有制作效果，如声音、动画和切换等。在放映过程中若按 Esc 键，则会结束放映并返回到普通视图编辑窗口。

如果用户需求有选择性或者以某种方式进行放映，则需要在"幻灯片放映"选项卡中进行设置。

1．放映幻灯片

从播放内容的角度，WPS 演示提供 4 种幻灯片的放映选项：

（1）从头开始：即从演示文稿的第一张幻灯片开始播放。

（2）从当前开始：从目前所在的幻灯片开始播放。

（3）会议：可以通过网络远程访问，同步观看演示文稿内容。

（4）自定义放映：用户可以通过该设置有选择性地播放幻灯片，或者播放的起始位置，具体操作步骤如下：

① 单击"幻灯片放映"选项卡"开始放映幻灯片"组的"自定义放映"按钮，弹出

"自定义放映"对话框，如图 6-23 所示。

②单击"新建"按钮，弹出"定义自定义放映"对话框，如图 6-24 所示，在对话框左侧列表框选择需要放映的幻灯片，单击"添加"按钮，所选幻灯片即出现在右侧列表框中。

③在"定义自定义放映"对话框中可调整幻灯片放映的顺序，更改幻灯片放映名称，默认名称为"自定义放映 1"，设置完成后单击"确定"按钮。在"自定义放映"对话框中单击"放映"按钮，则幻灯片按照设置要求和顺序进行放映。

 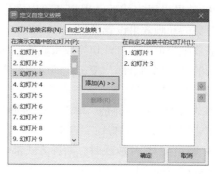

图 6-23　"自定义放映"对话框　　　　图 6-24　"定义自定义放映"对话框

2．设置放映方式

在"设置放映方式"对话框中可以进行"手动放映""自动放映"和"设置放映方式"等选项设置。具体方法是：单击"幻灯片放映"选项卡"设置"组的"设置幻灯片放映"按钮，在打开的"设置放映方式"对话框（图 6-25）中进行个性化设置。

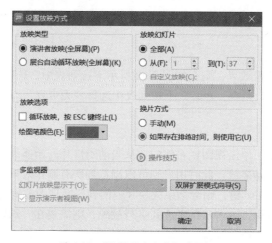

图 6-25　"设置放映方式"对话框

（1）放映类型：放映类型有"演讲者放映"和"展台自动循环放映"两种类型。"演讲者放映"是最常用的方式，在放映过程中全屏显示幻灯片，演讲者可全程控制幻灯片的放映；"展台自动循环放映"将自动全屏放映，并循环放映幻灯片，在放映过程中除了使用超链接和动作按钮来进行切换以外，其他的功能均不能使用，如果要停止放映，只能按 ESC 键。

（2）放映选项：放映选项有"循环放映，按 Esc 键终止"选项，同时还可以设置绘图笔的颜色，绘图笔是在幻灯片放映过程中做标注用的，默认为红色。

（3）放映幻灯片：放映幻灯片有三个选项，选择"全部"，则将放映全部幻灯片；选择"从…到…"，则用户需要输入开始播放与结束时的幻灯片序号，即设置放映区间；选择"自定义放映"，则用户可选择设置好的放映方式，如果用户没有设置"自定义放映"，则该区域呈现为灰色，表示不能进行选择。

（4）换片方式：换片方式有"手动"和"如果存在排练时间，则使用它"两种方式，默认为后者。

6.8　演示文稿的打印

在 WPS 演示中既可以用彩色、灰度或黑白等方式打印整个演示文稿的幻灯片、大纲、备注和讲义，也可以打印特定的幻灯片、讲义、备注页和大纲页。

1. 页面设置

为了有更好的打印效果，有时需要对演示文稿进行页面设置，方法是：单击"设计"选项卡"页面设置"组中"页面设置"按钮，在弹出"页面设置"对话框中进行设置，包括幻灯片大小、宽度和高度、幻灯片编号起始值、幻灯片的方向等设置。

2. 打印预览

该操作与 WPS 文字的打印预览操作相同。

3. 打印输出

该操作与 WPS 文字的打印操作类似，单击"文件"→"打印"→"打印"命令，即可进行打印设置，如图 6-26 所示。用户可以依次对打印份数、打印机、打印范围、打印顺序、打印颜色进行设置，设置完成后单击"确定"按钮即可进行打印。一般情况下选择"讲义"的方式进行幻灯片的打印。

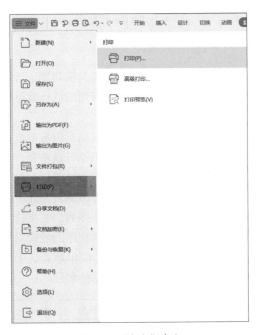

图 6-26　"打印"命令

第7章
软件工程基础

　　软件是计算机系统的重要组成部分。随着计算机技术的飞速发展，各式各样的高质量软件层出不穷，如鸿蒙操作系统、WPS Office 软件、360 安全卫士、百度地图、微信、京东等，这些软件的出现极大地提高了人们的生活质量和工作效率。此外，在各行业领域中，软件也扮演着重要角色，发挥着重要作用。以医疗行业为例，为了提高医院的管理水平和医疗服务质量，优化患者就诊流程，各大医院已普遍应用门诊挂号系统、门诊药房系统、电子病历系统、住院管理系统等平台进行业务管理。甚至如个体诊所、乡镇卫生院等基层医疗机构，也逐渐采用信息化软件来管理业务，可见，软件的重要性与日俱增。

　　本章将以软件从诞生到消亡的整个过程为依据，围绕软件的特点、软件生存周期、软件开发模型等内容来展开学习。

📖 学习目标

　　1. 了解软件的特点，软件工程的三大要素；了解软件生命周期的定义；了解常见软件生命周期模型及其特点。

　　2. 能口头描述软件开发的主要过程；能阐述每个过程涉及的主要工作任务。

　　3. 具有求真务实、勇于创新的精神风貌。

7.1　软件概述

7.1.1　软件的概念

　　人们对软件的认识也是在不断发展的。在计算机发展初期，计算机的功能主要是通过计算机各个硬件部件的有机协调来完成工作的。当时所谓的软件就是程序，它的作用并没有得到人们足够的重视。

　　随着计算机技术的发展，人们越来越充分地认识到高质量的软件会使计算机系统的功能和效率大大提高。于是，程序在计算机系统中的作用也日益重要。人们通常把各种不同功能的程序，包括系统程序、应用程序、用户自己编写的程序等称为软件。然而，当计算机的应用日益普及，软件日益复杂、规模日益增大，人们意识到软件并不仅仅等于程序。

　　程序是按事先设计的功能和性能要求执行的指令序列，它由计算机的语言描述，并且能在计算机系统上执行。而软件不仅包括程序，还包括程序的处理对象——数据，以及与程序开发、维护和使用有关的图文资料，即文档。图 7-1 简单地表达了软件、程序、数据和文档四者的关系，即软件是程序、数据及其相关文档的完整集合。

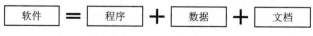

图 7-1　软件、程序、数据和文档的关系

　　其中，数据是使程序能正常操纵信息的数据结构，主要包括使系统初始运行所必须的数

据、数据库、表的结构和初始的数据，系统运行中所需要的各种代码表、各种标志等。文档则是与程序开发、维护和使用有关的图文资料，主要包括关于管理、开发、用户、维护人员使用的文档。

例如，健康码管理软件除程序代码外，还包括打疫苗情况、体温、出行记录等数据；电子病历系统软件不但包括设计电子病历软件的程序代码，还包括数据库、表的结构、个人的医疗记录（如门诊、住院、就诊等医疗信息）、个人的健康记录（如免疫接种、健康查体、健康状态等内容）等数据，以及该软件的软件功能模块、安装说明、操作说明等文档。

7.1.2　软件的特点

计算机系统由软件和硬件组成。当制造硬件时，人的创造性过程最终被转换成有形的形式。计算机软件功能的发挥依赖于计算机硬件的支持，它与硬件相比，具有以下主要特点：

（1）软件是一种逻辑实体，具有抽象性：硬件是有形的设备，软件不像硬件那样具有明显的可见性。人们可以把软件记录在介质上，但是却无法直观地观察到它的形态，而必须通过在计算机上实际地运行才能了解它的功能、性能及其他特性。

（2）软件的生产与硬件的制造不同：软件是通过人们的智力活动，把知识与技术转化成信息的一种产品，是在研制、开发中被创造出来的。它更多地渗透了人类的智能活动，是人类智力劳动的产物。软件是被开发或设计的，不是传统意义上被制造的。

（3）软件在运行使用过程中不会磨损：在软件的运行和使用期间，它不会产生像硬件那样的磨损和老化现象，然而却存在缺陷处理和技术更新的问题。软件不会磨损，但是它会退化，而软件的退化是由于修改。因此，软件维护比硬件维护要复杂得多。

（4）软件的开发至今尚未完全摆脱手工艺的开发方式：在硬件世界，构件复用是工程过程的一部分，而在软件世界，它是刚刚开始起步的事物。虽然软件产业正在向基于构件的组装前进，但大多数软件仍是定制的。

（5）软件的开发和运行经常受到计算机系统的限制，对计算机系统有着不同程度的依赖：软件不像有些设备，能够独立地工作，而是受到物理硬件、网络配置、支撑软件等因素的制约。例如，在安装着媲美微软操作系统的国产软件麒麟操作系统前，就需要确定显卡、网卡、声卡等硬件设备的兼容性，选择可以适用于麒麟操作系统的相应版本。

7.1.3　软件的分类

随着计算机软件复杂性的增加，在某种程度上很难对软件给出一个通用的分类，目前也没有一个固定的分类标准，下面是从不同角度进行的分类：

1. 按功能分类

软件可分为系统软件和应用软件：系统软件是指能够直接操作底层硬件、并为上层软件提供支撑的软件，如麒麟操作系统；应用软件则是提供特定应用服务的软件，如社交软件 QQ。

2. 按服务对象分类

软件可分为通用软件和定制软件：通用软件是由软件开发机构开发、面向大众用户群体的软件，如社交软件 QQ；定制软件则通常是面向特定的用户需求，由软件开发机构在合同的约束下开发的软件，如门诊导医叫号系统。

3．按规模分类

软件可分为微型、小型、中型、大型和超大型软件：微型软件只需要 1 名开发人员在 4 周以内即可完成，代码量一般不超过 500 行；小型软件开发周期可能持续半年，代码量一般控制在 5 000 行以内；中型软件的开发人员控制在 10 人以内，在 2 年以内开发，完成 5 000～50 000 行代码；大型软件需要 10～100 名开发人员在 1～3 年内开发，完成 5 000～100 000 行代码；超大型软件往往涉及上百名甚至上千名成员的开发团队，开发周期持续 3～5 年，这种大规模软件项目通常被划分为若干个小的子项目，由不同的团队开发。

7.2　软件工程概述

随着计算机应用的日益普及和深入，社会对不同功能的软件产品的需求量急剧增加，软件产品的规模越来越庞大，复杂程度也不断加深。导致软件开发管理困难而复杂，而软件开发技术并没有取得重大突破，软件的生产不断面临着"软件危机"，主要体现在经费预算经常不足，完成时间一再拖延，开发的软件不能满足用户要求，可维护性差、可靠性低。为了解决"软件危机"问题，软件开发工程化的概念和方法被应用于软件产品的生产。

软件工程于 1968 年首次被提出，它是按工程化方法开发，把手工、个体化的脑力劳动方式，转变成集体性、有严格分工的脑力劳动，运用先进的软件开发工具，提高开发效率。其目标便是付出较低开发成本，使开发出来的软件达到要求的功能，具有高可靠性、易移植性，只需较低的维护费用，能按时完成开发任务并及时交付使用。

7.2.1　软件工程的概念

为了摆脱软件危机，北大西洋公约组织在 1968 年举办了首次软件工程学术会议，首次提出"软件工程"的概念来界定软件开发所需相关知识，并建议"软件开发应该是类似工程的活动"。

软件工程是计算机科学的一个重要分支。软件工程是通过应用计算机科学、数学及管理科学等原理，借鉴传统工程的原则、方法来生产软件的软件开发技术和管理方法，其目标是提高软件质量和生产效率，降低成本，从而开发出具有适用性、有效性、可修改性等特点的软件产品。

软件工程包括三个要素：软件方法、软件工具和软件过程。

1．软件方法

软件方法是完成软件开发各项任务的技术手段，为软件开发提供了"如何做"的技术。它包括了多方面的任务，如开发医院门诊叫号系统时需要的项目计划与估算，软件系统需求分析，数据结构，系统总体结构的设计，算法过程的设计、编码、测试以及维护等任务。

2．软件工具

软件工具为软件工程方法提供了自动或半自动的软件支撑环境，可以帮助软件开发人员方便、简捷、高效地进行软件的分析、设计、开发、测试、维护和管理等工作。有效地利用工具软件可以提高软件开发的质量，减少成本，缩短工期。

目前，已经推出了许多软件工具，这些软件工具集成起来，建立起称为计算机辅助软件工程（CASE）的软件开发支撑系统。CASE 将各种软件工具、开发机器和一个存放开发过程信息的工程数据库组合起来形成一个软件工程环境。在需求分析与系统设计阶段，例如，面向通用软件设计的 Microsoft Visio 就是一款常用的 CASE 工具，大大简化了设计及从设计向编码转化的工作。

3. 软件过程

软件过程是任务框架和过程，即把用户要求转化为软件需求，把软件需求转化为设计，用代码实现设计并对代码进行测试，完成文档编制并确认软件可以投入运行使用的过程。该过程规定了软件产品开发时完成各项任务的一系列工作步骤，包括中间产品、资源、角色及过程中采取的方法、工具等范畴。典型的软件过程模型（也称为软件开发模型）有瀑布模型、增量模型、演化模型（原型模型、螺旋模型）、喷泉模型、基于构件的开发模型、敏捷方法等。

7.2.2　软件生命周期

就像人有生老病死一样，软件也有一个孕育、诞生、成长、成熟和衰亡的生存过程，与软件开发商、软件类型无关，任何软件都有相同或相似的生命周期。软件生命周期又称为软件生存周期或系统开发生命周期，是软件的产生直到报废的生命周期，周期内有需求分析、可行性分析、系统设计、编码、调试和测试、验收与运行、维护升级到废弃等阶段。

软件生命周期

每一阶段的工作均以前一阶段的结果为依据，并作为下一阶段的前提。每个阶段结束时都要有技术审查和管理复审，从技术和管理两方面对这个阶段的开发成果进行检查，及时决定系统是继续进行，还是停工或返工，以防止到开发结束时，才发现先期工作中存在的问题，造成不可挽回的损失和浪费。开发方的技术人员可根据所开发软件的性质、用途及规模等因素，决定在软件生命周期中增加或减少相应的阶段。

1. 软件生命周期的阶段划分

通常将软件生命周期（图 7-2）分为三个时期和六个阶段。三个时期分别由软件计划、软件开发和软件运行维护组成。其中，软件计划时期先后经历制定计划、需求分析两个阶段；软件开发时期先后经历软件设计、程序编写、软件测试三个阶段；软件交付使用后，在软件运行过程中，需要不断进行维护，才能使软件持久满足用户需要，直到软件淘汰。

图 7-2　软件生命周期

软件生命周期各阶段的主要任务简述如下：

（1）制定计划

此阶段是软件开发商与需求方共同讨论，主要确定软件的开发目标及可行性，在决定是否开发软件之前，首先需要进行可行性研究。通过可行性研究，来确定开发此软件的必要性，并根据可行性研究的结果初步确定软件的目标、范围、风险、开发成本等内容，从而制定出初步的软件开发计划。通过可行性研究，如果确定该软件具有研发的必要，则将产生《可行性研究报告》和《软件开发计划》，并进入需求分析阶段。

（2）需求分析

需求分析是软件开发的重要阶段。经过可行性研究后，初步确定了软件开发的目标和范围，之后则需要对软件的需求进行详细的分析，来确定预期的软件成品。需求分析是软件开发过程中极其重要的一环，它直接关系到后期软件开发的成功率。如果需求分析出现了重大偏差，则软件开发必然会偏离正确的道路，越走越远。尤其是需求分析的错误如果在软件开发后期才被发现，修正的代价是非常大的。因此，在进行需求分析时，应考虑到需求的变化，以保证整个项目的顺利进行。

（3）软件设计

此阶段的主要任务包括概要设计、详细设计等。其中，概要设计的主要任务是确定整个软件的技术蓝图，负责将需求分析的结果转化为技术层面的设计方案。在概要设计中，需要确定系统架构、各子系统间的关系、接口规约、数据库模型、编码规范等内容。概要设计的结果将作为程序员的工作指南，供程序员了解系统的内部原理，并在其基础上进行详细设计和编码工作；详细设计的主要任务是完成编码前最后的设计，详细设计在概要设计的基础上进行细化。详细设计不是开发过程中必需的阶段，在一些规模较小、结构简单的系统中，详细设计往往被省略。同样，在某一次软件开发中，可能只会对部分关键模块进行详细设计。在软件设计阶段一般将形成《总体设计说明书》《详细设计说明书》《数据库设计说明书》等文档。

（4）程序编写

程序编写即编码，该阶段在软件设计的基础上，选择一种编程语言进行开发，即将软件设计的结果转化为计算机可运行的程序代码。常用的程序开发语言有 Java、Python、JavaScript、C#、C、C++、PHP 等，不同的编程语言往往具有不同的语法结构和编程界面，图 7-3 所示为 C++ 编程软件界面。在软件开发过程中，必须制订统一、符合标准的程序编写规范，以保证程序的可读性、易维护性以及可移植性。该阶段一般要求形成《用户手册》《操作手册》等文档。

图 7-3　C++ 编程软件界面

（5）软件测试

软件测试是指在规定的条件下对程序进行操作，以发现程序错误，衡量软件质量，并对其是否能满足设计要求进行评估的过程。有效的测试方法可以大大提高编码的质量，降低软件系统的缺陷率。

在测试过程中，为减少测试的随意性，需要制订详细的测试计划并严格遵守，测试完成之后，要对测试结果进行分析，并对测试结果以文档的形式汇总。软件测试过程如图 7-4 所示，其与软件开发过程一样，都遵循软件工程原理，是一个比较规范、复杂的过程。该阶段一般需形成《测试计划》《测试分析报告》《项目总结报告》等文档。

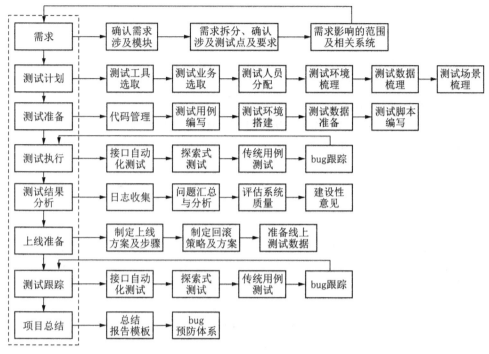

图 7-4　软件测试过程

需要注意的是，软件测试是为了发现错误而执行程序的过程，它并不可能发现所有的错误，但却可以减少潜在的错误和缺陷（bug）。如果软件没有测试或者测试不全面，则可能会导致一系列的后果，有些 bug 甚至会造成重大的人员伤亡及财产损失。在软件开发过程中，虽然不可能完全杜绝软件中的 bug，但可以通过软件测试等手段使程序中的错误数量尽可能少，所以软件测试环节至关重要。以往发生过多起因软件 bug 导致严重经济损失、甚至造成重大人员伤亡等的灾难性事件。

📍 知识链接

水手 1 号探测器是美国发射的第一个水手系列探测器，该探测器原计划探测金星，但因出现故障而被摧毁。水手 1 号探测器原本企图飞越金星，尝试于 1962 年 7 月 22 日发射，但升空后约五分钟，搭载它的阿特拉斯火箭发生故障偏离轨道，后期调查发现其故障原因是：一个程序员将某个公式转换成计算机代码时转错了，仅仅因为漏了一个下标，最终探测器偏离航向。此次事故导致经济损失 1 900 万美元。

软件测试可以降低软件出错风险，它在一定程度上解放了程序员，使他们能够更专心于解决程序的算法效率。同时它也减轻了售后服务人员的压力，交到他们手里的软件是经过严格检验的完整产品。此外，软件测试的发展对软件的外形、结构、输入和输出的规约和标准化提供了参考，并推动了软件工程的发展。

（6）软件运维

在软件完成测试后，就可以给客户进行部署安装维护任务了。但即使通过了各种测试修正，也不可能发现软件系统中的全部缺陷。软件系统的需求也会根据业务的发展变化而变化。因此，在软件使用过程中，必须不断地对软件进行维护，修正软件中的缺陷，修改软件中已经不能适应最新情况的功能或者增加新的功能。软件维护的过程会贯穿整个软件的使用过程。当使用和维护阶段结束后，软件系统也就自然消亡了，软件系统的生命周期即结束。

以上即为软件生命周期的六个阶段，以及每个阶段的主要任务，其中每个阶段都由不同的人员来负责，每个阶段都产生一定规格的文档，提交给下一个阶段作为继续工作的依据。可见，按照软件的生命周期，软件的开发不再只是强调"编码"，而是概括了软件开发的全过程。软件工程要求每一阶段工作的开始只能（必须）是建立在前一个阶段结果"正确"的前提下。由此可见，软件诞生到淘汰要经历一系列的过程，不是一朝一夕能完成的。

2. 软件生命周期模型

软件生命周期模型是伴随软件生命周期而来的。软件生命周期模型是指开发软件项目过程中针对各个重要阶段的工作顺序和主要内容的安排框架，反映软件生命周期各个阶段的工作如何组织、衔接。由于是针对软件开发项目，故软件生命周期模型也可称为软件开发模型。对于不同的软件系统，可以采用不同的开发方法、使用不同的程序设计语言、组织各种不同技能的人员参与工作、运用不同的管理方法和手段等，以及允许采用不同的软件工具和不同的软件工程环境，从而产生不同的软件开发模型。

（1）瀑布生命周期模型

瀑布生命周期模型是人们整理出来的第一个软件生命周期模型，简称瀑布模型。它将软件生命周期的六个阶段规定了自上而下、相互衔接的固定次序，如同瀑布流水，逐级下落，具有顺序性和依赖性，上一阶段的活动完成后向下一阶段过渡，最终得到所开发的软件产品，瀑布模型如图 7-5 所示。

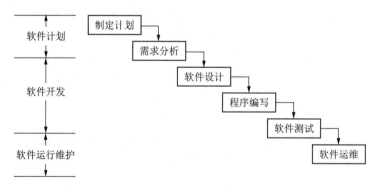

图 7-5　瀑布模型

瀑布模型是应用最广泛的软件开发模型，对确保软件开发的顺利进行、提高软件项目的质量和开发效率起到重要作用。

在大量的实践过程中，瀑布模型的线性特性虽然使其易于理解和管理，但也逐渐暴露出它的不足，主要体现在以下三个方面：①客户常常难以清楚地描述所有的要求，而且在开发过程中，用户的需求也常常会有所变化，使得不少软件的需求存在着不确定性；②在某个阶段活动中发现的错误常常是由前一阶段活动的错误引起的，为了改正这一错误必须回到前一阶段，这就导致了瀑布的倒流，也就是说，实际的软件开发很少能按瀑布模型的顺序，没有回流地顺流而下；③由于瀑布模型是线性的，使得客户在测试完成以后才能看到真正可运行的软件，从而增加了开发风险，此时，如果发现不满足客户需求的问题，则修改软件的代价是巨大的。于是，为尽早发现错误，在该模型中加入迭代过程，如图 7-6 所示。当后面阶段发现前面阶段的错误时，需要沿图中的反馈线（虚线）返回前面的阶段，修正前面阶段的产品之后，再回来继续完成后面阶段的任务。

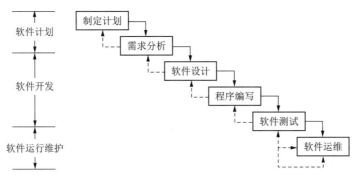

图 7-6 加入迭代过程的瀑布模型

瀑布模型虽然有诸多优点，但也存在不足，该模型较适合开发具有以下特点的软件：①用户的需求非常清楚全面，且在开发过程中没有或很少变化；②开发人员对软件的应用领域很熟悉；③用户的使用环境非常稳定；④开发工作对用户参与的要求很低。

（2）其他生命周期模型

常见的软件生命周期模型除了上述瀑布模型外，还有快速原型模型、增量模型、螺旋模型、喷泉模型等。每一种开发模型与瀑布模型一样都具有各自的优缺点，表 7-1 简单介绍了部分软件生命周期模型的优缺点和适用范围。

表 7-1 部分软件生命周期模型优缺点和适用范围

生命周期模型	优　　点	缺　　点	适用范围
快速原型模型	① 可以得到比较良好的需求定义，容易适应需求的变化； ② 有利于开发与培训的同步； ③ 开发费用低、开发周期短且对用户更友好	① 客户与开发者对原型理解不同； ② 准确的原型设计比较困难； ③不利于开发人员的创新	① 对所开发的领域比较熟悉而且有快速的原型开发工具； ② 项目招投标时，可以以该模型作为软件的开发模型； ③ 进行产品移植或升级时，或对已有产品原型进行客户化工作时
增量模型	① 人员分配灵活，刚开始不用投入大量人力资源； ② 如果核心产品很受欢迎，则可增加人力实现下一个增量； ③ 可先发布部分功能给客户，对客户起到镇静剂的作用	① 并行开发构件有可能遇到不能集成的风险，软件必须具备开放式的体系结构； ② 该模型的灵活性可以使其适应这种变化的能力大大优于瀑布模型和快速原型模型，但也很容易退化为边做边改模型，从而使软件过程的控制失去整体性	① 进行已有产品升级或新版本开发； ② 对完成期限严格要求的产品； ③ 对所开发的领域比较熟悉而且已有原型系统

续　表

生命周期模型	优　点	缺　点	适用范围
螺旋模型	① 设计上的灵活性，可以在项目的各个阶段进行变更； ② 以小的分段来构建大型系统，使成本计算变得简单容易； ③ 客户始终参与每个阶段的开发，保证了项目不偏离正确方向以及项目的可控性； ④ 随着项目推进，客户始终掌握项目的最新信息，从而能够和管理层有效地交互	① 需要具有相当丰富的风险评估经验和专门知识，在风险较大的项目开发中，如果未能及时标识风险，可能会造成重大损失； ② 过多的迭代次数会增加开发成本，延迟提交时间	只适合于大规模的软件项目
喷泉模型	各个阶段没有明显的界限，开发人员可以同步进行开发。可以提高软件项目开发效率，节省开发时间	① 开发过程中需要大量的开发人员，因此不利于项目的管理； ② 要求严格管理文档，使得审核的难度加大	面向对象的软件开发过程
统一软件开发过程模型	可以多次执行各个工作流程，有利于更好地理解需求、设计出合理的系统构架，并最终交付一系列渐趋完善的成果	对开发人员的素质要求较高	使用范围极为广泛
敏捷模型	① 避免了传统的重量级软件开发过程复杂、文档烦琐和对变化的适应性弱等弊端； ② 利用该模型开发软件快，能适应需求的频繁变化和软件开发的快节奏	强调发挥团队成员的个性思维，造成软件开发的继承性下降	比较适用于小型项目的开发

在实际的软件开发过程中，选择软件过程模型并非一成不变，有时还需要针对具体的目标要求进行裁剪、修改等，从而构成完全适合开发目标要求的软件过程模型。另外，现实中的软件系统各种各样，软件开发方式也千差万别。对同一个问题，不同的开发组织可能选择不同的软件开发模型，开发出的软件系统也不可能完全一样，但是其基本目标都是一致的，即应该满足用户的基本功能需求，否则，再好的软件系统也是没有意义的。

案例

针对医院存在就诊秩序混乱的问题，如患者在等候就诊时就诊环境嘈杂，医生的工作效率得不到保障，患者就诊后取药或者进行检查仍都需要进行排队，设计开发一套医院门诊导医叫号系统，该系统可以让患者报到后根据自己的序号安静等待，能有效地对候诊区的人流量进行控制，也减轻了医护人员的分诊和维持秩序的压力，从而缓解医院就诊混乱的问题，其显示屏效果图如图7-7所示。

图 7-7　医院门诊导医叫号系统显示屏效果图

👤实训：医院门诊导医叫号系统的设计与实现关键过程大致包括：软件需求调研分析、系统设计、详细设计、程序编写、系统测试、软件交付、软件维护等关键步骤。

1．需求调研分析

首先，系统分析员向医院信息科和相关部门初步了解需求，大致涉及以下内容：

系统包括以下三个子系统：门诊分诊排队子系统、检验检查排队子系统和药房排队子系统。下面以门诊分诊排队子系统为例介绍其系统构成与功能需求，其他子系统与之类似。

门诊分诊排队子系统主要对候诊区的患者进行有效的管理：引导患者到相应诊室报到确认就诊，对叫号方式进行管理，以及在特殊情况时对就诊秩序的调整，查询统计等服务工作。例如，患者挂的是专家号，则可根据患者自身的就诊需求分诊至对应医生诊区，报到确认后，根据挂号的序号进行自动分诊、等候，医生呼叫病人后，病人的姓名信息会在候诊区显示屏显示出来，医生也可根据患者特别情况设置叫号，候诊区内的显示屏会展示当前呼叫患者的姓名、序号以及待就诊患者的对应信息，让等待的患者有时间做好就诊准备。

（1）系统的非功能需求

通过多角度多方位的非功能需求分析让系统在正常运行时拥有较高的满意度，降低时间算法的复杂度，提高容错性、可靠性和数据信息的安全性等，多方位地满足用户的需求，使系统具有更高、更强的可用性。

（2）系统的业务需求

整个系统的建立依托于医院网络结构的综合布线，将自助挂号取号设备、诊室报到排队设备、取药报到排队设备分别使用五类 UTP（非屏蔽双绞线）和医院现有网络连接起来。

门诊分诊排队子系统：在每个科室的候诊厅内安装液晶电视，一台用于分诊导医，一台用于健康宣教和医生信息普及。工作人员在分诊台可以自行编辑设置显示屏上的内容，每个诊室门口有显示屏，用于显示诊室内正就诊的患者和准备就诊患者的信息。

检查检验排队子系统：在预约室和候检区安装显示屏，用来显示检查项目、待检查人信息、排队情况，管理系统安装在登记室。根据科室的建筑布局和有些检查的特殊情况安装吸顶扬声器，满足对应科室的需求。

药房排队子系统：门诊药房的各个取药窗口上方均安装显示屏，显示窗口编码，以及正在取药的患者信息和准备取药的患者信息。

在系统分析员进行深入了解和分析需求后，根据自己的经验和需求做出一份系统功能需求文档，清楚列出系统大致的大功能模块，大功能模块有哪些小功能模块，并且还列出相关的界面和界面功能。接下来软件开发者需要对软件系统进行概要设计，即系统设计。

2. 系统设计

系统设计包括系统的基本处理流程、系统的组织结构、模块划分、功能分配、接口设计、运行设计、数据结构设计和出错处理设计等，为软件的详细设计提供基础。

（1）系统整体设计方案

通过实地对医院的门诊就诊情况、取药流程和检查流程进行综合分析和实践验证，并与医务人员、信息工作人员反复沟通后，整理归纳出医院门诊导医叫号系统结构图，如图 7-8 所示，导医分诊叫号系统的应用对于提高医院信息化建设，减少人员不必要的流动，以及提高就诊秩序具有非常重要的意义。

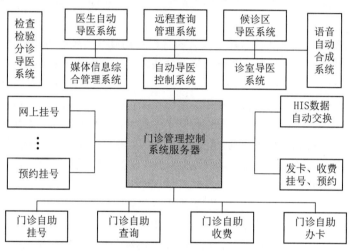

图 7-8　医院门诊导医叫号系统结构图

（2）系统总体架构方案

系统根据功能需求主要划分为分诊、导医两部分，系统使用一台中心服务器，对整个系统实行集中监测，对门诊的显示设备包括诊区内的叫号显示屏，诊室门口显示屏全部实现远程通信、管理操作。

导医系统采用流媒体信息发布技术将向用户健康宣教、叫号显示、视频播放等功能组合起来，既可以集中控制管理也可以根据实际应用需求独立管理使用，从系统结构上可以实现任意的延伸组合和集中控制管理。

分诊系统根据每个诊区的业务特点做出个性化设计，包括门诊分诊叫号、科室介绍、专家介绍显示、检查化验分诊叫号、取药分诊叫号、媒体信息播放、语音呼叫和系统综合管理平台等。

（3）系统技术架构

根据医院的功能需求和系统需要选择系统技术架构，系统的体系结构按照功能划分为两大类：一类为针对门诊病人的管理子系统，另一类是针对医院工作人员的管理子系统。可选用 C/S（client/server，客户机/服务器）结构或 B/S（browser/server，浏览器/服务器）结构实现该系统。

（4）功能设计

根据用户需求分别进行如下功能设计：

就诊队列的管理功能：由于每个医生的研究方向和擅长领域不同，患者可结合自身情况与需求选择医生，进行二次分诊调整就诊队列，如果患者所挂为普通号，则根据当前每个诊室内医生候诊的情况做出调整，调整到当前候诊人数较少的队列。

权限管理功能：用户的访问权限，系统是支持对其进行控制管理的，权限与功能模块相对应，管理员可以添加、管理功能模块信息。门诊信息管理模块主要是对医生排班信息、科室信息等进行添加、修改或者删除操作。

与医院系统结合：排队叫号系统和多个系统有交互操作，在医院系统数据库与分诊排队系统数据库之间需要合适的数据接口传输数据，通过标准 HL7（卫生信息交换标准）接口、中间件方式、DLL（动态链接库）调用方式实现数据同步传输，可与门诊模块对接，获得患者就诊信息；可与药房模块对接，获取患者的发药信息；可与检查检验科室对接，获取检查检验信息。

（5）系统界面设计

设计友好的软件系统界面，尽可能减少用户的认知负担，使用流畅轻松，功能点之间的安排按照每个信息的关联性进行合理的结构布局。

（6）数据库设计

一个系统的建立很大程度上取决于数据库的建立，数据库是重要的核心部分，是一个系统的主干，更是系统的本质（数据库的相关知识将在下一章学习）。开发医院门诊导医叫号系统是需要围绕数据库进行的，系统处理并存储用户数据，同时将存储的数据直接显示给用户。利用数据库技术来帮助管理信息，可对数据进行收集、归纳、存储、查找、更新、递交等操作，同时保证数据的安全性和稳定性。通过对医院的实际运营情况和就诊流程进行分析，分析结果如下：

实体有：医生，患者，科室；联系有：挂号，出诊，就诊。其中，医生的属性有科室序号、姓名、职称、描述；患者属性有：患者序号、姓名、性别、描述；科室属性有：科室序号、科室类别、描述；挂号属性有：挂号序号、种类编号。图 7-9 所示即为医院门诊导医叫号系统 E-R 图。

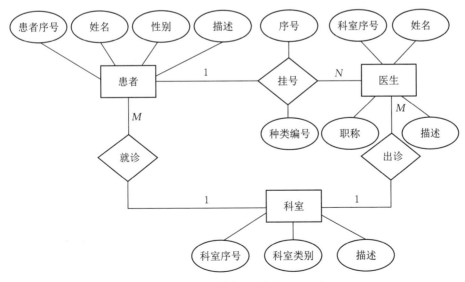

图 7-9　医院门诊导医叫号系统 E-R 图

> **知识链接**
>
> 　　模型是对现实世界特征的模拟与抽象，而数据模型（data model）是模型的一种，它是对现实世界数据特征的抽象。在数据库中，用数据模型这个工具来抽象、表示和处理现实世界中的数据和信息。
>
> 　　数据模型的表示方法很多，其中的 E-R 图也称实体-关系图（entity-relationship diagram），提供了表示实体类型、属性和联系的方法，用来描述现实世界的概念模型。
>
> 　　它是描述现实世界关系概念模型的有效方法，是表示关系概念模型的一种方式。用矩形表示实体，矩形框内写明实体名；用椭圆形或圆角矩形表示实体的属性，并用无向线将其与相应关系的实体连接起来；用菱形表示实体之间的联系，在菱形框内写明联系名，并用无向线将其分别与有关实体连接起来，同时在无向线旁标上联系的类型（1:1、1:n 或 n:m）。

　　数据库的逻辑结构设计是更深层次的设计。该系统需要设计医生信息表、患者信息表、门诊挂号种类字典表、科室信息表、门诊医生坐诊科室关系表、医生和门诊挂号种类对应关系表、患者挂号信息表。系统的同步数据将会存储在上述表中，其中的医生信息见表 7-2。

表 7-2　医生信息表

姓　名	职　　称	科室序号	描　　述
邹　强	主任医师	1002	擅长胸腔镜、纵隔镜等微创手段诊治胸部疾病。擅长针药麻下胸部手术
朱余明	副主任医师	1003	擅长各类微创手术，包括胸腔镜辅助小切口治疗肺癌、食管癌
欧俏文	主治医师	1005	擅长手、足先天性畸形的整形修复与功能重建

3．详细设计

　　在前期系统设计的基础上，再进行软件系统的详细设计，形成《软件系统详细设计报告》文档。在该文档中描述实现具体模块所涉及的主要算法、数据结构、类的层次结构及调用关系，说明软件系统各个层次中的每一个程序（每个模块或子程序）的设计考虑，以便进行编码和测试。

4．程序编写

　　根据《软件系统详细设计报告》中对数据结构、算法分析和模块实现等方面的设计要求，选用合适的编程软件开始程序编写工作，分别实现各模块的功能，从而实现对目标系统的功能、性能、接口、界面等方面的要求，同时关注软件的可重用性、可扩展性和可维护性。

5．系统测试

　　测试流程一般遵循递交测试申请、测试方案的评估、搭建测试环境，包括功能测试、性能测试、非功能测试、负载测试。

　　通过测试系统运行完好稳定，保证了软件质量，通过测试也可发现潜在问题并及时解决潜在问题，满足用户所需，维护用户利益。

6．软件交付

　　在系统测试证明软件达到要求后，向用户提交开发的目标安装程序、数据库的数据字典、《用户安装手册》、《用户使用指南》等资料，交由信息科和相应科室验收。

　　7. 软件维护

　　在应用软件过程中，需要不断对软件进行修改，以改正新发现的错误、适应新的环境和用户新的要求，这些修改需要花费很多精力和时间，而且有时会引入新的错误。由于软件维护活动所花费的工作占整个软件生存期工作量的 70% 以上，所以，只有具有良好的工作态度和服务意识，才能设计开发出满足用户需求、质量较高的软件。

第8章
数据库基础

　　数据库技术是计算机学科的一个重要分支，是各类计算机信息系统的核心技术和重要基础。所有与数据信息有关的业务及应用系统都需要数据库技术的支持，比如，在医院的业务管理过程中，门诊预约、住院登记、各种检查检验、医嘱执行、药品入库、医保核算等环节都会产生大量的数据，如果对其中某一类数据存储、管理、维护不当，都会对医院的精细化运营产生直接影响，因此，为提升医院数据管理水平、提高服务质量，通常医院都会基于数据库技术建立合理且高效的医院信息管理系统。应用系统离不开数据库技术，用户离不开应用系统。只有掌握数据相关理论和运用数据库，才会对信息化给人类带来的巨大变革有更深体会。

　　本章将围绕数据库的概念、关系数据库的性质与特点、关系数据库设计、表设计与表间关联、查询和窗体设计等内容，解读以医院信息系统为代表的软件中的运行逻辑。

📖 **学习目标**

　　1. 熟悉关系数据库的特点；理解字段、关键字、参照完整性等核心概念；了解数据库中的对象。

　　2. 能建立数据库，并能在数据库中新增表、查询、窗体等对象；能通过相应视图进行表结构设计、字段属性设置、表中数据输入；能选择关键字建立表间关联，并在此基础上创建多表查询、窗体和报表。

　　3. 具有遵纪守法、诚实守信的中华民族传统美德。

8.1　认识数据库

　　互联网世界充斥着大量数据，除了文本，图像、音乐、声音等都是数据。数据库是存放数据的仓库。它的存储空间很大，可以存放上亿条数据。数据库技术解决了如何有效组织和存储大量数据的问题，包括在数据库系统中减少数据存储冗余、实现数据共享、保障数据安全以及高效检索数据和处理数据。医药卫生领域存在着大量数据和数据处理需求，数据库技术也因此成为医学生需要掌握的内容。

　　1. 数据库

　　数据库（database，DB）是指数据库系统中按照一定的方式组织、存储在外部存储设备上、能为多个用户共享、与应用程序相互独立的相关数据集合。它不仅包括描述事物的数据本身，还包括相关事物之间的联系。

　　数据库中的数据往往不像文件系统那样只面向某一项特定应用，而是面向多种应用，可以被多个用户、多个应用程序共享。其数据结构独立于使用数据的应用程序，数据的增加、删除、修改和检索由数据库管理系统进行统一管理和控制，用户对数据库进行的各种操作都是由数据库管理系统实现的。

2．数据库管理系统

数据库管理系统（database management system，DBMS）是数据库系统的核心软件，也是用户与数据库的接口。常见的数据库管理系统有 Microsoft Access、SQL Server、Oracle、Sybase 等。

数据库管理系统可以实现数据的组织、存储和管理，提供访问数据库的方法，包括数据库的建立、查询、更新及各种数据控制等，具有以下 5 个主要功能：

① 数据定义功能：数据库管理系统提供数据定义语言，通过它可以方便地对数据库中的数据对象进行定义。

② 数据操纵功能：数据库管理系统提供数据操纵语言，使用它可以实现对数据库中数据的基本操作，如修改、插入、删除和查询等。

③ 数据库运行管理功能：数据库管理系统通过对数据库的控制以适应共享数据的环境，确保数据库数据正确有效和数据库系统的正常运行。

④ 数据库建立和维护功能：包括数据库初始数据的装入和转换功能、数据库的备份和恢复功能、数据库的重组织功能，以及系统性能监视和分析功能等。

⑤ 其他功能：如数据库管理系统与网络中其他软件系统的通信功能。

3．数据库系统

数据库系统（database system，DBS）是指在计算机系统中引入数据库后的系统，由计算机硬件、操作系统及其他系统软件、数据库、数据库管理系统及其开发工具、应用程序、数据库管理员和最终用户组成，如图 8-1 所示，如查询成绩的教学管理平台就是一个数据库系统。

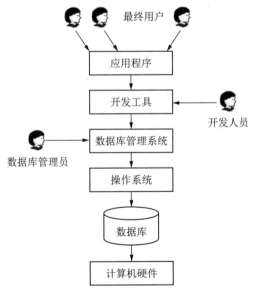

图 8-1　数据库系统的组成

数据库系统的有关人员主要有 3 类：最终用户、开发人员和数据库管理员。

① 最终用户：指通过应用程序界面使用数据库的人员，他们一般对数据库知识了解不多。

② 开发人员：包括系统分析员、系统设计员和程序员。其中，系统分析员负责应用系

统的分析，他们和最终用户、数据库管理员相配合，参与系统分析；系统设计员负责应用系统设计和数据库设计；程序员则根据设计要求进行编码。

③ 数据库管理员：指数据管理机构人员，负责对整个数据库系统进行总体控制和维护，以保证数据库系统的正常运行。

综上所述，数据库中包含的数据是存储在外部存储介质上的数据的集合。每个用户均可使用其中的数据，不同用户使用的数据可以重叠，同一组数据可以为多个用户共享。数据库管理系统为用户提供数据的存储组织、操作管理功能，用户通过数据库管理系统和应用程序实现数据库系统的操作与应用。

8.2　数据库的发展

在数据库的发展历史上，数据库先后经历了层次数据库、网状数据库和关系数据库等发展历程，关系数据库已经成为目前数据库产品中最重要的一员。20 世纪 80 年代以来，几乎所有数据库厂商新出的数据库产品都支持关系数据库，即使一些非关系数据库产品也几乎都有支持关系数据库的接口。这主要是传统的关系数据库可以比较好地解决管理和存储关系数据的问题，下面对关系数据库作简要介绍。

8.2.1　关系数据库

关系数据库就是采用关系模型描述的数据库。简单而言，这里的"关系"是一个二维表格，而从关系数据库原理角度，"关系"是一个严格的集合论术语，由此形成了关系数据库的理论基础。正因为关系数据库有严格的理论作为指导，且为用户提供了较为全面的操作支持，所以关系数据库成为当今数据库应用的主流。

拓展阅读

数据库表关系的性质

1. 关系的性质

通常将一个没有重复行、重复列，并且每个行列交叉点只有一个基本数据的二维表格看成一个关系，例如，表 8-1（医生信息表）即为一个关系。有代表性的关系数据库有 Oracle、DB2、Microsoft SQL Server 和 Microsoft Access 等。

表 8-1　医生信息表

工号	姓　名	性别	科　室	职　称
201	邓淑娟	女	心血管内科	副主任医师
202	刘　伟	男	心血管内科	副主任医师
203	伍　平	男	心血管内科	主治医师
205	刘　旭	男	心血管内科	主治医师
206	陈梦霞	女	心血管内科	助理医师

需要注意的是，尽管用二维表格表示关系，但二维表格与关系之间有着一定区别。严格来说，关系是一种规范化了的二维表格。在关系模型中，对关系作了种种规范性限制，关系具有以下 6 个性质：

（1）关系必须规范化，每一个属性都必须是不可再分的数据项。关系必须是一个二维表格，且每列必须是不可分割的最小数据项，即必须为一个没有进行单元格拆分的规则表格。

（2）列是同质的，即每一列中的数据项是同一类型的数据。

（3）在同一关系中不允许出现相同的列名。

（4）关系中不允许有完全相同的行，但在大多数实际关系数据库产品中，如果用户没有定义有关的约束条件，则允许关系中存在两个完全相同的行。

（5）在同一关系中行的次序无关紧要，即任意交换两行的位置不影响数据的实际含义。

（6）在同一关系中列的次序无关紧要，即任意交换两列的位置不会改变关系的结构。

2．关系模型

满足一定条件规范化关系的集合，就构成了关系模型。关系模型用二维表格来表示实体及其相互之间的联系。在关系模型中，把实体集看成一个二维表格，每一个二维表格称为一个关系，每个关系均有一个名称，称为关系名。表 8-1 是一个医生关系，医生关系的每一行代表一个医生实体，每一列代表医生实体的一个属性。

> **知识链接**
>
> 　实体是现实世界中任何可以相互区分和识别的事物，它可以是能触及的客观对象，如一名医生、一名学生、一种商品等；还可以是抽象的事件，如一场演出、一次会诊等。
>
> 　实体间的关系是指一个实体集中可能出现的每一个实体与另一实体集中多少个具体实体存在联系。实体之间有各种各样的联系，归纳起来有 3 种联系类型：一对一、一对多和多对多。

（1）元组

二维表格的每一行在关系中称为元组，相当于表的一条记录。二维表格的一行描述了现实世界中的一个实体。例如，在表 8-1 中，每行描述了一位医生的基本信息，共包含有 5 位医生的信息，即 5 个元组。

（2）属性

二维表格的每一列在关系中称为属性，相当于记录中的一个字段或数据项。每个属性有一个属性名，一个属性在每个元组上的值称为属性值，因此，一个属性包括多个属性值，只有在指定元组的情况下，属性值才是确定的。同时，每个属性有一定的取值范围，称为该属性的值域，如表 8-1 中的第 3 列，属性名是"性别"，取值是"男"或"女"，不是"男"或"女"的数据应被拒绝存入该表，这就是数据约束条件。同样，在关系数据库中，列是不能重复的，即关系的属性名不允许相同。属性必须是不可再分的，即属性是一个基本的数据项，不能是几个数据项的组合。

（3）关系模式

将关系与二维表格进行比较可以看出两者存在简单的对应关系，关系模式对应一个二维表的表头，关系用关系模式来描述。

关系模式一般表示为：关系名（属性 1，属性 2，……，属性 n）。

例如，表 8-1 的关系可以用如下关系模式描述：医生（工号，姓名，性别，科室，职称）。

（4）关键字

关系中能唯一区分、确定不同元组的单个属性或多个属性组合，称为该关系的一个关键字。关键字又称为"键"或"码"。单个属性组成的关键字称为"单关键字"，多个属性组合的关键字称为"组合关键字"。需要强调的是，关键字的属性值不能取空值，因为空值无法唯一区分、确定元组。所谓空值，就是不知道或不确定的值，通常记为"Null"。

在如表8-1所示关系中，"性别"属性无疑不能充当关键字，"职称"属性也不能充当关键字，从该关系现有的数据分析，"工号"和"姓名"属性均可单独作为关键字，但"工号"属性作为关键字会更好，因为可能会存在医生重名的现象，而医生的工号是唯一的。这也说明，某个属性能否作为关键字，不能仅凭对现有数据进行归纳确定，还应根据该属性的取值范围进行分析判断。

关系中能够作为关键字的属性或属性组合可能不是唯一的。凡在关系中能够唯一区分、确定不同元组的属性或属性组合，称为候选关键字。例如，表8-1所示关系中的"工号"和"姓名"属性都是候选关键字（假定没有重名的医生）。

在候选关键字中选定一个作为关键字，称为该关系的主关键字或主键，主关键字的取值是唯一的。

（5）外部关键字

如果关系中某个属性或属性组合是另一个关系的关键字，则称这样的属性或属性组合为本关系的"外部关键字"或"外键"。在关系数据库中，可通过外部关键字和主键建立两个表之间的联系。例如，在如表8-2（高血压病例表）的关系中，"诊断医生工号"属性就是一个外部关键字，该属性是医生关系的关键字，该外部关键字描述了医生和病人两个实体之间的联系。

表8-2　高血压病例表

医疗卡号	姓　名	性别	收缩压	舒张压	心率	诊断医生工号
202201	任德文	男	166	99	77	203
202202	夏　凡	女	209	129	80	203
202203	于登林	男	203	130	98	201
202204	彭士斌	男	180	80	60	205
202205	张社平	女	188	115	103	205
202206	田延亮	男	240	110	85	206

由此可见，关系数据库中的数据是被存放在预先设计好的一张张二维表中的，要建立一个好的关系数据库，关键在于要合理设计数据库中的每一个关系模式。

8.2.2　新型数据库管理技术

大数据与云计算在我国的应用与普及，正在改变着人们的工作、生活甚至是思维模式，同时也对传统的数据处理和决策方式产生了重大影响，关系数据库也越来越无法满足需要，这主要是由于越来越多的半关系和非关系数据需要用数据库进行存储管理，同时，分布式技术等新技术的出现也对数据库的技术提出了新的要求，于是越来越多的非关系数据库就开始出现了，这类数据库与传统的关系数据库在设计和数据结构上有了很大的不同，它们更强调数据库数据的高并发读写和大数据存储，这类数据库一般被称为 NoSQL（not only SQL）数据库。

典型的新型数据库管理技术有：分布式数据库系统、面向对象数据库系统、多媒体数据库系统、数据仓库技术、大数据技术等。当然，虽然有新型数据库管理技术的出现，但目前关系数据库在一些传统领域依然保持着强大的生命力。

8.3　数据库的设计

数据库的建设实质上是这样一个过程：从现实世界到一个抽象模型，再逐步细化，再过渡到具体的实现，即数据库的建设是从数据库的设计开始的，数据库的每一个设计阶段都实现了某一抽象模型，所以，数据库的设计阶段是以抽象模型来划分的。在数据库的设计阶段一般需要建立两种抽象模型，即概念模型和逻辑模型。

设计之初，设计人员应该仔细了解用户的应用需求，分析具体现实情况，将相关现实情况进行抽象得到概念模型，并用实体（entity）−关系（relationship）图（简称 E-R 图）来描述该概念模型。之后，设计人员应该遵循相应的转换规则，将 E-R 模型中的每一个对象都转换成基于关系数据库的逻辑模型，再附加上对应的完整性约束条件，从而得到数据库的逻辑结构。

E-R 模型包括三要素（图 8-2），分别是实体、实体的属性和实体之间的联系。

（a）　　　　　　　　（b）　　　　　　　　（c）

图 8-2　E-R 模型三要素

E-R 图中用矩形表示实体，用椭圆形表示实体的属性，用菱形与无向线来表示实体之间的联系。实体之间的联系反映事物之间的相互联系，共分为 3 种联系形式。

（1）一对一（1∶1）联系：如一名医生可以被聘为专家，而一名专家也只能由一名医生担任，则医生与专家之间具有一对一联系。

（2）一对多（1∶n）联系：如在一个科室有若干名医生，而一个医生只能供职于一个科室，则科室与医生之间具有一对多联系。

（3）多对多（n∶m）联系：如一个科室可以为多个患者诊疗，而一个患者也可以到多个科室去就诊，则科室与患者之间存在多对多联系。

需要注意的是，数据库设计既是科学又是艺术，数据库设计同样遵循软件开发流程，数据库设计人员必须以认真负责的工作态度，深入了解应用环境、熟悉专业业务，并与用户密切配合，才能设计出符合具体领域要求的数据库应用系统。

例如，拟设计一个医生信息管理模块，其中，医生、科室和专家分别为三个实体，他们各自有不同的属性，且各实体之间存在一定的联系。图 8-3 所示即为医生信息管理模块 E-R 图，其中，图 8-3（a）为"医生"实体及其联系图，图 8-3（b）为"科室"实体及其联系图，图 8-3（c）为"专家"实体及其联系图，图 8-3（d）为医生、专家和科室三个实体及其联系图。

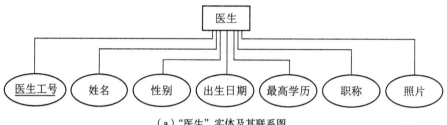

（a）"医生"实体及其联系图

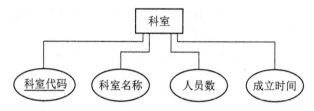

（b）"科室"实体及其联系图

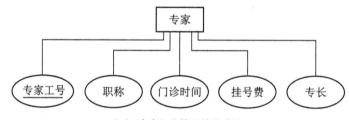

（c）"专家"实体及其联系图

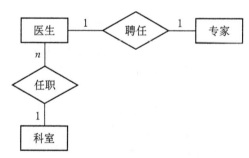

（d）医生、专家和科室三个实体及其联系图

图 8-3　医生信息管理模块 E-R 图

📍知识链接

　　实体–关系图（E-R 图）是目前较常用的反映实体及实体之间联系的模型之一，也是数据库设计的一种基本工具。

　　E-R 图是用一种直观的图形方式建立现实世界中实体及其关系模型的工具，E-R 图的实体名、属性名和联系名分别写在相应框内。对于作为实体标识符的属性（主关键字），在属性名下画一条横线。实体与相应的属性之间、联系与相应的属性之间用无向线连接。联系与其涉及的实体之间也用无向线连接，同时在无向线旁标注联系的类型（一对一：$1:1$，一对多：$1:n$，多对多：$n:m$）。

基于上述理论基础，下面以 Access 软件为例，介绍如何建立关系数据库、在数据库中创建表以及设置表间关系等操作。

8.4　数据库的操作

8.4.1　关系数据库的数据操作

建立数据库的终极目的就是要为各种应用提供数据服务。应用的对象可以是应用程序，也可以是最终用户或者是数据库管理员。无论是哪一类应用对象，所要求提供的服务项目核心均包括以下 4 个方面：

（1）展示数据库中的数据。

（2）将新的数据添加到数据库中。

（3）清除数据库中的部分（或全部）数据。

（4）对数据库中的数据进行更新。

这些服务项目可以通过关系数据库 4 个方面的操作来实现：

（1）查询操作。

（2）插入操作。

（3）删除操作。

（4）修改操作。

这些数据操作中，除了查询操作不会导致数据库中的数据发生变动之外，其余 3 种操作都会引起数据库中的数据发生变动，进而有可能会危及数据库的安全性和完整性。

尽管我国目前绝大部分数据库产品多为 Oracle、DB2、Microsoft SQL Server，但考虑到教学环境的易操作性和易实现性，本书选用 Microsoft Office 办公系列软件的桌面关系数据库管理系统 Access，即 Access RDBMS（relational database management system）。

8.4.2　Access 桌面关系数据库管理系统

Access 是 Microsoft Office 办公系列软件的重要组成部分，它为数据管理提供了简单实用的操作环境，适用于小型数据管理，又被称为"桌面关系数据库管理系统"。Access 与 Microsoft Office 办公系列软件高度集成，具有风格统一的操作界面，使得初学者更加容易掌握，这也使得 Access 成为一款常用的数据库教学软件，本书中应用的版本为 Access 2016，以下简称 Access。

Access 对数据库的组织方式有自身的特点，它将所有的数据库对象都存储在一个物理文件中，而这个物理文件被称为数据库文件。也就是说，在 Access 中，一个单独的数据库文件存储一个数据库应用系统中包含的所有数据库对象。开发一个 Access 数据库应用系统的过程就是创建一个数据库文件，并在其中添加所需数据库对象的过程。

1．Access 窗口

Access 窗口包括标题栏、快速访问工具栏、功能区、导航窗格、对象编辑区和状态栏等组成部分。可以通过打开某个数据库文件，也可以新建空白数据库或选择模板创建数据库，都可打开 Access 窗口，如图 8-4 所示。

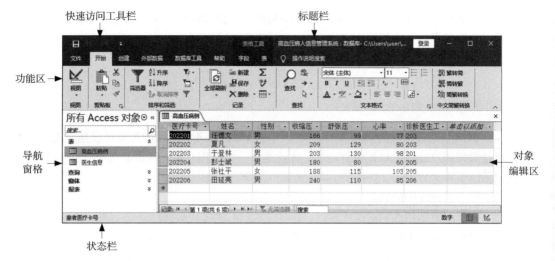

图 8-4 Access 窗口

2．Access 数据库的组成

Access 将数据库定义为一个扩展名为"．accdb"的文件，并包括 6 种不同的对象：表、查询、窗体、报表、宏和模块。不同的数据库对象在数据库中起着不同的作用，此时，数据库可以看成是不同对象的容器。

（1）表

表又称数据表，它是数据库的核心与基础，用于存放数据库中的全部数据。查询、窗体和报表都是从表中获得数据信息，以实现用户的某一特定需求，如查找、计算、统计、打印、修改等。可见，表是整个数据库系统的数据源，也是数据库中其他对象的基础。

（2）查询

查询是按照一定条件，从一个或多个表中筛选出所需数据而形成的一个动态数据集，并在一个虚拟的数据表窗口中显示出来。动态数据集虽然也是以二维表格的形式显示出来，但它们不是基本表。每个查询只记录该查询的查询操作方式，这样每进行一次查询操作，其结果集显示的都是基本表中存储的实际数据，它反映查询那一时刻的数据表存储情况。

（3）窗体

窗体是数据库和用户联系的界面。窗体可以提供一种良好的用户操作界面，通过它可以直接或间接调用宏或模块，并执行查询、打印、预览、计算等功能，也可以接收用户信息，还可以完成数据表或查询中数据的输入、编辑、删除等操作。

（4）报表

利用报表可以将数据库中需要的数据提取出来进行分析、整理和计算，是数据库中数据输出的一种形式。它不仅可以将数据库中数据分析和处理后的结果通过打印机输出，还可以对要输出的数据进行分类小计、分组汇总等操作。

（5）宏

宏是一系列操作命令的集合，其中的每个操作命令都能实现特定的功能，如打开窗体、生成报表等。利用宏可以使大量的重复性操作自动完成，从而使管理和维护 Access 数据库更加简单。

（6）模块

模块是用 VBA 语言（Visual Basic 的一种宏语言）编写的程序段，使用模块对象可以完成宏不能完成的复杂任务。一般而言，使用 Access 不需编程就可以创建功能强大的数据库应用程序，但是通过在 Access 中编写 VBA 程序，用户可以编写出性能更好、运行效率更高的数据库应用程序。

8.4.3　数据库的创建与基本操作

1. 数据库的创建

Access 提供了两种创建数据库的方法：一种是先创建一个空数据库，然后向其中添加表、查询、窗体和报表等对象；另一种是利用系统提供的模板来创建数据库，用户只需要进行一些简单的选择操作，就可以为数据库创建相应的表、窗体、查询和报表等对象，从而建立一个完整的数据库。创建的数据库文件扩展名为".accdb"。

（1）创建空数据库

在 Access 中创建一个空数据库，即只是建立一个数据库文件，该文件中不包含任何数据库对象，后期可以根据需要新增数据库对象，具体操作步骤如下：

① 在 Access 窗口中选择"文件"→"新建"命令，单击窗口右侧的"空白桌面数据库"按钮，此时弹出"空白桌面数据库"对话框。

② 在"文件名"文本框中输入数据库文件名，单击"浏览到某个位置来存放数据库"按钮 📁 设置数据库文件的存放位置，再单击"创建"按钮，即生成新的数据库文件，同时在数据表视图中自动打开一个新表，但此时该数据库中并没有任何数据库对象存在。

（2）利用模板创建数据库

Access 模板是预先设计好的数据库，其中含有专业设计的表、查询、窗体和报表等数据库对象。

在 Access 窗口中选择"文件"→"新建"命令，窗口右侧即出现"营销项目""联系人"等数据库模板选项，单击相应模板，同样选择文件存放路径，修改文件名，单击"创建"按钮，即创建了模板数据库，然后再根据实际要求在模板数据库中进行修改。

Access 附带很多数据库模板，除当前可选模板外，还可以通过在"搜索联机模板"搜索框中输入关键词，从 Office 网站下载其他模板。

2. 数据库的基本操作

在创建了数据库后，就可以对其进行各种操作了，如在数据库中添加对象、修改对象的内容、删除对象等。

（1）打开数据库

现有 Access 数据库可以从 Windows 资源管理器打开，也可以从 Access 窗口打开。

① 从 Windows 资源管理器打开：在 Windows 资源管理器中，找到存放数据库文件的文件夹，直接打开即可。

② 从 Access 窗口打开：在 Access 窗口中选择"文件"→"打开"命令，弹出如图 8-5 所示的"打开"对话框，找到数据库文件所在文件夹，选中目标数据库文件，然后单击"打开"按钮即可。还可以单击"打开"按钮右侧的下拉按钮，在"打开"下拉列表（图 8-6）选择其中的打开方式。

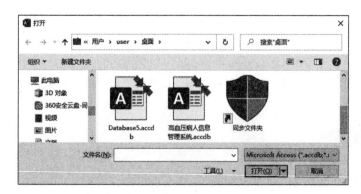

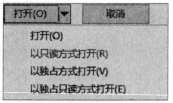

图 8-5 "打开"对话框　　　　　　　　　　　　　图 8-6 "打开"下拉列表

数据库文件的 4 种打开方式的含义如下：

● 如果需要数据库能进行共享访问和编辑，则选择"打开"命令。

● 如果数据库打开后，只允许进行查看，不允许编辑，则选择"以只读方式打开"命令。

● 当选择"以独占方式打开"命令，则以独占访问方式打开数据库，任何其他用户将无法打开该数据库。

● 选择"以独占只读方式打开"命令，则其他用户仍能打开该数据库，但是被限制为只读而不能修改。

③ 打开最近使用的数据库文件

在打开或创建数据库时，Access 会将该数据库的文件名和位置添加到最近使用的文件列表中。选择"文件"→"打开"→"最近使用的文件"命令，在最近使用的文件列表中单击需要打开的数据库文件即可直接打开。

（2）关闭数据库

当数据库的操作完成后，在 Access 窗口中单击窗口的"关闭"按钮，或选择"文件"→"关闭"命令均可关闭当前数据库。

8.4.4　数据库对象的组织与管理

在创建或打开数据库后即进入 Access 窗口，对数据库对象的操作都是在该窗口中进行的，导航窗格就是组织和管理数据库对象的工具。

1．导航窗格的操作

导航窗格位于窗口左侧，它用于设置数据库对象分组。单击"所有 Access 对象"右侧的下拉按钮，将弹出导航窗格菜单，从中可以查看正在使用的类别及展开的对象。

图 8-7 "所有 Access 对象"窗格

导航窗格会以不同的类别作为数据库对象分组的方式。若要展开或关闭组，则单击"所有 Access 对象"窗格（图 8-7）中的"展开"按钮✔ 或"折叠"按钮✖。当更改浏览类别时，组名会随之发生改变。在给定组中只会显示逻辑上属于该位置的数据库对象，如按"对象类型"分组时，"表"组仅显示表对象，"查询"组仅显示查询对象。

2. 数据库对象的操作

创建一个数据库后，通常还需要对数据库中的对象进行操作，如数据库对象的打开、复制、删除和重命名等。

右击导航窗格中的任何对象均将弹出快捷菜单，但所选对象类型不同，快捷菜单命令也会不同。例如，右击导航窗格中的表对象，将弹出如图 8-8 所示的表的快捷菜单，其中的命令与表的操作有关。

（1）打开与关闭数据库对象

当需要打开数据库对象时，可以在导航窗格中选择一种组织方式，然后双击对象将其直接打开。例如，需要打开"高血压病人信息管理系统"数据库中的"高血压病例"表，则只需在已打开的数据库窗口导航窗格中双击"高血压病例"表，表即被打开，也可以在导航窗格中右击表名，在弹出的快捷菜单中选择"打开"命令。

如果打开了多个对象，则这些数据库对象都会出现在选项卡式文档窗口中，只要单击对象对应选项卡，即可显示该数据库对象内容。

若要关闭数据库对象，可以单击相应对象文档窗口右端的"关闭"按钮，也可以右击其文档选项卡，在弹出的快捷菜单中选择"关闭"命令。

| 打开(O) |
| 设计视图(D) |
| 导入(M) ▶ |
| 导出(E) ▶ |
| 重命名(M) |
| 在此组中隐藏(H) |
| 删除(L) |
| 剪切(T) |
| 复制(C) |
| 粘贴(P) |
| 添加到组(A)... ▶ |
| 链接表管理器(K) |
| 刷新链接(R) |
| 转换为本地表(V) |
| 表属性(B) |

图 8-8 表的快捷菜单

（2）添加数据库对象

如果需要在数据库中添加已经生成好的表或其他数据库对象，则可以采用导入的方法。右击表名，选择快捷菜单中的"导入"命令，可以选择导入 Access 数据库中的表、文本文件、Excel 工作簿等其他多种有效数据源。

（3）复制数据库对象

创建一个副本可以避免因操作失误而造成的损失，当操作发生差错时，可以使用副本还原数据库对象。例如，要复制表对象时，则可以在导航窗格表名上右击，在弹出的快捷菜单中选择"复制"命令，随后在导航窗格空白处右击，在快捷菜单中选择"粘贴"命令，弹出如图 8-9 所示"粘贴表方式"对话框，可以根据需要进行备份，如果选择"结构和数据"选项，则生成表的副本。

图 8-9 "粘贴表方式"对话框

（4）其他操作

通过数据库对象的快捷菜单，还可以进行数据库对象的重命名、删除、查看数据库对象属性等操作。需要注意的是，在进行重命名、删除操作前必须先关闭该对象。

3．数据库视图的切换

在创建和使用数据库对象过程中，经常需要利用不同的视图模式来查看数据库对象，而且不同的数据库对象有不同的视图模式。以表对象为例，Access 提供了"数据表视图"和"设计视图"两种视图模式，其中，前者用于显示表中数据，后者用于设计表结构。视图的切换方法如下：

① 单击"开始"选项卡，在"视图"组中单击"视图"下拉按钮，此时弹出如图 8-10 所示的"视图"下拉菜单，选择不同的视图模式即可实现视图的切换。

② 在已打开对象的选项卡上右击，在弹出的快捷菜单中进行选择。

③ 单击状态栏右侧的视图切换按钮，选择不同的视图模式。

图 8-10　"视图"下拉菜单

8.5　表的操作

表是数据库的基本对象，是创建其他对象的基础。Access 是一种关系数据库，它由一系列表组成，表又由一系列行和列组成。表与表之间可以建立关联，以便查询相关联的信息。在 Access 数据库应用系统的开发过程中，通常首先在数据库中创建表，并建立各表之间的关联，然后逐步创建其他数据库对象，最终形成完整的数据库。

8.5.1　表结构的设计

表由表结构和表内容两部分组成。表结构相当于表的框架或表头，表内容相当于表中的数据或记录。要创建表，首先要设计表结构，也就是要确定表中字段的名称、数据类型和字段大小等参数。

1．录入字段名称

字段名称最多可以包含 64 个字符，可以使用字母、汉字、数字、空格等字符，但不能以空格开头。字段名称中不能包含点（.）、感叹号（！）、方括号（[　]）和单引号（'）。

2．设置数据类型

根据关系的基本性质，一个表中的同一列数据应具有相同的数据特征，称为字段的数据类型。数据类型是字段最重要的属性，因为它决定该字段可存储何种数据。Access 提供了文本、数字、日期/时间等 13 种数据类型，下面介绍其中 10 种常用数据类型。

（1）文本型

文本型（text）字段细分为短文本和长文本两种类型，Access 是按照长度给文本数据类型作分类的，以 255 个字符为界，255 个字符以内的属于短文本，否则属于长文本。

文本型字段可以保存字符数据，如姓名、籍贯等，也可以是不需要计算的数字，如电话号码、邮政编码等。需要注意的是，在 Access 中，每 1 个汉字和所有特殊字符（包括中文标点符号）都算为 1 个字符。另外，文本型常量在表达时需要用英文单引号（'）或英文双引号（"）括起来。例如，' 高血压 '、"123" 等。

（2）数字型

数字型（number）字段用来存储需要进行算术运算的数值数据，一般可以通过设置"字段大小"属性定义一个特定的数字型字段，通常按字段大小分为字节、整型、长整型、单精度型和双精度型，分别占 1，2，4，4 和 8 个字节，其中，单精度的小数位精确到 7 位，双精度的小数位精确到 15 位。

（3）日期 / 时间型

日期 / 时间型（date/time）字段用来存储日期、时间或日期和时间的组合，占 8 个字节。日期 / 时间型常量在表达时需要用英文字符 "#" 括起来。例如，2022 年 1 月 1 日晚上 7 点30 分可以表示成 "#2022-01-01 19:30#" 或 "#2022-01-01 7:30pm#"。其中，日期和时间之间要留有一个空格。

日期 / 时间型字段附有内置日历控件，输入数据时，日历按钮会自动出现在字段的右侧，可供输入数据时查找和选择日期。

（4）货币型

货币型（currency）是一种特殊的数字型数据，所占字节数和具有双精度属性的数字型类似，占 8 个字节。向货币型字段输入数据时，不必输入货币符号和千位分隔符，只需设置其格式属性，系统将自动显示相应货币符号。

（5）自动编号型

对于自动编号型（auto-number）字段，每当向表中添加一条新记录时，系统会自动插入一个唯一的顺序号。最常见的自动编号方式是每次增加 1 的顺序编号，也可以设置"新值"属性为随机编号。自动编号型字段不能更新，且每个表只能包含一个自动编号型字段。

（6）是 / 否型

是 / 否型（yes/no）针对只包含两种不同取值的字段设置，如性别、婚姻情况等字段。是 / 否型字段占 1 个字节，通过设置它的"格式"属性，可以选择"真 / 假""开 / 关"或"是 / 否"，但显示形式均为"☑"或"☐"。

（7）OLE 对象型

OLE 对象型是指字段允许单独链接或嵌入 OLE 对象，如 Word 文档、图像等数据。

（8）超链接型

超链接型（hyperlink）字段用来保存超链接地址，一般格式为：Display Text#Address。其中，Display Text 表示在字段中显示的文本，Address 表示链接地址。例如，超链接字段的内容为"学校主页 #http://www.hntcmc.net"，表示链接的目标是湖南中医药高等专科学校官网，而字段中显示的内容是"学校主页"。

（9）查阅向导型

查阅向导（lookup wizard）型用于创建一个查阅列表字段，该字段可以通过组合框或列表框选择来自列表的值。建立查阅向导型字段的记录，将以列表的形式显示，只需要进行选择则可以添加记录内容，类似注册 QQ 时的地点列表。

（10）附件型

使用附件型可以将整个文件嵌入到数据库中，可以将不同类型的多个文件存储在单个字段中。这是将图片、文档及其他文件和与之相关的记录存储在一起的重要方式。

3. 设置字段属性

字段的属性用于控制数据的存储、输入和输出（显示）的方式等，表中的每一个字段都有一系列的属性描述，不同类型的字段有不同的属性。

（1）格式

"格式"属性只影响数据的显示格式，并不影响其在表中的存储格式，如设置为货币格式时，表中对应数据则会自动添加货币符号。不同数据类型的字段，其显示格式有所不同。

（2）字段大小

"字段大小"属性可以控制字段使用的存储空间大小。该属性只适用于定义文本型、数字型和自动编号型数据类型，其他类型的字段大小均由系统统一规定。

需要注意的是，如果表中文本型字段已经有了数据，当设置减少字段大小，则将截去超过设置长度的字符。如果在数字型字段中包含小数，将"字段大小"属性设置为整数时，数据将自动取整。因此，在改变字段大小时要非常谨慎。

（3）小数位数

该属性对数字型和货币型数据有效，默认位数为 0～15 位，可根据具体情况选定。

（4）输入掩码

该属性设置可更好防止无效数据输入。在输入数据时，可对记录的某些位进行强制输入，另外，有些数据有相对固定的书写格式，为输入提供一个模板，确保数据具有正确的格式。例如，手工重复输入电话号码"（0731）88888888"这种固定格式的数据，显然效率较低。此时在定义输入掩码时，将格式中不变的符号定义为输入掩码的一部分，这样在输入数据时，只需输入变化的值即可。常用设置"输入掩码"属性的字符及其含义见表 8-3。

表 8-3　常用设置"输入掩码"属性的字符及其含义

字符	描　述	输入掩码示例	示例数据
0	必须输入 0～9 的数字，不允许使用加号和减号	（0000）00000000	（0731）88888888
9	可以选择输入数字或空格，不允许使用加号和减号	9999999999999	0731 88888888
L	必须输入 A～Z 的字母	L0L0L0	A1B2C3
A	必须输入字母或数字	AAA	Ab1
&	必须输入任一字符或空格	&&&	xyz
<	使其后所有的字符转换成小写	<????	abc
>	使其后所有的字符转换成大写	>L0L0L0	A1B2C3
密码	输入的字符以字面字符保存，但显示为星号（*）		

🔾 知识链接

如果为字段设置了"输入掩码"属性，同时又设置了其"格式"属性，在显示数据时，"格式"属性将优先于"输入掩码"属性。

（5）标题

"标题"属性用于指定通过从字段列表中拖动字段而创建的控件所附标签上的文本，并作为表或查询数据表视图中的显示字段。如果没有为表字段指定标题，则用字段名作为控件附属标签的标题，或作为数据表视图中的列标题。

（6）默认值

"默认值"是新记录在数据表中自动显示的值。在一个数据库中，往往会有一些字段的数据内容相同或包含有相同的部分，为减少数据输入量，可以将出现较多的值作为该字段的"默认值"属性。

（7）验证规则和验证文本

"验证规则"是给字段输入数据时所设置的约束条件。在输入或修改字段数据时，将检查输入的数据是否符合条件，从而防止将不合理的数据输入到表中。当输入的数据违反了有效性规则时，可以通过"验证文本"给出提示。

在设置"验证规则"属性时，可以通过单击右侧的按钮 ···，打开"表达式生成器"对话框。在"表达式类别"区域双击字段名，该字段将自动添加到表达式编辑窗格中。在输入表达式完成后，单击"确定"按钮完成操作。

（8）必需

该属性用于确定字段中是否必须有值。若选择是，则该字段的值不能为空。在一般情况下，作为主键的字段的"必需"属性为"是"，其他字段为"否"。

（9）索引

用于设置单一字段索引，即对该字段是否建立索引。

为了建立两表关联或提高查找和排序的速度，可以设置"索引"属性。

在 Access 中，"索引"属性提供了以下 3 种取值：

① 无：表示该字段不建立索引（默认值）。

② 有（有重复）：表示以该字段建立普通索引，一个关系中可以建立多个普通索引，且字段中的值可以重复。

③ 有（无重复）：表示以该字段建立唯一索引，且字段中的值不能重复，但一个关系中可以建立多个字段的唯一索引。当字段被设定为主键时，字段的"索引"属性被自动设为主索引和唯一索引。

三种索引类型的特点见表 8-4。

表 8-4　三种索引类型的特点

索引类型	值是否可重复	是否可以创建多个
主索引（主键）	否	否
唯一索引	否	是
普通索引	是	是

8.5.2　表的创建

1. 自主新建表

前面已经介绍了表由表结构和表内容两部分组成。可以通过两种不同方式自主新建表，如图 8-11 所示。其主要区别是先后进入不同视图进行编辑，方式一：首先在数据表视图中添加数据，然后再在设计视图中进行字段属性设置；方式二：与方式一相反，首先设计表结构，然后再在表中添加数据。

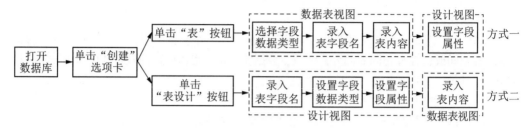

图 8-11　自主新建表的两种方式

如需在"高血压病人信息管理系统"数据库文件中新建"高血压病例"表，其结构见表 8-5，并设置"医疗卡号"字段为主键。具体操作步骤如下：

表 8-5　"高血压病例"表结构

字段名称	数据类型	字段大小	说　明
医疗卡号	文本型	6	患者医疗卡号
姓名	文本型	10	患者姓名
性别	文本型	1	患者性别
收缩压	数字型	单精度型	初诊时收缩压
舒张压	数字型	单精度型	初诊时舒张压
心率	数字型	单精度型	初诊时心率
诊断医生工号	文本型	3	初诊时诊断医生工号

根据表的不同来源，可以通过以下 3 种方法创建表：自主新建表、利用模板数据库中的表模板创建表和利用导入外部数据创建表。下面以自主新建表为例，说明该表的创建过程。

（1）自主创建新表

具体步骤选用自主新建表的方式二。

打开"高血压病人信息管理系统"数据库，单击"创建"选项卡，在"表格"组中单击"表设计"按钮，打开表设计视图，如图 8-12 所示。表设计视图上半部分是字段输入区，从左至右分别为字段选定器、"字段名称"列、"数据类型"列和"说明（可选）"列。

字段选定器用来选择某一字段或全选所有字段；"字段名称"列用来录入字段的名称；"数据类型"列用来定义该字段的数据类型；"说明（可选）"列用来录入针对该字段的必要说明，起到提示和备忘的作用。

表设计视图的下半部分是字段属性区，用来设置字段大小、格式等属性。

① 添加字段：按照表的内容，在"字段名称"列中依次输入字段名称，在"数据类型"列中选择相应的数据类型。

图 8-12　表设计视图

② 设置表属性：根据每个字段的字段大小要求，分别在字段的属性窗格中设置各字段大小。同时设置"医疗卡号"为表的主键：右击"医疗卡号"字段，在出现的快捷菜单中选择"主键"命令，或选定"医疗卡号"字段，单击"表格工具"→"设计"选项卡，在"工具"组中单击"主键"按钮。设置完成后，此时在"医疗卡号"字段的字段选定器上将出现钥匙图标 ，表示该字段已成功设置为主键。

③ 保存表：选择"文件"→"保存"命令，还可以在快速访问工具栏中单击"保存"按钮，在打开的"另存为"对话框中输入表名称为"高血压病例"，单击"确定"按钮保存表。

通过以上操作，已经完成了表结构的建立，但此时为空表，后期可以在数据表视图中录入表内容。

（2）使用其他方法创建表

① 利用模板数据库的表模板创建表：选择"文件"→"新建"命令，选择模板数据库中的表模板，数据库保存后，修改所需表结构和内容即可。

② 利用导入的外部数据创建表：包括从文件、从数据库、从联机服务等位置进行导入。具体操作过程如下：

在"外部数据"选项卡的"导入并链接"组中，单击"新数据源"按钮，从弹出的下拉列表中进行选择。以导入 Excel 文件为例，依次选择"从文件"→"Excel"命令，打开如图8-13 所示的"获取外部数据 -Excel 电子表格"对话框。单击"浏览"按钮后，查找 Excel 文件所在位置，然后根据实际需要选择下方的某个选项，将已创建好的 Excel 表导入、追加或链接到新表中。

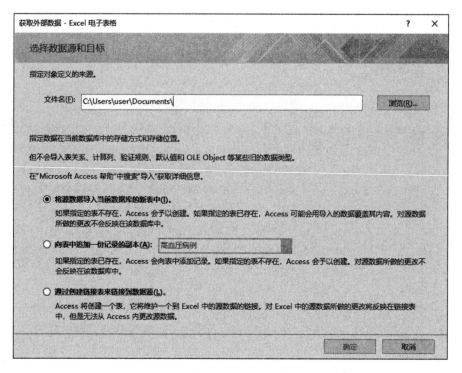

图 8-13 "获取外部数据-Excel 电子表格"对话框

知识链接

无论通过哪种方式自主创建新表，都需要经过表结构设计和表内容录入的两个核心过程，如需修改表结构则一般在设计视图中进行，如修改字段名称，增删字段，设置数据类型、字段大小、索引等。如需修改记录，则需要进入数据表视图，如新增记录、编辑记录、删除记录等。

2．录入表内容

（1）使用数据表视图录入数据

在表设计视图中显示的是表的结构属性，而在数据表视图中显示的是表中的数据，因此，针对表内容的操作都是在数据表视图中进行的。

输入数据的过程如下：打开数据库，打开相关表，进入数据表视图，在编辑区域录入数据，其录入方法与 WPS 表格操作类似。

例如，将高血压患者信息录入到"高血压病例"表中，分别在"医疗卡号""姓名""性别"等字段下方输入值。录入完一条记录后，按 Enter 键或 Tab 键转至下一条记录，继续录入第二条记录，直到所有记录录入完成。单击该表数据表视图右上角的"关闭"按钮，在关闭该表数据表视图的同时，自动保存了该表的内容。

当未对其中的某些字段指定值时，该字段将出现空值（用 Null 表示）。空值不同于空字符串或数值零，而是表示未录入、未知或不可用，它表示需在以后添加的数据。例如，某患者还未测量血压，故在录入该患者的信息时，"收缩压"和"舒张压"字段值则不能录入，系统将用空值标识这两个字段的数据。

知识链接

第一个字段列左边的小方块是记录选定器,用于选定该记录。通常在录入一条记录的同时,系统将自动添加一条新的空记录,并且该记录的记录选定器上显示一个星号 ＊ ,当前正在录入的记录的记录选定器上则显示铅笔符号 ✎ 。当鼠标指针指向记录选定器时,显示向右箭头 ➡ ,此时单击,则选中该记录,在记录上右击,则可以进行记录的新增、删除、复制等操作。

（2）特殊类型字段的录入方法

有些类型的字段,如 OLE 对象型、附件型等字段录入方法较特殊。

① OLE 对象型

在输入 OLE 对象型数据时,在数据表视图中,右击 OLE 对象型字段列的数据录入位置,在打开的快捷菜单中选择"插入对象"命令,打开如图 8-14 所示的"Microsoft Access"对话框。在该对话框中,选中"由文件创建"单选按钮,单击"浏览"按钮,在打开的"浏览"对话框中选中所需文件,单击"确定"按钮即可。

② 附件型

附件型字段相应的列标题会显示曲别针图标 📎 ,而非字段名称。在录入位置右击,在弹出的快捷菜单中选择"管理附件"命令,或在录入位置双击,弹出"附件"对话框,如图 8-15 所示。使用"附件"对话框可添加、编辑并管理附件,附件添加成功后,附件型字段列中将显示附件的个数。

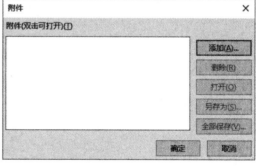

图 8-14 "Microsoft Access" 对话框　　　　图 8-15 "附件" 对话框

8.6　表之间的关联

数据库中的表之间往往存在着相互的联系。例如,"高血压病人信息管理"数据库中的"医生信息"表和"高血压病例"表之间存在一对多联系。在 Access 中,可以通过创建表之间的关联来表达这个联系。在创建关联前,往往需要对关联的表进行完整性设置,以确保表内部逻辑正确和两表正确关联。两个表之间一旦建立了关联,就可以很容易地从中找出所需要的数据,也为建立查询、窗体和报表打下基础。

8.6.1　数据完整性保护

为了防止不符合规则的数据进入数据库,数据库管理系统提供了一种对数据的监测控制机制，这种机制允许用户按照具体应用环境定义自己的数据有效性和相容性条件。在对数据进行插入、删除、修改等操作时，数据库管理系统自动按照用户定义的条件对数据实施监测，使不符合条件的数据不能进入数据库，以确保数据库中存储的数据正确、有效、相容。这种监测控制机制称为数据完整性保护，用户定义的条件称为完整性约束条件。在关系模型中，数据完整性可简单分为 3 种不同的类型：实体完整性、用户定义的完整性和参照完整性。

1. 实体完整性

实体完整性约束条件用以保证关系中的每一个元组都可以被识别。

在 Access 中，实体完整性通过定义表的"主键"或"唯一索引"来实现。只需要在表的设计视图中，将适合作为主属性的字段设置为主键，即可使该表符合实体完整性的要求。例如，在表 8-1 医生信息表中，关键字"工号"不能取空值，否则医院就会出现不受医院人事部门管理的医生，这种情况是不允许的。且主键值不能重复，如只能有一条医生工号为"202"的记录。

2. 用户定义的完整性

不同的关系数据库系统根据其应用环境的不同，往往还需要一些特殊的约束条件。用户定义的完整性即针对某个特定数据库的约束条件，它反映某一具体应用所涉及的数据必须满足的语义要求。Access 提供多种方法来控制用户将数据输入数据库的方式。

例如，可以定义某字段的验证规则或输入掩码来限制用户在该字段中输入的数据。这些简单的验证和限制可以通过设置表中字段属性，或设置窗体上控件的属性来完成，本节仅介绍前一种方法。

（1）设置字段验证规则

字段验证规则用于检查输入字段的值。例如，可以定义">0"作为"舒张压"字段的验证规则，该规则只允许输入一个大于 0 的正数，防止误输入负值。若不满足条件，系统显示"舒张压要大于 0"的信息给用户，提醒用户重新输入。字段有效性规则设置效果如图 8-16 所示。

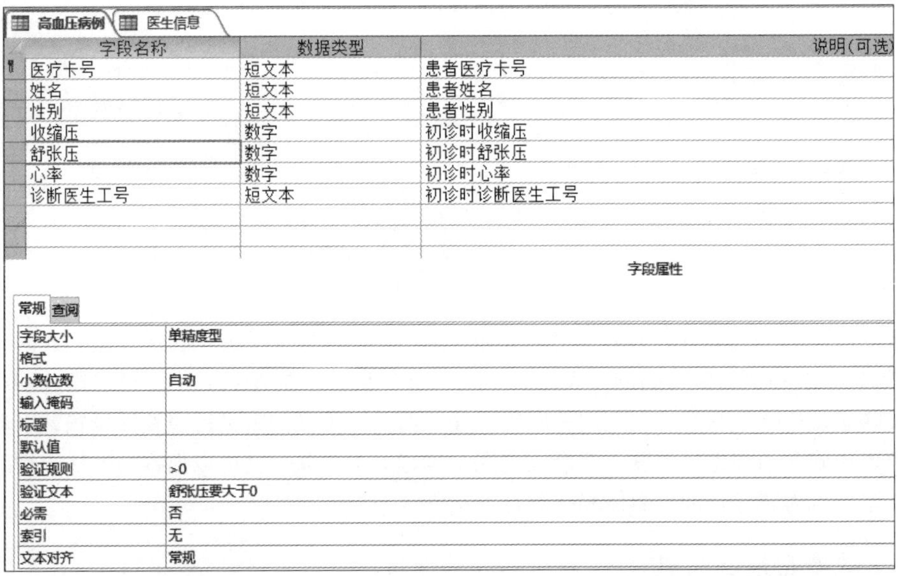

高血压病例	医生信息	
字段名称	数据类型	说明(可选)
医疗卡号	短文本	患者医疗卡号
姓名	短文本	患者姓名
性别	短文本	患者性别
收缩压	数字	初诊时收缩压
舒张压	数字	初诊时舒张压
心率	数字	初诊时心率
诊断医生工号	短文本	初诊时诊断医生工号

字段属性

常规 查阅

字段大小	单精度型
格式	
小数位数	自动
输入掩码	
标题	
默认值	
验证规则	>0
验证文本	舒张压要大于0
必需	否
索引	无
文本对齐	常规

图 8-16　字段有效性规则设置效果

除了"舒张压"之外，患者的"收缩压"和"心率"等字段都应该给予字段有效性限定和输入数据错误时的提示。

（2）记录验证规则

记录验证规则与字段验证规则不同，它在保存整条记录时起控制作用。记录验证规则可以引用同一张表中的其他字段。这种设置往往用于在当前表中不同字段的值需要满足一定的约束或逻辑关系的情况。例如，可以为"高血压病例"表定义有效性规则"［收缩压］>［舒张压］"，这条规则可以确保"收缩压"和"舒张压"之间的正确逻辑关系。具体方法是：在表设计视图的"表格工具"→"设计"选项卡的"工具"组中，单击"属性表"按钮，在弹出的"属性表"窗格中进行设置。图 8-17 所示即为包含"属性表"窗格的表设计视图。

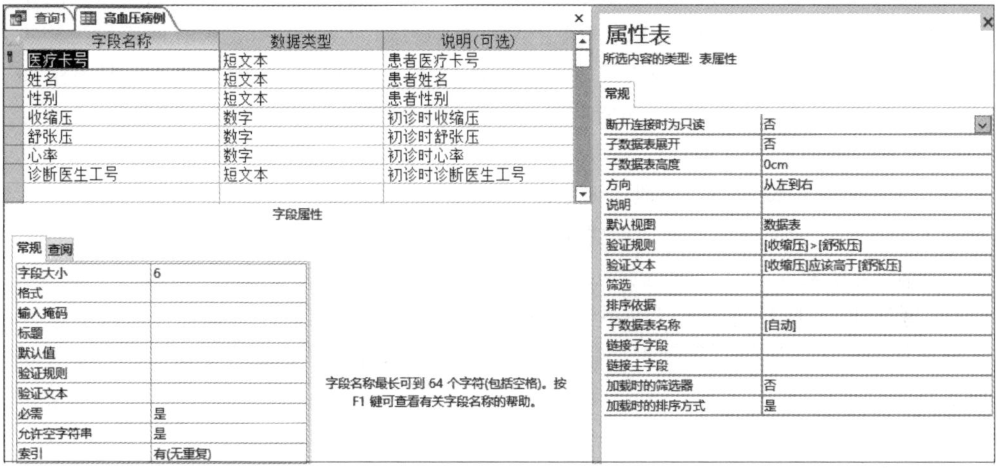

图 8-17 包含"属性表"窗格的表设计视图

在表中定义了验证规则后，不论在何种情况下，只要是添加或编辑数据，都将强行实施字段验证规则。当违反字段或记录的验证规则时，系统会显示消息（即录入的验证文本）以通知如何正确输入数据。

3．参照完整性

参照完整性是指两个表的主关键字和外部关键字的数据应对应一致。它确保了有主关键字的表（主表）内容存在于外部关键字所在表（相关表），即保证了两表数据的一致性，防止了数据丢失或无意义的数据在数据库中扩散。例如，表 8-1 医生信息表中"工号"字段值必须与表 8-2 高血压病例表中的某个"诊断医生工号"的属性值相等，否则就会出现就诊医生不属于本医院医生的情况，具体操作方法如下：

（1）在"关系"窗口空白位置右击，在弹出的快捷菜单中将可能需要建立表之间关系的表添加到窗口中。

（2）拖动主索引字段至外部关键字字段上方，弹出"编辑关系"对话框，单击"创建"按钮，此时生成有连接线的关系连接。但此时的连接不能实现真正意义上的两表数据联动。只有在勾选"编辑关系"对话框的"实施参照完整性"复选框后，此时可以设置"级联更新相关字段"和"级联删除相关记录"的关联规则，以防止主表和相关表中出现关联字段数据不一致的现象，并自动生成了以下约束条件：

① 主表中没有的记录不能添加到相关表中：例如，"高血压病例"表中的"诊断医生工

号"必须存在于"医生信息"表的"工号"字段。

② 在相关表中存在匹配的记录时，则不能从主表中删除该记录：例如，"高血压病例"表中有某患者对应的"诊断医生工号"，则不能在"医生信息"表中删除该医生的记录。

③ 在相关表中存在匹配的记录时，则不能更改主表中的主键值：例如，"高血压病例"表中有某患者对应的"诊断医生工号"，则不能在"医生信息"表中修改该医生的"工号"。

总之，在实施了参照完整性后，对两表都产生了约束机制，从而确保两表之间正确的逻辑性和数据的一致性。

8.6.2　表关联的创建

在创建表之间的关联时，至少需要在其中的一个表中定义一个主键，然后使该表的主键与另一表的对应列（一般为外键）相关。主键所在的表称为主表，外键所在的表称为相关表（也可称为子表或子数据表）。两表的联系就是通过主键和外键实现的，两表关联方法如下（注意：在创建表关联之前，应关闭所有需要定义关联的表）：

1. 设置主键

在其中一个表中设置一个字段（该字段值与另一个表的其中一个字段值具有相关性，且两字段类型相同）为主键（该字段值无重复）。

2. 添加关联表

在"数据库工具"选项卡"关系"组中单击"关系"按钮，在"关系"窗口空白处右击，弹出快捷菜单，选择"显示表"命令，在弹出的"显示表"对话框中依次将需要关联的表添加到窗口中。

3. 建立关联

拖动主表的主键字段至相关表外部关键字上方，弹出"编辑关系"对话框，单击"创建"按钮，并生成两表之间的连线。此时建立的关联不会使两表产生真正的联动，主表在删除某记录后，相关表中的记录不会产生变动，如"医生信息"表中删除了某位医生信息，但"高血压病例"表中仍然有该医生的相关信息，显然不符合两表的逻辑关系，为了确保两表数据的一致性，则需要实施参照完整性设置。

4. 设置实施参照完整性

参照完整性设置能确保主表和相关表之间保持正常的联动关系。在图 8-18 所示"编辑关系"对话框中，有 3 个选项供选择，但必须在勾选"实施参照完整性"复选框后，其他两个选项才能被勾选。

图 8-18　"编辑关系"对话框

如果选择了"级联更新相关字段"选项，则当更新主表中记录的主键值时，系统会自动更新相关表所有相关记录的主键值；如果选择了"级联删除相关记录"选项，则当删除主表中的记录时，系统将自动删除相关表中的相关记录。只有当选择"实施参照完整性""级联更新相关字段""级联删除相关记录" 3 个选项后，才能使数据产生联动。此时连线的主表与相关表端分别新增字符"1"和"∞"，即产生了一对多的关联，如图 8-19 所示。

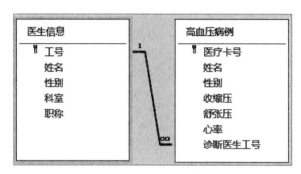

图 8-19　一对多的关联图

5．编辑关联

在定义了关联后，有时还需要重新编辑已有的关联，其操作步骤如下：

① 单击"数据库工具"选项卡，在"关系"组中单击"关系"按钮，打开"关系"窗口。

② 在"关系工具"→"设计"选项卡"工具"组中，单击"编辑关系"按钮，或双击两个表之间的连线，在弹出的对话框中重新编辑关联。

如果要删除两表关联，则可在连线上右击，在弹出的快捷菜单中选择"删除"命令。

8.6.3　在主表中显示子数据表

通常在建立表间关联后，Access 会自动在主表中插入子数据表，在默认情况下，子数据表数据会自动隐藏。可以通过"展开子数据表"或"折叠子数据表"操作，分别显示或隐藏子数据表。图 8-20 所示即在"医生信息"表（主表）中显示了"高血压病例"表（子数据表）。

工号	姓名	性别	科室	职称	单击以添加
☐ 201	邓淑娟	女	心血管内科	副主任医师	

医疗卡号	姓名	性别	收缩压	舒张压	心率	单击以添加
202203	于登林	男	203	130	98	
*						

⊞ 202	刘伟	男	心血管内科	副主任医师	
⊞ 203	伍平	男	心血管内科	主治医师	
⊞ 205	刘旭	男	心血管内科	主治医师	
⊞ 206	陈梦霞	女	心血管内科	助理医师	

图 8-20　主表中子数据表的显示

在主表的数据表视图中，每条记录左侧都有一个关联标记，在未显示子数据表时，关联标记为符号"+"，单击"+"则变成符号"−"，可以通过单击这两个符号进行展开和折叠操作。

8.7　数据查询与应用

在数据库中创建表之间的关联后，便可以根据用户指定的条件，在表中查找满足条件的记录，利用查询不仅可以从表中查找出符合条件的数据，还可以将查询对象作为窗体、报表的数据源。查询就是根据一定的查询条件对数据库系统发出一个数据请求，数据库系统在接收到这个请求后会查找出满足该条件的记录集。数据库查询是数据库的核心操作。

8.7.1　查询视图

在 Access 中，有 3 种查询视图，分别为数据表视图、SQL 视图和设计视图。打开查询后，可以在"开始"选项卡"视图"组中单击下拉按钮，选择不同的命令，可以在不同的查询视图间相互切换。

1．数据表视图

数据表视图是查询的浏览器，通过该视图可以查看查询的运行结果。

查询的数据表视图看起来很像表，但与表有本质的区别。因为由查询所生成的数据值是从表中动态调取的，即为表中数据的镜像。

2．SQL 视图

在 SQL 视图中，通过编写 SQL 语句，可以实现用查询向导或查询设计器无法设计出的查询。

Access 中的数据库查询提供了在 SQL 视图中使用 SELECT 语句的方法，以及直接在设计视图中设计查询的方法。SELECT 语句是所有关系数据库通用查询诘句，大量地用于数据库应用系统开发，窗体中查询操作简便易行。例如，在复杂的医院信息系统数据库中，有多达几十个相关的数据表：挂号表、药品表、住院病人表、床位表等。而医护人员之所以能够根据医疗卡号进行患者信息的快速查询，原因在于工程师在设计数据库时建立了各表的关联，编写了查询语句。

3．设计视图

查询设计视图就是查询设计器，通过该视图可以设计除 SQL 语句查询之外的任何类型的查询。打开查询设计器窗口后，在窗口下部则可进行字段选择、条件设置等操作，同时在"查询工具"→"设计"选项卡中，可以通过单击"运行""生成表"等按钮进行相关设置。

8.7.2　在 SQL 视图中创建查询

使用 SELECT 语句进行数据库查询，可以在数据库中方便地查询数据库中符合条件的数据。SELECT 语句的基本框架为"SELECT...FROM...WHERE"，各子句分别指定输出字段、数据来源和查询条件。在这种固定格式中，WHERE 子句为可选项，但 SELECT 子句和FROM 子句是必需的。其语法格式大致如下：

SELCET [ALL|DISTINCT] [TOP <operator>]
[<column_name>][AS <column_name>][,[<column_name>]
<Select operator>[AS <column_name>]
FROM [<database_name>]<table_name>
[WHERE <operator1> [AND <operator2>..][AND |OR <operator>...]]
[GROUP BY < operator>][,< operator>..]
[HAVING <operator>]
[ORDER BY <column_name>[ASC|DESC]]

　　整条 SELECT 语句的含义是：FROM 子句指定读取记录的基本表或视图中；WHERE 子句指定条件表达式；GROUP BY 子句则根据条件表达式对记录进行分组；HAVING 子句根据该子句的条件表达式，选择满足条件的分组结果；ORDER BY 子句是根据该子句的条件表达式，将按指定列的取值排序；SELECT 语句指定列，输出结果。

　　例如，在高血压病人信息管理系统数据库中，查询收缩压高于 200 的病人，需要显示病人姓名、收缩压、舒张压和诊断医生姓名，使用 SELECT 语句进行查询，可以按如下步骤操作：

　　① 打开要查询的高血压病人信息管理系统 Access 数据库文件。

　　② 单击"创建"选项卡"查询"组中的"查询设计"按钮。

　　③ 在弹出的"查询"窗口中，将"医生信息"表和"高血压病例"表两表添加到"查询"窗口中，在查询名称标签上右击，选择"SQL 视图"命令，如图 8-21 所示。

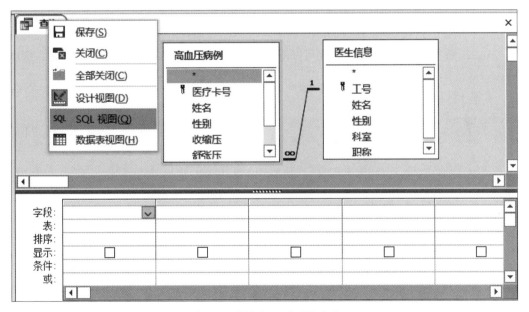

图 8-21　选择"SQL 视图"命令

　　④ 此时在"查询"窗口自动生成 SELECT 语句，在此基础上由用户修改确认，生成 SELECT 查询语句，如图 8-22 所示。

　　⑤ 单击"查询工具"→"设计"选项卡"结果组"中的"运行！"按钮，即显示如图

8-23 所示 SELECT 语句查询结果。

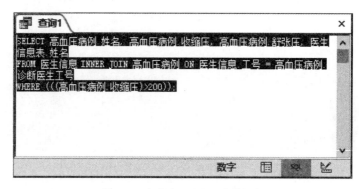

图 8-22　生成的 SELECT 查询语句

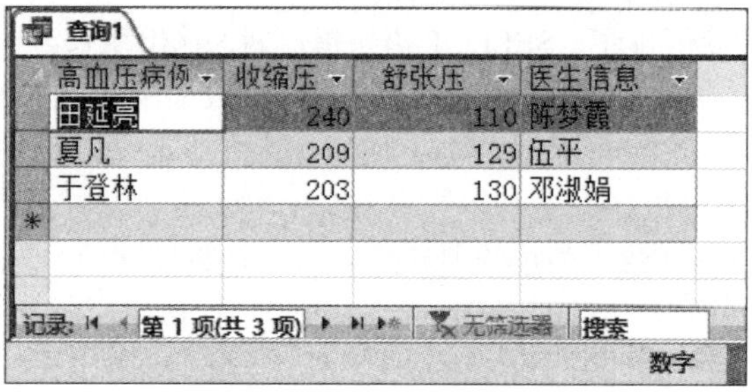

图 8-23　SELECT 语句查询结果

8.7.3　在设计视图中创建查询

　　Access 数据库窗体操作查询功能可以不通过编码，就能方便地对数据库进行查询，这也是 Access 数据库较为重要的特色。

　　上述 SELECT 查询语句代码为：

> 　　SELECT 高血压病例.姓名,高血压病例.收缩压,高血压病例.舒张压,医生信息.姓名
> 　　FROM 医生信息 INNER JOIN 高血压病例 ON 医生信息.工号 = 高血压病例.诊断医生工号
> 　　WHERE (((高血压病例.收缩压)>200));

　　要达到和上一段 SQL 语句相同的查询结果，可以按如下步骤操作：

　　① 打开要查询的高血压病人信息管理系统。

　　② 单击"创建"选项卡"查询"组中的"查询设计"按钮，打开默认的"查询 1"设计窗口。

　　③ 在弹出的"查询"窗口中，将"医生信息"表和"高血压病例"表两表添加到"查询"窗口中，在当前窗口下部分别在"字段"行选择两表中的"姓名"字段、"高血压病例"表中的"收缩压""舒张压"字段，在条件行的"收缩压"字段下方输入">200"，查询设置效果如图 8-24 所示。

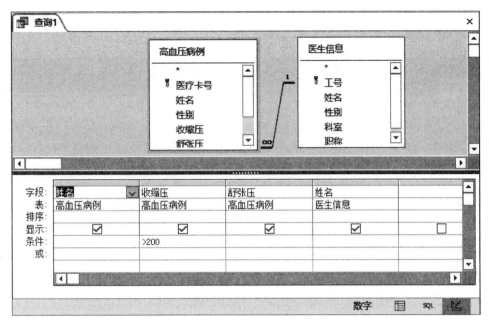

图 8-24　查询设置效果

④ 单击"查询工具"→"设计"选项"结果"组中的"运行！"按钮，显示如图 8-23所示的查询结果。

一个数据库中的多个表之间一般都存在某种内在联系，它们共同提供有用的信息。查询可以在一个表内进行，也可在多表之间进行。如果一个查询同时涉及两个以上的表，则称之为连接查询或多表查询。当检索数据时，通过连接操作查询出存放在多个表中的不同实体的信息，连接操作给用户带来很大的灵活性。

8.8　窗体设计

窗体是一个极为重要的对象，窗体就是一个 Windows 窗口，是用户和数据库应用系统之间联系的桥梁，通过窗体可对数据库中的数据进行输入、编辑、浏览、排序、筛选、显示及应用程序的执行控制。通过对窗体的设计和设置，可以创建出形象、美观的操作界面，从而使数据库的各种操作变得更加直观、方便。窗体设计的好坏反映了数据库应用系统界面的友好性和可操作性。

在 Access 桌面关系数据库管理系统中，窗体对象的建立可以有自动创建窗体和自主创建窗体两种方式。在 Access 窗口中，"创建"选项卡中的"窗体"组提供了多种创建窗体的命令按钮，其中包括"窗体""窗体设计"和"空白窗体"3 个主要的命令按钮，还有"窗体向导""导航"和"其他窗体"3 个辅助按钮。下面只作简要介绍。

1．自动创建窗体

下面以创建"高血压病例"的窗体为例，介绍自动创建窗体的操作流程。

首先打开表，在 Access 窗口中，单击"创建"选项卡"窗体"组中的"窗体"按钮，此时，Access 自动创建名为"高血压病例"的窗体，如图 8-25 所示。使用"窗体"按钮所创建的窗体，其数据源来自单个表或单个查询，且窗体的布局结构简单。这种方法创建的窗体是一种单记录布局的窗体。系统将自动将表中的各个字段进行排列和显示，窗体左侧为字段名，右侧为字段的值。

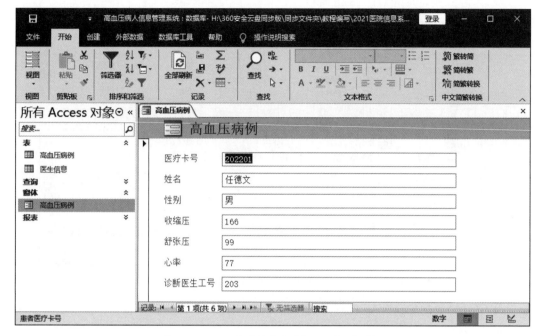

图 8-25　Access 自动创建的"高血压病例"窗体

在窗体下方有记录导航按钮，操作记录导航按钮可以方便查看前一条、后一条、第一条和最后一条记录，还可以直接在窗体中添加新记录，需要注意的是，添加新记录时务必遵照数据库设计时已经设定的属性要求，否则系统不允许添加。

由此可见，自动创建窗体时，只需指定窗体所需要的数据源（表或查询），无需其他操作，就可以自动建立相应窗体。通过这种方法创建窗体时，虽然操作简单，但不能从数据源中自由选择字段，窗体将显示来自数据源的所有字段和记录。

2. 自主创建窗体

自动创建的窗体功能单一，形式基本固定，因此在很多情况下用户希望能自己设计窗体界面布局和功能，自主创建窗体主要有以下两种方法：

（1）单击"窗体设计"按钮直接创建空白窗体，显示窗体设计视图。在设计视图中，可选择窗体的数据源、调整控件在窗体上的布局，设置属性和响应事件，并自主设置窗体外观。

（2）单击"空白窗体"按钮直接创建一个空白窗体，用户可以在空白窗体中自由添加控件来设计窗体，数据源中的字段可以进行手动选择并添加到窗体中。

Access 创建窗体的方法各具特点，其中尤以在设计视图中创建窗体最为灵活，且功能最强。利用设计视图，用户可以完全控制窗体的布局和外观，可以根据需要添加控件并设置其属性，从而设计出符合要求的窗体。具体操作步骤如下：

打开数据库，单击"创建"选项卡，在"窗体"组中单击"窗体设计"按钮，此时打开窗体设计视图，如图 8-26 所示。

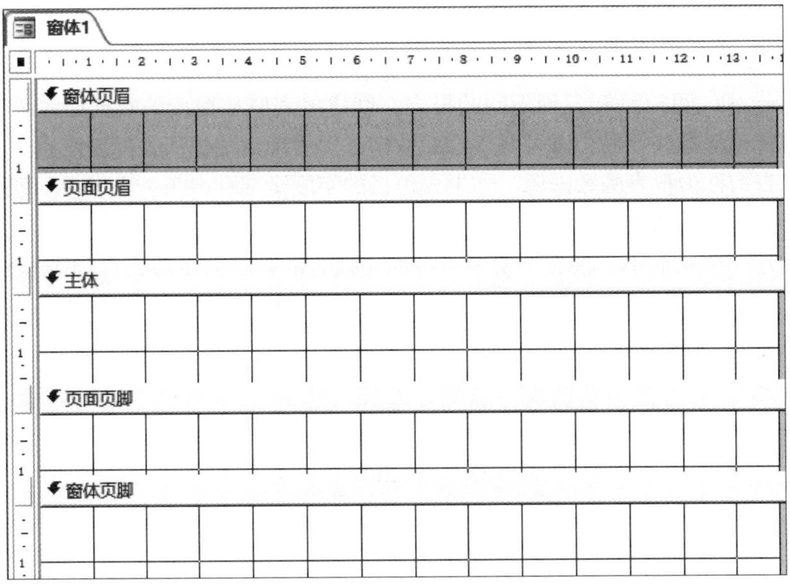

图 8-26　窗体设计视图

窗体设计视图是设计窗体的窗口，它由 5 个部分组成，分别为窗体页眉、页面页眉、主体、页面页脚和窗体页脚。其中，每一部分称为一个节，每个节都有特定的用途，窗体中的信息可以分布在多个节中。

窗体页眉位于窗体顶部，一般用于显示每条记录都一样的信息，如窗体标题，窗体使用说明及执行其他功能的命令按钮等。在窗体视图中，窗体页眉显示在窗体的顶端，打印窗体时，窗体页眉打印输出到文档的开始处。窗体页眉不会出现在数据表视图中。窗体页脚位于窗体底部，一般用于显示所有记录都要显示的内容，如窗体操作说明，也可以设置命令按钮，以便进行必要的控制；打印窗体时，窗体页脚打印输出到文档的结尾处。与窗体页眉相似，窗体页脚也不会出现在数据表视图中。

页面页眉一般用来设置窗体在打印时的页头信息，如每页的标题、需要在每一页上方显示的内容。页面页脚一般用来设置窗体在打印时的页脚信息，如日期、页码等内容。

主体用于显示窗体数据源的记录。主体节通常包含与数据源字段绑定的控件，但也可以包含未绑定的控件，如用于识别字段含义的标签及线条、图片等。

在上述学习内容的基础上，如果需要根据自己的需求创建窗体，则需结合 Visual Basic 编程软件相关知识才能更好掌握窗体的创建方法。

8.9　报　表

报表是 Access 提供的专门用来统计汇总并且打印输出数据的对象。虽然表、查询和窗体都可以用于打印，但如果版面格式要求比较高，则应该使用报表。报表是打印数据的最佳方式，可以帮助用户以更好的方式展示数据。

报表和窗体都用于数据库中数据的表示，但两者的作用不同。窗体主要用来输入和修改数据，强调交互性；报表则用来输出数据，没有交互功能。报表和窗体的创建过程基本一致，只是创建的目的不同而已，窗体用于实现用户与数据库系统之间的交互操作，而报表主要是把数据库中的数据清晰地呈现在用户面前。

1. 自动创建报表

在 Access 中，可以创建各种不同的报表。创建报表应从报表的数据源入手，首先必须确定报表中要包含哪些字段，以及要显示的数据，然后确定数据所在的表或查询。提供基础数据的表或查询称为报表的数据源。如果要包括的字段全部存在于一个表中，则可以直接使用该表作为数据源。如果字段包含在多个表中，则需要使用多个表作为数据源。

在"创建"选项卡中"报表"组中，有创建报表的各种命令按钮，如图 8-27 所示，通过"报表""报表向导"命令按钮，能在已打开表或查询的基础上自动创建报表，其方法与窗体的创建类似，在此不再赘述。

图 8-27　"创建"选项卡"报表"组中命令按钮

2. 自主创建报表

打开数据库，单击"创建"选项卡，在"报表"组中单击"报表设计"按钮，即可以打开报表设计视图，如图 8-28 所示。

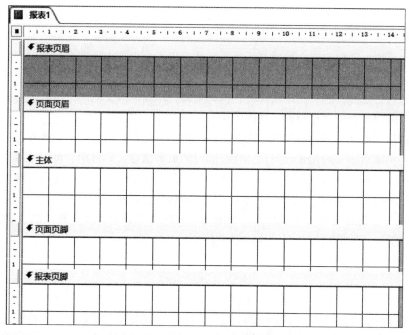

图 8-28　报表设计视图

报表设计视图是设计报表的窗口，它与窗体设计视图结构类似，由 5 个部分组成，分别为报表页眉、页面页眉、主体、页面页脚和报表页脚，其每部分的功能、显示特点和窗体设计视图基本相同，其操作方法与创建窗体采用的操作方法相同。

案例

2022 年 11 月 13 日，首部《中国高血压临床实践指南》发布。推荐将我国成人高血压诊断界值下调为收缩压大于或等于 130 mmHg 和 / 或舒张压大于或等于 80 mmHg。高血压是指以体循环动脉血压（收缩压和 / 或舒张压）增高为主要特征，可伴有心、脑、肾等器官的功能或器质性损害的临床综合征。高血压是最常见的慢性病，也是心脑血管病最主要的危险因素。

为规范门诊管理，提高患者就医体验，更有效地进行高血压病人的管理，新春天门诊部需要建立一个高血压病人信息管理系统，具体要求如下：

（1）在高血压病人信息管理数据库中新建"医生信息"表（表内容见表 8-1，表结构见表 8-6）和"高血压病例"表（表内容见表 8-2，表结构见表 8-5）。

表 8-6 医生信息表结构

字段名称	数据类型	字段大小
工号	文本	3
姓名	文本	10
性别	文本	1
科室	文本	10
职称	文本	10

（2）为满足录入数据符合逻辑，设置收缩压、舒张压和心率均大于 0，收缩压必须大于舒张压，并在录入不满足条件的数据时，及时弹出提示信息。

（3）通过医生工号建立两表关联，建立"诊断医生"查询。

（4）方便医生通过简单窗体形式查看自己负责的病人姓名、血压等信息。

（5）设计简单报表，打印出"诊断医生"信息。

实训：具体操作过程如下：

1. 建立"高血压病人管理"数据库

（1）在 Access 窗口中选择"文件"→"新建"命令，单击"空白桌面数据库"按钮。

（2）在"文件名"文本框中输入数据库文件名为"高血压病人管理"，选择数据库存放位置，单击"创建"按钮。

2. 分别建立"医生信息表"和"高血压病例"表

（1）单击"创建"选项卡，在"表格"组中单击"表设计"按钮，打开表设计视图，如图 8-12 所示。在表设计视图上半部分分别输入字段名称，修改数据类型，同时在表设计视图下半部分设置字段大小等字段属性值，分别设置"工号"和"医疗卡号"为两表的主键。

需要注意的是，在"收缩压""舒张压""心率"字段设置过程中，分别在字段属性区"验证规则"文本框中输入">0"，并分别在"验证文本"文本框中输入提示信息"收缩压要大于 0""舒张压要大于 0""心率要大于 0"，如图 8-16 所示。

（2）在"表格工具"→"设计"选项卡"显示 / 隐藏"组中，单击"属性表"按钮，在弹出如图 8-17 所示"属性表"窗格中进行设置。

（3）在"高血压病例"表设计视图中，单击"验证规则"右侧的对话框启动器按钮，弹出如图 8-29 所示"表达式生成器"对话框。首先在"表达式类别"列表框中双击"收缩压"选项，然后在"表达式元素"列表框中单击"操作符"，并在右侧"表达式值"列表框中双击">"，最后在"表达式类别"列表框中双击"舒张压"选项，此时已生成完整的表达式"［收缩压］>［舒张压］"。同时，在"验证文本"文本框中输入出错提示信息"［收缩压］应该高于［舒张压］"。

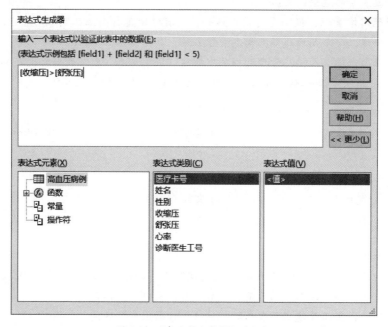

图 8-29 "表达式生成器"对话框

（4）依次在表名标签上右击，在弹出的快捷菜单中选择"数据表视图"命令，分别录入两表的内容，或者单击"外部数据"→"新数据源"→"从文件"→"Excel"命令导入数据，如图 8-30 所示。在打开的对话框中，选择已经录入信息的 Excel 文件"医生信息 .xlsx"和"高血压病例 .xlsx"直接导入，完成"医生信息"表和"高血压病例"表的创建。

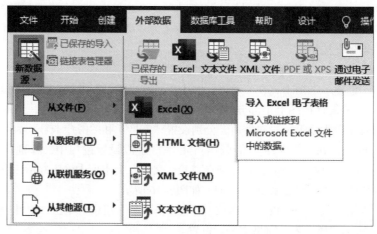

图 8-30 将 Excel 文件导入 Access 表

3. 建立两表的关联

（1）在"数据库工具"选项卡"关系"组中单击"关系"按钮，在"关系"窗口空白位置右击，在弹出的快捷菜单中选择"显示表"命令，在弹出的"显示表"对话框中依次双击"医生信息"表和"高血压病例"表，将两表添加到窗口中。图 8-31 所示即为添加的待关联的两个表。

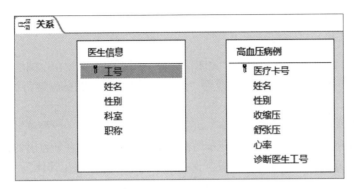

图 8-31　添加的待关联的两个表

（2）拖动"医生信息"表主索引字段"工号"至"高血压病例"表外部关键字"诊断医生工号"字段上方，弹出如图 8-18 所示"编辑关系"对话框，勾选"实施参照完整性""级联更新相关字段""级联删除相关记录"复选框，单击"创建"按钮完成关联建立。如果需要修改关联字段，则可以在该对话框的下拉列表中选择两表相应字段进行关联，效果如图 8-19 所示。

4. 建立查询

（1）单击"创建"选项卡"查询"组中的"查询设计"按钮，在弹出的"显示表"对话框中添加"医生信息"表和"高血压病例"表，在"查询"窗口（图 8-32）下部的"字段"行，分别选择两表中的"姓名""舒张压"等字段。

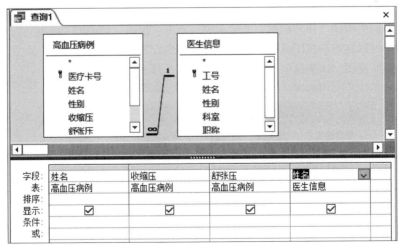

图 8-32　"查询"窗口

（2）单击"查询工具"→"设计"选项卡"结果"组中的"运行！"按钮，即显示如图 8-33 所示的查询结果，此时可以直观查看病人姓名、收缩压、舒张压和诊断医生姓名等信息。

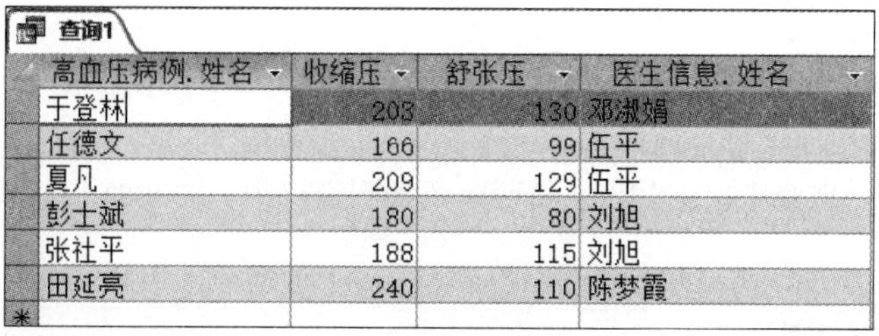

高血压病例.姓名	收缩压	舒张压	医生信息.姓名
于登林	203	130	邓淑娟
任德文	166	99	伍平
夏凡	209	129	伍平
彭士斌	180	80	刘旭
张社平	188	115	刘旭
田延亮	240	110	陈梦霞

图 8-33　查询结果

在"查询 1"标签上右击，选择"关闭"命令关闭当前查询。在左侧的导航窗格"查询1"上右击，选择"重命名"命令，修改为"诊断医生查询"，按 Enter 键，双击打开该查询。

5．建立窗体

在"创建"选项卡中，单击"窗体"组中的"窗体"按钮，生成简单窗体，为了增强窗体内容的可读性和美观性，可以在选择布局视图或设计视图后，在新弹出的选项卡中，对其中的字段名、列宽度、字体等进行设置。保存该窗体名"诊断医生窗体"。在该窗体名标签上方右击，选择"窗体视图"命令，诊断医生窗体如图 8-34 所示。在当前视图中，除可以浏览 6 条记录外，还可以在当前界面修改记录。

图 8-34　诊断医生窗体

6．建立报表

打开诊断医生窗体，在"创建"选项卡中，单击"报表"组中的"报表"按钮，生成简单报表，同样可以在布局视图或设计视图中进行格式设置和相关内容修改，设置完成后切换到"打印预览"视图，诊断医生报表生成效果如图 8-35 所示。

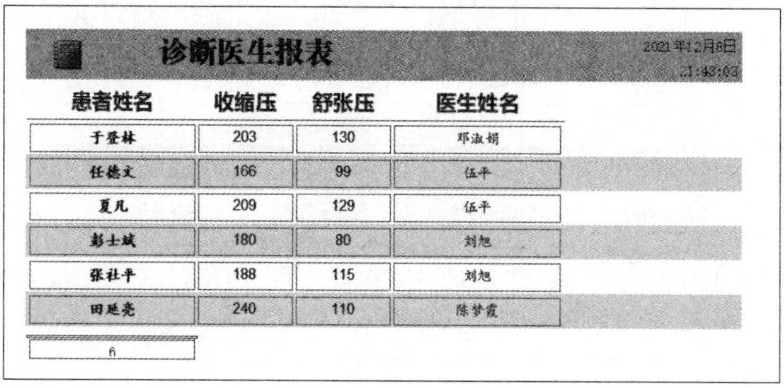

患者姓名	收缩压	舒张压	医生姓名
于登林	203	130	邓淑娟
任德文	166	99	伍平
夏凡	209	129	伍平
彭士斌	180	80	刘旭
张社平	188	115	刘旭
田延亮	240	110	陈梦霞

诊断医生报表　2021年12月8日　21:43:03

图 8-35　诊断医生报表生成效果

与窗体不同的是，不能在当前报表视图修改记录。

第 9 章
医学信息学概论

随着信息科学在医疗卫生各个领域的应用和发展，我国医学信息化进程正在不断加快，医院信息化的建设发展十分迅速。各级政府都在不断加强健康医疗信息标准的建设，也建立了相应的信息标准体系和一系列的信息标准内容，不但满足了基本的健康医疗信息化的工作需要，而且积极推动着智慧医疗、医疗协作、数据共享的落地应用。因此，掌握医学信息标准是顺利开展医疗卫生工作的基本前提。

本章将围绕医学信息学的概念、医学信息学的研究对象与研究内容、医学信息标准等内容来展开。

> 📖 学习目标
>
> 1. 了解医学信息学的定义、研究对象、研究方向和热点；理解医学信息标准化的意义；区分 ICD-10、DICOM 3.0、HL7、SNOMED CT 等标准的应用领域；了解我国医学信息标准化工作取得的成绩。
> 2. 学会查找疾病相应的 ICD-10 编码。
> 3. 具有文化自信和使命感，勇担中医药振兴发展重任。

9.1　医学信息学基础

自 20 世纪 70 年代以来，新兴的信息科学与医疗卫生学科相互融合，诞生了一门新型的交叉学科——医学信息学（medical informatics），或称为卫生信息学（health informatics）。

9.1.1　医学信息学的定义

1988 年美国医学信息学协会（American Medical Informatics Association，AMIA）成立，医学信息学逐渐成为极具活力、富有成果的学科。进入 21 世纪，医学大数据迅速增长，全面融合的医学信息学研究模式逐渐形成。随着精准医疗、协同医疗、数据融合以及人工智能等技术的发展，医学信息学的研究范围也随着人们对这一交叉学科的不断研究而拓展。

现阶段，医学信息学被定义为一门研究利用信息技术进行医疗卫生学科相关数据、信息和知识的获取、处理、存储、检索并有效管理与利用的学科。它是一门新兴的、多学科的、交叉型的综合学科，其所使用的工具不仅包含计算机科学、生物物理学、生物数学以及管理学，还包括临床指导原则、医疗术语和实现平台的信息通信系统。

医学信息学定义中涉及三个重要概念，即数据、知识和信息。

一般认为，数据是人们用于记录事物情况的物理符号。为了描述客观事物而用到的数字、字符，以及所有能输入到计算机中并能被计算机处理的符号都可以看成数据。信息是数据中所包含的意义，只有经过加工处理之后具有新内容的数据才能成为信息。知识是信息组成的一系列法则和公式。

例如，测体温时，测得腋温 40 ℃，其中的"40 ℃"是数据，根据"临床上若腋温超过 37.4 ℃时为发热，达到 39 ℃以上为高热"的知识，可以得出"此时病人高热，需要及时适当降温，以防惊厥及其他不良后果"的信息。

9.1.2 医学信息学研究的对象

医学信息学研究的目的是将信息学的理论、方法、技术应用在医学领域，从而促进医学信息的有序化和医疗工作的高效化。目前，医学信息学的研究主要集中在使用计算机技术管理医学信息和知识，以便为医院临床、管理和科研工作服务。医学信息学研究以医学信息为主要研究对象，既有别于一般的医学科学，也有别于计算机科学。研究对象的特点主要体现为不确定性、难以度量，以及复杂成分之间复杂的相互作用。随着医学信息学关注度的不断提升，其研究深度和应用范围也在持续扩展。目前国内外关于医学信息学的研究主要集中在以下三个方面。

1. 学科基础研究

学科基础研究主要包括两个方面的研究内容：一是研究医学信息的概念、属性、本质、表征和度量，这属于基础的理论研究，甚至包括哲学意义上的探讨。二是研究医学信息系统的概念、构成、功能、原理、方法和手段，一般是在信息论的指导下，研究医学信息的产生、提取、检测、变换、传递、存储、处理和识别。

2. 方法技术研究

方法技术研究主要是对医学信息学领域的相关理论方法和新兴技术进行研究，如大数据技术、信息管理技术、机器学习方法、医疗设备接口、远程医疗、安全通信协议等。

3. 实践应用研究

实践应用研究主要是对医学信息学在临床试验、疾病诊疗等方面的应用进行研究，主要包括两个方面：一是研究利用医学信息进行控制的原理和方法。在控制论的指导下研制各种信息化、智能化的医疗设备，如智能手环、血常规血细胞分析仪、B 超机等。二是研究实现医学信息系统最佳组织的原理和方法。在系统论的指导下，运用系统工程的技术，以及硬件工程、软件工程和知识工程的方法，研发最有效的医学信息系统，人工智能辅助诊疗系统就属于实践应用研究成果的典型代表。例如，科大讯飞与清华大学联合研发的"智医助理"机器人（图 9-1），在医生问询病人的同时，"智医助理"就能在后台根据病人的情况，实时提供病情预判和诊疗建议供医生选择，有效降低医生误诊率，缓解医疗资源不均衡的压力。

图 9-1 "智医助理"机器人

9.1.3　医学信息学研究的方向

医学信息学作为多学科交叉的新兴学科，它的研究方法既有各门学科通用的一般方法，又有医学信息学特有的研究方法。由于医学信息学可看作信息学向医学渗透的产物，医学信息系统既涉及人体复杂的生命系统，又涉及计算机通信网络系统，因此，医学信息学面对的是多信道、多用户网络、多个通信终端的庞大复杂系统。在这些系统中，信息的产生、获取、加工、存储、使用等都十分复杂。目前，医学信息学的主要研究方向包括以下六个方面。

1. 医学信息的采集、加工、传输、存储、分析和利用

就中文医学信息而言，主要包括汉字信息处理和汉语信息处理两个方面，前者涉及编码问题，后者涉及词法（包括词的切分）、句法、语义、语境的处理等。

2. 计算机和网络技术

计算机和网络技术包括计算机软件、硬件系统和应用系统，网络协议标准、网络管理和网络安全技术等。

3. 信号处理和医学成像技术

信号处理和医学成像技术包括随机信号的提取、分析、变换、滤波、检测、估计与识别，数字图像的采集、存储、检索、表达和像素关系，图像变换，图像增强、恢复、重建，图像分类、切割，以及分子影像成像等技术。

4. 人工智能技术

人工智能的知识表示、推断，机器学习等技术将在智能诊疗、医学影像智能识别、医疗机器人、药物智能研发和智能健康管理等多个领域得到应用，也意味着人类能得到更为普惠的医疗救助，获得更好的诊断、更安全的微创手术、更短的等待时间和更低的感染率。

5. 医学信息决策分析方法

医学信息决策分析使医学决策具有更充分的数据支持和最佳决策方案的选择，主要涉及决策树、贝叶斯决策分析等。临床决策分析是采用定量分析的方法，在充分评价不同方案的风险和利益之后，选取最佳方案以减少临床不确定性，以及利用有限资源取得最大效益的一种思维方式，包括诊断决策、治疗（康复）决策、决策树分析等。

6. 数据安全

数据安全研究主要是为了解决计算机网络环境中保持数据的机密性、完整性和准确性的问题，密码技术是最关键的技术。

9.1.4　医学信息学研究的热点

随着信息技术的发展和人类健康理念的不断变化，医学信息学的研究热点也随之发生变化，近年兴起并持续至今的研究前沿主题，主要集中在以下五个方面。

1. 信息技术在健康医疗领域的深入应用

随着新一代信息技术在医疗场景应用的不断深入，相关的实践应用研究成为越来越多的学者所关注的热点，研究内容主要涵盖以下六个方面。

（1）新型医疗服务模式：在当前数字信息时代，随着技术的发展、互联网的覆盖和智能终端的普及，涌现出远程医疗、电子健康医疗、移动医疗、互联医疗等新型医疗服务模式。

（2）医学信息学研究方法：主要包括机器学习、数据挖掘、物联网、云计算、大数据等，将生物医学信息和临床医学信息整合，有效运用数据挖掘和机器学习方法挖掘其中隐藏的模式。

（3）基于电子病历的临床决策支持：电子病历（electronic medical record，EMR）描述病人在医疗机构就诊过程中所产生的检查记录、治疗方案等各种信息，其在改进诊疗质量、提高医疗工作效率和辅助诊疗决策等方面具有重要作用。

（4）医学信息系统评估：医学信息系统应用的主要目标是提高卫生服务效率和有效性，改善卫生服务质量。为实现这一目标，不断评估医学信息系统应用效果，进而对其功能进行改进和完善。

（5）电子健康档案研究：电子健康档案记录人从出生到死亡整个过程产生的所有健康相关信息，包括在医院就诊产生的诊疗信息，是医疗信息化建设的基础。研究内容主要包括实施现状及影响因素分析、相关卫生信息技术研究及在医疗保健领域的应用等。

（6）医学信息技术的临床应用：包括健康大数据平台的研发与应用，基于大数据的医疗文本挖掘，远程医疗服务模式研究，远程医疗会诊平台应用研究，基于物联网技术的健康医疗系统开发与应用，基于大数据的移动医疗、移动护理实践应用，电子病历自然语言处理，基于电子病历的临床数据中心建设，基于移动技术的新一代医院信息系统的设计与开发，医疗数据挖掘等。

2．文献计量知识图谱

利用知识图谱工具展现医学信息学不同实践应用领域的演进路径、研究热点、前沿领域、发展趋势等，梳理出医学信息技术在医学科技创新、临床诊疗与护理、疾病预防控制、药物研发、医疗保险、医学教育等方面的具体应用情况。

3．图书馆知识管理与服务

知识管理与服务的主要研究内容涉及医学图书馆信息服务，知识服务的精细化管理，图书馆服务水平提升，医学图书馆信息资源利用与开发，医学信息服务模式的转变，以及新技术在医学图书馆建设中应用等内容。

4．生物信息学教育

生物信息学作为医学信息学的重要分支，已经逐步发展成为医学和现代生物学等领域的关键技术方法，社会对生物信息学专业人才的需求不断扩大，生物信息学教育也受到越来越多的关注和重视。

5．文献检索与科技查新

科技查新是文献检索和情报调研相结合的研究工作，主要研究科技查新服务、方法，文献检索现状、改革等。

9.2　医学信息标准

信息的产生、存储、传递涉及不同的应用软件系统，如果各系统采用私有的数据字典、存储格式和信息交换标准，将使系统与系统之间的信息交互无法进行。而如果采用信息标准化，系统就可以和所有遵循同样标准协议的其他系统进行交互，从而实现信息共享与互动。

随着电子病历、电子健康档案和数字化医疗设备的大量应用，以及卫生信息平台、医院信息平台、医疗保险信息平台的发展，要求卫生信息必要跨部门、跨地域进行交互、协同与共享，因此，医学信息标准成为医疗卫生信息化的首要任务。

9.2.1　标准与标准化

不同的机构对标准的定义稍有区别，其中国家标准 GB/T 20000.1—2014《标准化工作指

南 第 1 部分：标准化和相关活动的通用术语》中对标准的定义是：通过标准化活动，按照规定的程序经协商一致制定，为各种活动或其结果提供规则，指南或特性，供共同使用和重复使用的文件。

标准是科学、技术和实践经验的总结，而制定、发布及实施标准的过程则称为标准化。标准化工作对于加快发展国民经济、提高产品和工程质量、提高劳动生产率、充分利用资源、保护环境和人民健康等都有重要作用。

9.2.2　医学信息标准化

信息标准化指信息表达、信息传输、信息处理的技术与方法的标准化。医学信息标准化特指信息标准化在医学领域的具体应用。常用医学信息表达标准有 ICD（国际疾病分类）、SNOMED CT（医学系统命名法——临床术语）、LOINC（观测指标标识符逻辑命名与编码系统）、NDC（国家药品验证号）等。常用医学信息交换标准有 HL7（卫生信息交换标准）和 DICOM（医学数字成像和通信）等。

9.2.3　常用的医学信息标准

1．ICD-10

教学视频

国际疾病分类（international classification of disease，ICD）作为疾病和有关健康问题的国际统计分类标准，是卫生信息标准体系的重要构成部分。它的统计范畴涵盖死因、疾病、伤害、症状、就诊原因、影响健康状况的因素以及疾病的外部原因等，被越来越多地应用于临床研究、卫生事业管理以及卫生资源配置等各个方面。

ICD-10

ICD 是依据疾病的某些特征，按照规则将疾病分门别类，并用编码的方法来表示的系统。它是国际标准，也是进行卫生信息交流的基础，它在世界卫生组织的关注和支持下得以不断补充、完善，并成为国际公认的疾病分类方法。

（1）ICD-10 的结构

ICD 的分类方案最早用于死亡原因的统计，经过多次改版修订，目前世界上应用最广泛的版本是第十次修订本《疾病和有关健康问题的国际统计分类》，共分为三卷。第一卷 ICD 编码类目表范围：A00—Z99；第二卷为疾病分类指导手册；第三卷为疾病和损伤字母顺序索引，其主要功能是解决疾病和死因的统计问题。

（2）编码结构

ICD-10 编码结构由英文字母加数字的方法表示一个疾病或一组疾病（即字母数字编码），以字母开头，缀以数字。其中字母包括英文 26 个字母，除字母 U（用于新疾病或未知疾病的编码和特殊的临床研究编码）空白外，其余 25 个字母均被应用，类目容量为 2 600 个。

（3）分类原理

ICD 分类的基础是对疾病的命名。疾病命名即给疾病起个特定的名称，使之可以区别于其他疾病。例如，急性阑尾炎，表示疾病的发生部位在阑尾，又表示疾病的临床表现是急性炎症。显然，疾病命名是疾病分类的基础，疾病命名的列表本身就是一份最详细的分类表。换句话说，将一个疾病分类表扩展开，则每个编码都对应一个特指的疾病名称。

疾病分类法是根据疾病的病因、病理、临床表现和解剖部位等特性，将疾病分门别类，把同类疾病分在一起使其成为一个有序组合。ICD 分类依据疾病的四个主要特性，即病因、部位、病理和临床表现（包括症状、特征、分期、分型、性别、年龄、急慢性、发病时间等）。每一个特性构成了一个分类标准，形成了一个分类轴心，因此，ICD 是一个多轴心的分类系统。ICD-10 的每章分类轴心有所不同，例如，第一章（传染病和寄生虫病）按病因分类，第二章（肿瘤）按身体部位分类，第六章（神经系统疾病）按临床系统分类。

（4）编码形式

ICD-10 采用"字母数字编码"形式的 3 位代码、4 位代码、5～6 位代码表示，但肿瘤的形态学编码除外。第一位为英文字母，后面的字符为阿拉伯数字。前 3 位编码为 ICD-10 类目码。前 4 位编码为 ICD-10 亚目码，4 位亚目码是 3 位码的亚分类。

在 ICD-10 中，每个疾病至少有 3 位数编码。编码中包含 3 个层次：类目、亚目和细目。同一层次的分类是围绕疾病的一个特征展开的，两个层次之间是一个从属关系，比如亚目从属于类目，而且会继承类目的基本特征。

类目为国际统一编码，由 3 位编码组成，包括 1 个字母和 2 个数字。例如 S80 表示小腿浅表损伤，S81 表示小腿开放性损伤，S82 表示小腿骨骨折，以此类推。

亚目同样为国际统一编码，由 4 个字符组成，包括 1 个字母，3 个数字和 1 个小数点，例如 S82.0 表示髌骨骨折。

细目可根据医院专科特点扩充编码，由 5～6 个字符组成，包括 1 个字母，4～5 个数字和 1 个小数点。它表示疾病的特异性更强，例如 S82.011 表示开放性髌骨骨折，如图 9-2 所示。

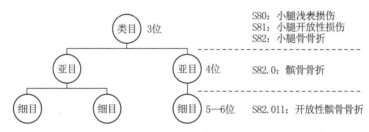

图 9-2 ICD-10 的分类原理示例

疾病编码可以通过纸质出版物查询，还可以通过梅斯网站进行简单查询，如图 9-3 所示。

图 9-3 梅斯网站 ICD-10 疾病编码查询页面

近年来，随着精细化管理和医疗付费的要求越来越高，ICD-10 受制于其固有的体系架构，难以满足日益增长的医疗和管理需求。卫生信息化的高速发展也要求 ICD 与电子信息系统达成良好的交互，ICD-10 中的部分内容已经不再适用。为了使疾病分类更好地反映医学科学和医学实践的发展，世界卫生组织于 2007 年启动了 ICD-10 的修订工作，于 2018 年发布了 ICD-11。ICD-11 新增"扩展码"。值得指出的是，起源于中医药的传统医学首次被纳入国际疾病分类中。

2．SNOMED CT

在网络环境下，医学信息能否交流与互操作主要取决于两个方面：语法与语义。语法是指通信的结构、拼写和文法，语义用于传达通信的意义。如果没有语义上的互操作，虽然数据可以交换和共享，但是不能保证接收者理解或使用这些数据。医学系统命名法——临床术语（systematized nomenclature of medicine clinical terms，SNOMED CT）就是类似这样的一种注重语义互操作的信息编码与参考术语系统。

SNOMED CT 的核心内容是三个表：概念表、描述表和关系表。

（1）概念表

SNOMED CT 的概念表包括了 366 100 多个具有唯一性的医疗概念，如"肺炎""手臂肿胀""肺活组织检查""诊断性内窥镜检查"等。

2006 年版的 SNOMED CT 将这些概念分为 18 个顶级层面，包括"临床发现""操作""可观察实体""身体结构""有机体""物质""联接概念""社会环境"等。其中"临床发现"和"操作"是最重要的两个概念层面，体现了以临床为中心的主旨。各个层面还可以再细分，如"临床发现"层面分为"畸形""疾病""药物作用""神经系统上的发现"等 19 个二级层面。

每个层面以一个大写字母为标识，如"F"代表临床发现、"P"代表操作、"T"代表局部解剖。具体概念的编码以代表层面的字母开头，后面加上数字编码，数字编码体现该概念在整个层面中的位置，如图 9-4 所示。

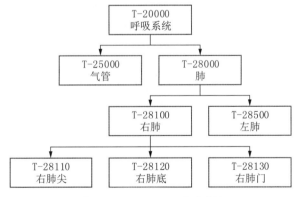

图 9-4　SNOMED CT 编码示例

从图 9-4 可以看出，"T"是局部解剖的层面代码，"2"代表呼吸系统，"28"代表肺，281 代表右肺，而"28110"代表右肺尖，由编码可以确定某概念所在的层面。

（2）描述表

SNOMED CT 中的概念描述达 993 420 个，其中包括 99 420 多个英语的描述或同义词，用来灵活地表达临床概念。这是考虑到每个临床医师使用的术语可能存在一定的个性化特征。例如：chronic gastrointestinal haemorrhage（慢性胃肠道出血），有的医师习惯写成"chronic gastrointestinal hemorrhage"或"chronic GI bleeding"等。以上这些词都是"chronic gastrointestinal haemorrhage"这个概念的描述或同义词,但只有"chronic gastrointestinal haemorrhage"才能收录在概念表中，其他词只能收录在描述表中。

在 SNOMED CT 中，每一个概念都有唯一的概念编码。一个概念可以有一个或多个描述，这些描述词也都有编码，其编码都会对应到某一个概念码。上述各种"慢性胃肠道出血"描述词的编码都对应到"chronic gastrointestinal haemorrhage"的概念码。

（3）关系表

SNOMED CT 的关系表中提供了大约 146 万组语义关联，这些语义关联可以属于顶级概念轴内部的概念之间，也可以属于不同概念轴之间的相互关系，用加强概念间的语义关联来提供逻辑性，并可直接由计算机处理的医学概念来明确定义，从而保证数据检索的可靠性和连贯性，使医学数据能充分地为决策支持、费用分析和临床研究所应用。

关系表中每一种关系均由关系编码、概念编码、关系类型、概念编码、特征类型、关系组（关系组表示与一个具体概念有关的特征性语义关联的分组，如一种需要穿透关节的修复手术，描述修复术种类的语义关联应该归为一组，而描述关节的部位或偏侧性的语义关联应该归为另一组）等 7 个字段构成。

由上述可知，SNOMED CT 中，两个概念间可以通过一种特定关系的描述建立起语义关联。正是由于这些大量具有特殊意义的连接概念，使得同一概念轴和不同概念轴之间的概念能够组合在一起，形成数量极丰富的语句，使得临床信息描述具有极大的灵活性。SNOMED CT 的术语集构建充分体现了其发展多年所积累的经验，对设计研发中医临床标准术语集的工作（例如，中医概念的分轴、中医概念及术语的标准化、中医术语语义关联的建立）具有很高的参考价值。

3. HL7

HL7（卫生信息交换标准）是标准化的卫生信息传输协议，是医疗领域不同应用之间电子传输的协议和标准。HL7 汇集了不同厂商用来设计应用软件之间接口的标准格式，允许各个医疗机构在异构系统之间进行数据交互。HL7 的宗旨是开发和研制医院数据信息传输协议和标准，规范临床医学和管理信息格式，降低医院信息系统互联的成本，提高医院信息系统之间数据信息共享的程度。

HL7 由 12 个部分组成，对其涉及的内容进行详细的规定，分别是：绪论、控制、病人管理、医嘱录入、查询、财务管理、观察报告、主文件、医疗记录 / 信息管理、日程安排、病人转诊、病人护理。另外协议还包含 5 个附录，分别是：数据定义表，底层协议，网络管理，BNF（巴科斯范式，描述语法的一种形式体系）消息和术语表。

HL7 的主要应用领域是 HIS（hospital information system，医院信息系统）/RIS（radiology information system，放射信息系统），主要是规范 HIS/RIS 系统及其设备之间的通信，涉及病房和病人信息管理、化验系统、药房系统、放射系统、收费系统等各个方面。采用 HL7 作为标准的 HIS 与医用仪器和设备，可以做到无缝联接，以及医学数据信息的无障碍交换，为医院内部各科室之间，医院与医院之间，医院与相关机构之间的数据交换和资源共享奠定了基础。

HL7 的实现机制是触发事件。例如，医生为住院病人开了 X 射线检查，护士在 HIS 系统转抄医嘱时产生触发，在 HIS 端 HL7 引擎产生消息，并传递给 RIS 端 HL7 引擎，由它解析后，通知 RIS 为该病人进行 X 射线预约，其触发机制如图 9-5 所示。

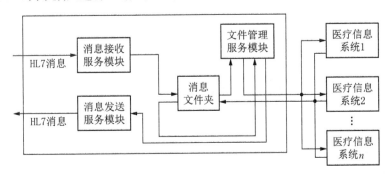

图 9-5 HL7 的触发机制

由触发机制可知，HL7 主要用于医疗信息中文本信息的交换，对于医疗信息中的生物信号信息和医学图像信息，则需要其他的通信技术（信息格式）标准，如医学数字成像与通信标准，这些标准与 HL7 共存并互相协作，共同完成医疗信息的标准化。

4．DICOM 3.0

随着 CT、核磁共振等设备应用场景的增多，PACS（picture archiving and communication system，影像存储与传输系统）的应用也越来越广泛，PACS 需要与各类医学影像设备进行连接，但由于医疗设备生产厂商的不同，造成与各种设备有关的医学图像存储格式、传输方式千差万别，医学影像及其相关信息在不同系统、不同应用之间的交换受到严重阻碍。因此，DICOM（digital imaging and communications in medicine，医学数字成像和通信）标准便诞生了，该标准提供了医学影像的成像技术标准和传输通信技术标准两项标准，涵盖医学数字图像的采集、归档、通信、显示及查询等几乎所有信息交换的协议。1993 年 DICOM 3.0 技术标准正式发布。

DICOM 3.0 标准的发布受到了世界各大厂商的广泛接受和认可，该标准被广泛应用于放射医疗、心血管成像以及放射诊疗诊断设备中，例如 X 射线、CT、核磁共振、超声等，并且在眼科和牙科等医学领域得到越来越深入广泛的应用，也为远程会诊系统的应用奠定了基础。

9.2.4 我国医学信息标准化工作

1．国家卫生信息标准

为规范医学领域中信息的产生、处理、管理与研究，统一事务处理过程中所涉及的概念、术语、代码及技术，卫生信息标准应运而生。我国卫生信息标准分为四大类：基础类、数据类、技术类、管理类。其中数据类标准是数据采集、传输、处理过程中所涉及的标准，它定义了数据属性和标志的含义，保证数据集在不同信息系统之间能被正确地理解和使用，不会出现歧义。技术类标准主要包含一些功能规范和技术规范，以及相关的信息安全保护、平台用到的技术类标准，包括医院信息平台服务规范和区域信息平台规范。

目前国内实施的卫生信息标准以国家标准（GB）和卫生行业标准（WS）为主，以及 HL7、ICD、DICOM 等国际标准。

2．我国制定的主要卫生信息标准

我国的卫生信息标准化建设起步于 20 世纪 90 年代，国家先后出台了系列分类与代码，用于医疗机构信息系统的采集、存储和处理。

在国际卫生信息标准中，ICD 是我国最早引进的国际卫生信息标准之一。1981 年我国成立世界卫生组织疾病分类合作中心，随后即开始推广 ICD-9 的工作，并于 1987 年正式使用 ICD-9 进行疾病和死亡原因的统计分类。2018 年国家卫生健康委员会发布 ICD-11 中文版，并于 2019 年 3 月 1 日起执行。2013 年，国家引进国际卫生信息标准 HL7 作为国家标准，为国内卫生信息标准的高水平开发提供参照和指导。近年来，国家也先后出台了一系列卫生信息标准。

同时，我国在信息平台功能方面发布了《省统筹区域人口健康信息平台应用功能指引》《医院信息平台应用功能指引》《全国医院信息化建设标准与规范》《医院信息平台应用功能指引》等功能规范。在共享文档方面发布了《卫生信息共享文档编制规范》《健康档案共享文档规范》和《电子病历共享文档规范》等标准规范。一系列互联互通平台相关标准的发布，有力促进了国内卫生信息互联互通技术和应用的发展。

另外，我国的中医药信息标准在国际中医信息化中也发挥着基础性和关键性的作用，中医药信息标准化取得了一系列突破性成果，先后发布了《中医基础理论术语》《中医临床诊疗术语》《腧穴名称与定位》《中医病证分类与代码》《中药方剂编码规则及编码》等系列标准和规范。

据统计，"十二五"以来，国家层面正式发布的卫生信息标准有 200 多项，包括基础类标准 60 多项，医院信息标准 80 多项，区域卫生信息标准 70 多项。其中最值得骄傲的是，ICD-11 首次编入起源于中医药的传统医学章节，这是我国政府与中医专家历经十余年持续努力所取得的宝贵成果。但也必须认识到，虽然目前我国中医界在信息标准化领域取得了一系列突破性进展，但该领域尚未形成科学、完整的信息标准体系，信息标准化工作仍任重道远。因此，加强中医药术语、数据和信息系统等方面的标准研制工作，逐步完善中医药信息标准体系，并实现中医药信息标准的国际化，才能推动中医药信息化事业的全面、协调和可持续发展。

第 10 章
医院信息系统

医院信息系统是计算机技术、通信技术和管理科学在医院信息管理中的应用，是计算机技术对医院管理、临床医学、医院信息管理长期影响、渗透以及相互结合的产物。它充分应用数据库、互联网以及云计算、物联网、大数据等先进技术，着力解决门诊"三长一短"等现象，实现就医流程最优化。同时，ICD、HL7、DICOM 等医疗信息交换和接口标准，让医生能及时、全面了解病人的各种诊疗信息，为快速准确诊断奠定良好基础，实现医疗质量最佳化。医院信息系统已成为现代医院运营的必要技术支撑和必备设施，因此，医学生应该掌握医院信息系统业务流程及其核心子系统的应用，才能将所学知识较快运用于临床实践，有效缩短临床适应期。

本章将围绕医院信息系统的组成、门诊和住院等子系统的业务逻辑与业务流程进行阐述，同时基于临床案例介绍医院信息系统的应用。

📖 学习目标

1. 理解 HIS 的意义、结构和各子系统的功能；了解我国医院信息化发展情况。

2. 能解释门急诊、住院、药品等管理系统，实验室信息系统、医学影像信息系统和电子病历系统的业务流程、业务逻辑与业务流转关系；能扮演收费员、医生、护士、药剂师等角色开展业务工作。

3. 具有高度负责任的工作态度、严谨的工作作风和仁爱之心。

10.1　医院信息系统概述

医院信息系统（hospital information system，HIS）是帮助医院准确有效地处理人、财、物信息的系统。从临床的角度看，HIS 最重要的功能是提供临床数据共享支持，便于医护获取、解释、使用病人数据，支持医学决策；从管理的角度看，HIS 便于收支账目、职工薪金快速准确计算，供应物资领用、高值耗材使用管理等。

医疗服务信息化是国际发展趋势。随着信息技术的快速发展，国内越来越多的医院正加速实施基于信息化平台、HIS 的整体建设，以提高医院的服务水平与核心竞争力。信息化不仅提升了医生的工作效率，使医生有更多的时间为病人服务，更提高了病人满意度和信任度，树立了医院的科技形象。

（1）有利于提升医院管理水平

HIS 具有规范性、统一性和合理性的特点，提供全面、准确、快捷的信息用于医院管理，可从根本上改变传统的静态、呆板、缓慢的管理方式，大幅度提升医院管理水平。

（2）有利于树立良好的医院形象

HIS 使医院的工作效率、服务质量得到很大程度的提高，使人们感受到现代气息，有利于塑造良好的医院形象。

（3）有利于提高经济效益

对药品和耗材的采购、计价实行统一管理，减少医院无形的经济损失；通过医嘱信息化管理，自动计费，避免人工差错；对物资实行严格的进销存管理，增收节支。

（4）有利于提高医院的医技水平

HIS 的远程会诊、远程医疗和远程教学，使自身医诊力量不足的状况得到改善。疑难杂症利用远程会诊，无需转院，为病人节省大量的诊疗费用；利用远程医疗可设置家庭病床，方便病人，减轻病区压力；在不影响医院正常工作的情况下，利用远程教学有助于医务人员获取最新医疗动态，提高医院整体医疗水平。

（5）有利于提升决策质量

医院传统手工处理数据报表往往需在月末的几天内完成。采用 HIS，可随时向医院管理者提供实时数据，有助于过程管理，提升管理和决策效率。

10.1.1　医院信息系统的基本目标

医院信息系统对信息的处理可实现三个目标：数据收集，数据加工、处理和分析，决策支持。一般来说，数据收集过程与基层科室的事务处理活动相联系，数据加工、处理和分析过程与医院管理层的工作任务相联系，决策支持过程则与高层领导相联系。

（1）基于联机事务处理的数据收集

通常，数据流是伴随着各类业务处理过程发生的，这些数据流包含医院人、财、物的行政管理过程数据，也包含有关门诊病人、急诊病人、住院病人的医疗过程数据。例如：人事处负责办理医院职工工资的调整与变化；总务处负责全院各部门的物资、材料、办公用品、低值易耗品的供应、采购与发放；病房的医生为住院病人开出医嘱；护士负责整理医嘱、摆药单、领药单、注射单、治疗单、化验检查单，并执行和记录这些过程；门诊的药房药剂师为处方划价，为病人配药和发药；门诊收费处完成划价收费业务，在各种处方、化验单、检查单上加盖已收费标记以及给病人提供报销单。在处理这些繁杂、琐碎的业务活动过程中，大量的数据就产生了。

对于医务工作人员来说，信息系统是帮助他们完成日常繁重业务的工具，让他们凌乱的工作变得有条理，使他们不需要记忆大量字典信息（例如，药品的规格与价格，疾病的名称与编码等）。信息系统保证医务工作人员遵守规范，同时能减轻他们汇总、统计、报告，以及传递这些信息的工作量。因此，功能完善、操作简单、响应迅速、界面友好、易学易用成为 HIS 必须满足的功能要求。

对于整个医院信息系统来说，医务人员处理事务的终端即为 HIS 数据采集端口。例如：办理病人入、出、转业务的系统必然向住院处实时提供病人入、出、转的数据，同时也是住院病人动态统计的主要数据来源。门诊收费系统在完成病人交费过程的同时，也收集相应的为门诊提供医疗服务的各门诊科室及辅助科室的门诊收入与工作量数据。所有这些数据都是下一层级终端向上一层级的信息系统提供统计、分析等数据加工的原料。从数据采集的角度，HIS 要求窗口业务系统收集的数据完整、准确、及时和安全。

（2）科室级数据的加工、处理和分析

医院各科室均有管理的职能。例如：医务处负责全院医疗工作的计划、组织与实施，医疗动态的监督控制，医疗质量的检查管理；人事处负责全院机构设置与调整，考勤考核，各级各类专业技术职务的评审等。医院为保证管理工作的精细化、科学化，各科室会越来越多地依赖于 HIS 从终端收集来的基本数据，在进行汇总、统计与分析后提供有力的数据支撑，便于制定计划、督促执行、产生报告和做出决策等。

（3）决策支持

HIS 中的医疗和财务信息的综合查询与辅助决策模块接受并重新组织所有来自终端的各类数据，对全院各职能部门，包括临床、行政、医疗、财务等部门的数据沿二条主线——医疗、财务组合起来，提供简便、灵活的检索与查询手段，满足医院高层领导不断变化的对数据的需求。同时，各科室从 HIS 中导出的数据报表和报告，可以辅助医院高层领导对医院发展做出重要的决策。

10.1.2 医院信息系统的主要功能模块

HIS 是一个庞大、复杂的信息管理系统，根据 HIS 功能规范标准，可以分为临床诊疗、药品管理、经济管理、综合管理和统计分析、外部接口五个方面。其中，临床诊疗主要包括门急诊、住院部、护士站和临床检验，输血以及血库管理，医学影像，手术麻醉；药品管理主要包括药品字典，药品库房管理，门急诊药房管理，药物知识库；经济管理主要包括门急诊挂号，门急诊收费，住院入出转，住院收费，医嘱处理，财务、经济核算，物资、设备管理；综合管理和统计分析主要包括病案管理，统计查询，院长综合查询和辅助决策，患者咨询服务；外部接口部分主要有医保接口、远程医疗接口以及其他接口等，如图 10-1 所示。

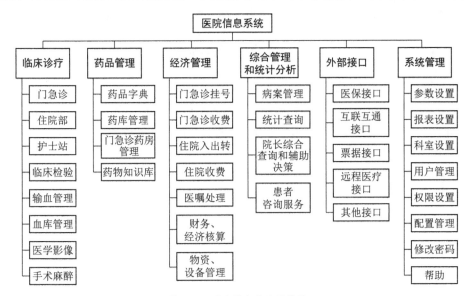

图 10-1 医院信息系统的结构

10.1.3 我国医院信息化建设情况

建国初期，我国经济基础和科学技术比较落后，客观因素造成我国的 HIS 研究相对较晚。自 20 世纪 70 年代末至今，我国医院信息化经历了以下三个阶段：第一阶段，医院行政办公管理；第二阶段深入医疗信息领域，如病人挂号、诊疗、化验、住院等所有医疗服务方面；第三阶段医院信息系统把重点放在医学影像处理、统一的医学语言系统等方面。HIS 正在趋向小型化、智能化和集成化。目前部分有条件的医院已经开启了智能导向阶段，以数据为中心，综合利用各类数据，服务临床决策过程，提高医院管理的科学化、规范化、精细化水平。

由此可见，我国医院信息化建设在短期内取得了长足的发展，但还有很多需要完善的地方。当前我国大部分医院的信息系统自成体系、互不兼容，导致病人的医疗数据在各医疗机构之间难以互联互通，"信息孤岛"现状仍未得到破除。例如，目前 HIS 没有统一的开发标准和规范，HIS 的开发企业众多，不同企业开发的系统在标准规范、模块功能上都存在较大差别。近年来，各大医院为了实现医院的现代化管理，对信息系统的需求越来越广，医院信息系统的功能不断扩充，不同模块之间、不同子系统之间、不同厂商的产品之间，存在着集成及标准化问题。同时，由于医疗数据信息和业务流程没有统一规范的国家标准，也阻碍了各医院之间医疗信息的共享。

10.2　门急诊管理系统

医院日常工作主要是围绕门急诊业务和住院业务展开的，其中门急诊业务是最重要的组成部分，它不仅影响医院的声誉和经济效益，而且影响住院业务的开展。一般病情较轻或疾病未得到确诊的病人会先到门急诊科室进行就诊，住院病人绝大部分也是在门急诊就诊后收治入院。

门急诊业务主要有以下三个特点。

（1）人次多。各大医院门急诊月均人次均超过千人次，有的甚至高达上万人次。

（2）环节多。门急诊病人除了看诊之外，还有配套的治疗、化验、取结果、咨询、取药、输液或注射等环节。

（3）时间紧。一般情况下，病人看诊都要在当前班次完成。

10.2.1　业务流程和功能概述

医院门急诊管理系统通常采用"以病人为中心"的管理模式，以病人就诊环节为轴线，病人自建档、挂号、就诊、缴费、取药等活动分别对应门急诊管理系统中各个功能模块，其业务流程如图 10-2 所示。

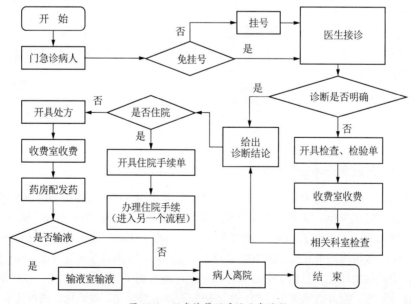

图 10-2　门急诊管理系统业务流程

　　由于医院信息系统应用平台集成了电子病历、医院综合管理系统等，平台通过统一标准的数据格式和数据表示形式，满足平台中各系统的数据集成和数据交换，实现各应用系统的业务和数据融合。

　　门急诊管理系统通常包含门急诊建档子系统、门急诊挂号子系统、门急诊医生工作站、门急诊收费子系统、门急诊输液子系统以及门急诊药房配发药子系统等。各系统之间各自独立又相互联系，构成一个相互统一的整体，贯穿病人门急诊的各个环节。

10.2.2　门急诊建档子系统

　　门急诊建档子系统是为每个就诊的病人建立一套个人档案，档案信息包括病人的基本资料、医保类型、过敏史等。建档常采用"一卡通"或"一号通"的模式，即以一种卡类型（诊疗卡）或者一个编号（病人 ID）为介质，在建立档案的过程中，把卡或者编号与病人的档案信息进行关联，病人在进行就诊或缴费过程中，无需再出具个人资料，只需凭借卡或编号即可调取本人资料。医疗信息直接关系病人的身心健康，病人信息的唯一性、连贯性和可追溯性等都有利于诊疗。

　　1. "病人卡登记"主窗口

　　"病人卡登记"主窗口是门急诊收费员对病人实施建档的主要窗口。在该窗口中可以对病人的姓名、性别、出生日期、职业、电话、参保卡号、身份证号、家庭住址、工作单位、家庭电话等基本信息进行登记，如图 10-3 所示。

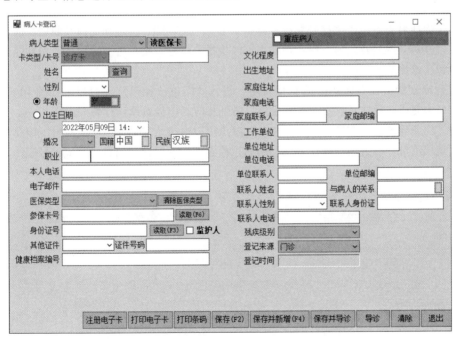

图 10-3　"病人卡登记"主窗口

　　2. 病人就诊关联

　　病人信息一旦在医院建档后，医院信息系统将保存该病人在本医院的每次就诊记录，在下次就诊时无需再次建档。同时，相关医护工作者可以通过病人信息的唯一标识在系统中进行过往就诊信息查询。唯一标识一般为诊疗卡号码或身份证号码，即以此为主键，将病人信息与病人相关就诊记录进行关联，方便医护查询，并为诊断提供参考依据。

10.2.3 门急诊挂号子系统

门急诊病人在挂号的过程中，根据自身情况，选择挂号科室及挂号医生，病人确认完科室及医生后，缴纳相应的费用，完成整个挂号流程，如图10-4所示。

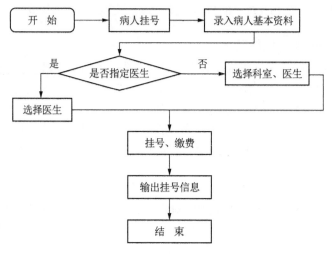

图 10-4　门急诊挂号业务流程

门急诊挂号子系统根据挂号的业务特点，分为主要功能、提示功能以及收费功能。主要功能包含挂号、退号及改号；提示功能根据医生排班情况，提示号源情况；收费功能包含收取挂号费、诊疗费等。

门急诊收费员在登录医院信息系统后，进入"门急诊挂号"主窗口，如图10-5所示，在该窗口中完成选择挂号科室及挂号医生，缴纳相应的挂号费及诊疗费等操作。

在"门急诊挂号"主窗口中，门急诊收费员可以通过读卡器读取病人身份证信息从而获取病人建档信息，或者通过诊疗卡查询功能，检索到病人的建档信息后完成挂号操作。若病人未能建档也可直接挂号。

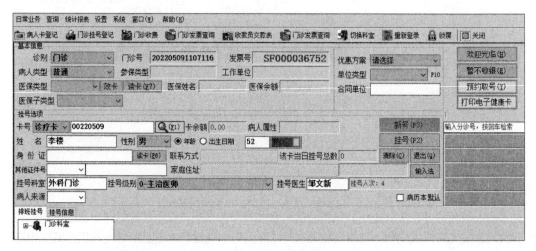

图 10-5　"门急诊挂号"主窗口

10.2.4　门急诊医生工作站

门急诊病人人次多，流动性大，看诊时间短。门急诊医生工作站的主要业务是接诊病人，并进行疾病诊断、书写病历、下达诊疗方案。诊疗方案包括处方、检查、检验、治疗处置、手术和卫生材料等信息，如图 10-6 所示。

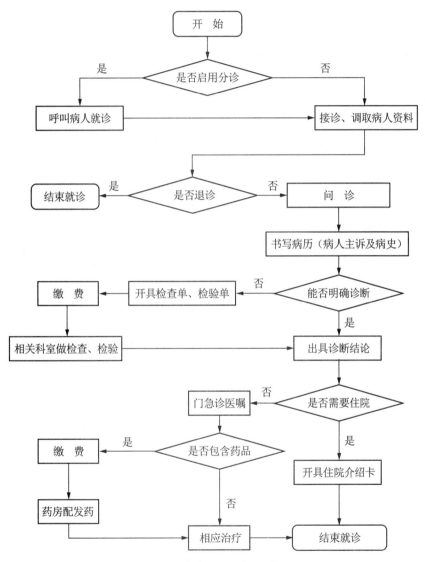

图 10-6　门急诊医生工作站业务流程

门急诊医生工作站的主要功能包括排队叫号，诊断，开具检查单、检验单，查询检查、检验结果，开处方等。排队叫号功能与分诊系统对接，实现有序排队；诊断功能可以支持多个诊断，包括中医诊断和西医诊断；开具检查单、检验单功能主要采取分类选择，模拟医生手工申请单格式；查验及开处方功能包含医生查询检查、检验结果，并开具处方，其中处方包括西药、中药、中成药处方，处方内容含有药品名、用量、次数、用法、天数、数量。另外医生还可以在系统中书写门急诊病历以及查询病人历史就诊记录、检查或检验结果等。

教学视频

门诊医生
工作站

"门急诊医生工作站"主窗口如图 10-7 所示。

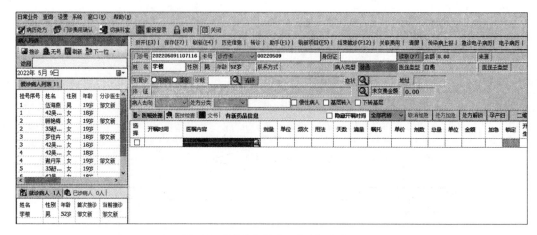

图 10-7 "门急诊医生工作站"主窗口

（1）开处方。处方包括西药、中药、中成药处方，处方内容包含药品名、剂量、频次、用法、天数、嘱托、剂数、金额等信息。

（2）开具检查单、检验单。此功能模拟医生手工申请单格式，采用勾选的方式。

（3）下诊断。此功能支持多个诊断，包括中医诊断、西医诊断等。

（4）书写门急诊病历。用来记录病人主诉、现病史、既往史、体格检查、辅助检查、处置，以及药物过敏等信息。

（5）查询。查询病人历史就诊记录、检查或检验结果。

（6）接口。与合理用药系统对接，提供处方的自动监测和咨询功能。自动向相关科室传送检查、检验、诊断、处方、治疗处置、手术、收住院等诊疗信息，以及相关费用信息，保证医嘱指令的顺利执行。

10.2.5 门急诊收费子系统

门急诊收费子系统主要用于结算费用。系统根据每一位病人实际诊疗情况生成支付清单，病人选择支付方式，完成费用的结算，业务流程如图 10-8 所示。

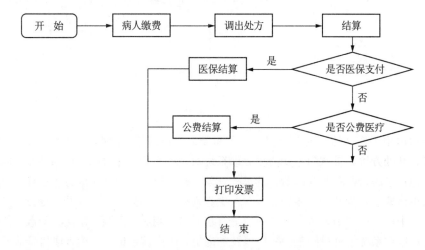

图 10-8 门急诊收费业务流程

　　结算费用并非简单地将所有的费用汇总起来，而是需要根据就诊过程中费用产生的途径、计算方式、支付方式等因素综合考虑，主要包含费用生成功能、支付计算功能、支付功能、输出单据功能、退费功能等。

　　费用生成功能包括导入医生工作站详细费用情况，包括医生开具的处方、检查检验单、治疗单等，以及自动生成的挂号、皮试以及其他自动加收费用的情况，如煎药加收的费用。

　　支付计算是较复杂的过程，系统需要根据病人的费用信息、病人身份信息等，进行支付计算。第一种是自费病人，一般情况下按实际费用进行结算；第二种是医保病人，按医保结算政策结算；第三种是公费医疗病人，按公费医疗相关政策计算。支付计算是收费系统的核心。

　　支付功能根据个人情况可以提供多种支付方式，包括现金、信用卡、银行卡、转账、记账、微信、支付宝等。

　　在一般情况下，输出单据功能只限发票或收据，也可根据需要提供清单性质的单据。

　　退费是缴费的反向操作。

10.2.6　门急诊输液子系统

　　门急诊输液子系统是门急诊输液室用来管理输液流程，确保输液安全的系统。收费完成后，处方若存在输液内容，病人需要到输液室进行输液，常用的输液有肌肉注射、静脉注射。门急诊输液业务流程如图 10-9 所示。

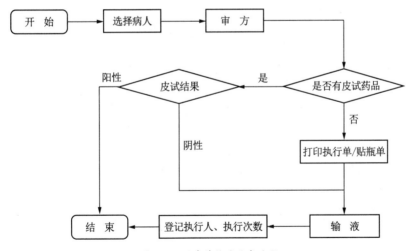

图 10-9　门急诊输液业务流程

　　门急诊输液子系统主要有两大功能，包括皮试和输液。

　　当医生出具涉及皮试药品的输液处方时，护士登录门急诊护士工作站后，在输液之前必须监测皮试结果。若为阳性，则反馈给医生，调整用药。若为阴性，则打印执行单实施输液。"门急诊护士工作站"主窗口如图 10-10 所示。

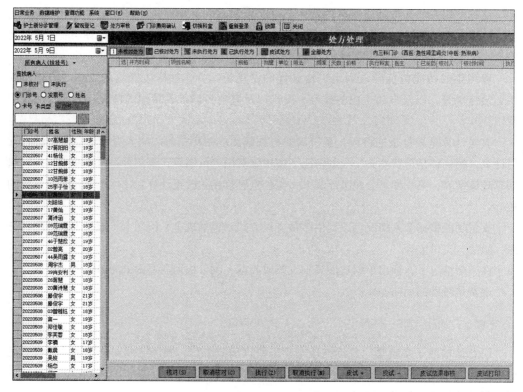

图 10-10 "门急诊护士工作站"主窗口

10.3 住院管理系统

住院管理系统与门急诊管理系统是医院管理的两大核心系统。住院管理系统主要实现住院病人的流程管理，贯穿住院病人从入院到出院的整个过程。与门急诊对应，一般情况下，住院只收治病情较重，需要留院治疗的病人。住院与门急诊的最大区别在于以下六个方面。

（1）时间较长。原则上，住院病人住院观察治疗的时间必须超过 24 小时，才能算住院病人（包括留院观察病人），在前 24 小时均归入门急诊病人范畴。

（2）医生相对固定。一般情况下，每个病人在医院都有相对固定的主管医生进行管理。门急诊医生完成本次坐诊的班次后，门急诊病人要再找该医生看诊，要等到下一次该医生出诊，但住院病人的主管医生原则上是相对固定的。

（3）有床位管理。与门急诊排队根本的区别是，住院无需排队，但要安排床位。每个病人都在相对固定的床位上接受护理、治疗、输液等常规病区治疗，除检查、检验、手术及部分治疗项目之外，病人均在病区内。

（4）过程环节更多。住院病人要在医院住院，方便医生、护士实时对治疗过程进行观察，并不断根据病情调整诊疗方案，因此住院过程中的环节更多。

（5）即时性要求较低。由于无需病人排队，就不存在太多的窗口服务，如排队缴费、排队取药、排队治疗等，住院管理对系统的即时性要求略低于门急诊管理。

（6）病人流动性较小。一般住院病人流动性较小，窗口服务的压力较小。

10.3.1　业务流程和功能概述

住院管理系统是为了有效提高住院部工作人员的工作效率，并提供资源与信息共享和管理功能而设计的信息管理系统，它为住院部中各类角色规划了业务流程，为他们提供彼此协作的平台，帮助角色之间分享资源与信息。

住院管理系统协同医生、护士和相关管理人员共同处理病人在住院期间的治疗与管理事务，主要涉及住院医生工作站、住院护士工作站、住院收费子系统等。

住院管理业务流程比门急诊业务流程复杂。虽然各医院的管理模式不同，流程细节上各有特点，但总体上大同小异，如图 10-11 所示。

图 10-11　住院管理业务流程

1．入院办理

病人入院的第一步是入院登记，即在 HIS 中建立一份个人基本资料档案。近年来，HIS 对于病人基本资料的管理常采用"一卡通"或"一号通"的模式，即病人凭一张诊疗卡或者一个编号（病人 ID），即可以在全院门急诊、住院、体检等各系统中查询到相关信息。因此，入院登记的首要工作是判断检索病人是否已在本院办理过"一卡通"或者"一号通"，即是否已存在基本资料档案。

住院病人需持有由本院医生初诊后开具的"入院通知书"方可办理入院，"入院通知书"通常由医生在门急诊医生工作站子系统中填写打印。对于公费医疗、医疗保险或其他可以记账的病人，办理入院登记还需要出示医疗记账证明，工作人员需按规定办理相应的记账手续，如到社保系统中办理入院登记等。

2．预交金管理

与门急诊病人不同，住院病人在入院时都需要先缴纳一定数额的预交金，预交金数额根据医院管理要求而定，通常是 1000～5000 元。病人可以通过现金、银行卡、微信等多种方式进行支付，部分医院会单独设立预交金缴纳窗口，有的直接由入院登记窗口收取，有的由结算收费窗口收取。

3．床位安排

病人办理入院登记、缴纳预交金之后，即可到相应的病区开始住院。病区的首要工作就是护士为病人安排具体病房及床位，指定主管医生等。

4．医嘱处理

病人在住院期间的治疗主要围绕医嘱开展。按照处理业务流程的不同，将医嘱划分为不同类别，不同类别医嘱的处理业务流程各有特点，涉及的人员及部门也各有差异。

5．出院办理

出院办理的主要工作是对病人费用的准确性进行核对，查看是否存在已申请但未执行确认的药品单、检查检验单等。为病人办理出院手续通常包括以下几种情况。

（1）经医生诊断病人病情好转或痊愈，达到出院要求。

（2）病人或者家属主观上强烈要求出院。

（3）病人死亡。

（4）转院。

6. 费用结算

费用结算即为病人住院期间的费用做结账处理，计算出病人个人负担金额，与预交金做冲销后多退少补，并收回预交金收据。费用结算包括中期结算和出院结算两种情况。

根据管理内容和对象的不同，住院管理系统的主要功能划分为七大模块：入出转管理、医嘱管理、手术管理、医技管理、配发药管理、费用管理、结算及出纳管理。对于子系统，通常根据操作用户类别及职能进行划分，每个子系统都涉及一个甚至多个功能模块，每个功能模块也穿插于多个不同子系统中。下面将针对住院医生工作站、住院护士工作站、住院收费子系统进行介绍。

10.3.2 住院医生工作站

住院医生工作站与门急诊医生工作站的功能基本相似，区别在于住院医生工作站出具的医嘱有临时医嘱和长期医嘱之分。具体功能主要包括开医嘱、开检查检验申请单、开手术申请单、查询检查检验结果等。

住院医生工作站业务流程如图 10-12 所示。

图 10-12　住院医生工作站业务流程

住院医生工作站按功能可分为如下七个模块。

（1）开医嘱。医嘱内容根据类型不同而有所不同，一般治疗医嘱包含项目名、用量次数、用法嘱托等信息，但如转科医嘱、出院医嘱这类特殊医嘱可能仅提供文字说明与门诊处方。一般支持医嘱模板调用、历史医嘱、复制处方、权限管理、用药监控、药品监控提醒等功能，此外由于医嘱有临时医嘱和长期医嘱之分，长期医嘱可以实行停医嘱操作，而临时医嘱可以执行撤销操作。

（2）核对。医生每天查房会对病人医嘱进行核对，确定病人当前治疗方案是否合理，如果存在不合理则进行修正，通过新增或停止等方式进行。

（3）开检查检验申请单。此功能模拟医生手工申请格式，采取分类选择、控件勾选等方式进行。

（4）开手术申请单。手术申请单主要包括手术名称、手术时间、术前准备等信息，麻醉方式，备血情况，术前医嘱等。一般情况下，除急诊手术之外的手术申请单均需要提前一天提交，在提交前由科室主任先进行审核。

（5）书写住院病历。记录病人的病情等信息。

（6）查询病人历史就诊记录、检查检验结果等。

（7）接口。提供处方的自动监测和咨询功能，包括药品剂量、药品相互作用、适应症等，自动向有关部门传达检查、检验、诊断、处方、手术、住院的诊疗信息以及相关费用信息，保证医嘱指令顺利执行。

1. "住院医生工作站"主窗口

"住院医生工作站"主窗口是医生进行各种操作的主要窗口，在病人列表中找到目标病人后，可对其开医嘱、申请手术等操作，如图 10-13 所示。

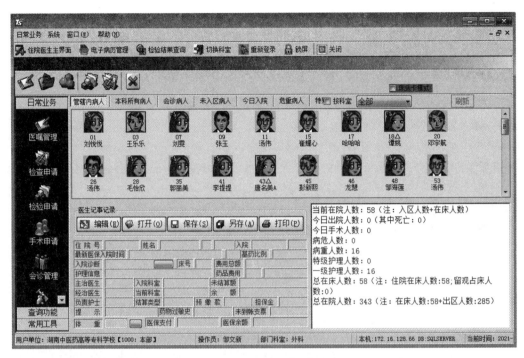

图 10-13 "住院医生工作站"主窗口

主窗口包括如下功能区域：

（1）功能区。包括医嘱管理、检查申请、检验申请、手术申请、会诊管理等功能。

（2）病人列表。包括医生管辖内的病人、本科所有病人和会诊病人等，可通过选项卡切换病人类型。

（3）基本信息栏。包括住院号、姓名、费用等信息。

（4）图片状态说明。通过外框颜色和符号注明每位病人的状态，包括重病、护理登记、出院等状态。

2."医嘱录入"窗口

医嘱是医生在治疗过程中下达的医学指令，医嘱的类型主要包括药品医嘱、治疗医嘱和特殊医嘱。医生在治疗病人的过程中会在不同时期针对病人的不同情况，开不同的医嘱，包括长期医嘱和临时医嘱，长期医嘱在没有停医嘱前会按指示定期执行。

从"住院医生工作站"主窗口进入"医嘱录入"窗口：选定目标病人，双击病人头像，或右键单击，在弹出的菜单中选择"医嘱录入"，即可打开如图 10-14 所示的"医嘱录入"窗口。

"医嘱录入"窗口由三部分组成。

（1）医嘱类型区。窗口左边列出了多种医嘱类型，包括治疗申请、化验单、检查单、会诊申请、特殊治疗、产后医嘱、术后医嘱、出院医嘱等。在此选择需要为病人添加的医嘱即可。

（2）医嘱列表。窗口右上方为医嘱列表，在医嘱列表中列出已开具的医嘱条目。如果是一组药，则连续录入，如果新开另一组药，则需单击"新开"按钮，在列表中添加临时医嘱的内容条目。通过输入药品的拼音首字母可快速搜索，搜索栏下自动弹出搜索列

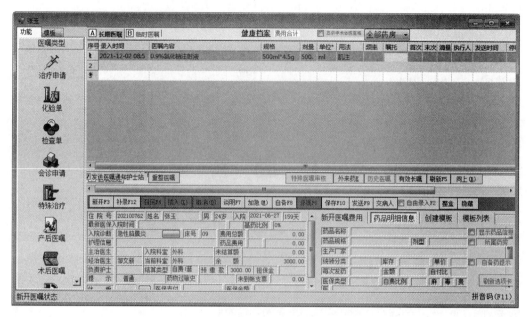

图 10-14 "医嘱录入"窗口

表。医嘱分为"长期医嘱"和"临时医嘱"两种类型，其中临时医嘱为一次性医嘱，长期医嘱则会定期执行。病人出院前需要手动停止医嘱，医嘱类型选择可在窗口上方选项卡中切换。

医嘱内容中要求输入频率、用法和天数等，主要是对于药品医嘱。其中"频率"中的"qd"表示执行医嘱一日一次、"bid"表示执行医嘱一日两次、"tid"表示执行医嘱一日三次、"qid"表示执行医嘱一日四次，这些都是处方用语。"用法"有"肌注""皮试""静滴"等多种方式，要求根据药品的使用方式来填写。"天数"是指服用药品的持续时间，"嘱托"指对服用药品的一些要求，如饭后服用等。

（3）信息栏。窗口右下方为信息栏。信息栏的左边为病人的基本信息，包括入院诊断、余额等，右边为医嘱条目的信息，包括药品名称、生产厂家等。

3. "检验申请"窗口

医学中的检验是指对病人的体液或排泄物做化学检验，从而得出相关的病情诊断。当医生不能确定病人病情时，可借助检验手段。医生在"住院医生工作站"主窗口中选择目标病人，选择"检验申请"，打开如图 10-15 所示"检验申请"窗口。

"检验申请"窗口包含如下功能区域。

（1）病人信息。窗口上方的信息栏中会列出目标病人的基本情况、预交金等。

（2）检验申请单。窗口下方的主要区域默认为检验申请单，需选择"化验科室""项目分类"和"临床诊断"，并注明病史。在"项目检索"里输入要做项目的拼音首字母，定位到相应的项目。如果还有其他项目要做，就重复上面操作过程，或者直接用鼠标选择所需项目即可。如果是一些常用项目，可以在选择完毕后单击"保存模板"按钮，输入模板名称，在下次使用时，可以在"模板选择"里选择定义好的模板，勾选所需要的项目，单击"提交"按钮即可。

（3）检验申请查询。通过输入病人的姓名拼音首字母或住院号，查找目标病人的检验申

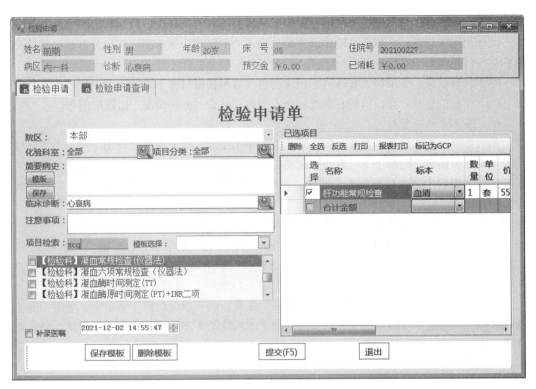

图 10-15　"检验申请"窗口

请记录。

4. "检查申请"窗口

医学中的检查是指借助医疗仪器检查病人身体部位的状况，从而得到相关病情诊断，是一种物理手段。医生在"住院医生工作站"主窗口中选择目标病人，单击"检查申请"，打开"检查申请"窗口，窗口包含如下功能区域。

（1）病人信息。窗口上方的信息栏中会列出目标病人的基本情况、预交金等。

（2）检查申请单。窗口下方的主要区域默认为检查申请单，需选择"检查科室""项目分类"和"临床诊断"，设置"部位"。在"项目检索"里输入要做项目的拼音首字母定位到相应的项目。如果还有其他项目要做就重复上述操作，或者直接用鼠标选择所需项目。如果是一些常用项目，可以在选择完毕后单击"保存模板"按钮，输入模板名称，在下次使用时，则可以在"模板选择"里选择定义好的模板，勾选所需要的项目，单击"提交"按钮即可。

（3）检查申请查询。通过输入病人的姓名拼音首字母或住院号，查找目标病人的检查申请记录。

（4）检查预约查询。通过输入病人的姓名拼音首字母或住院号，查找目标病人的检查预约记录。

5. "出院申请"窗口

在病人病情好转或死亡后，需要做离院手续，首先由医生开出申请，申请以医嘱的形式进行。医生在"住院医生工作站"主窗口中选择目标病人，选择"出院申请"，打开"出院申请"窗口，窗口包含如下功能区域。

（1）病人信息。窗口左上方的信息栏中会列出目标病人的床位、科室和诊断信息等。

（2）出院主诊断区。窗口左侧中间需填入病人的西医或中医诊断、病历分型和申报情况等，其中红色部分为必填内容。

（3）转科信息。如果病人有转科的记录会自动显示在窗口左下方的列表中。

（4）出院信息栏。在窗口的右侧设置病人的离院方式、好转情况、出院时间等。

6. "手术申请"窗口

病人如果需要实施手术治疗，则办理相关的手术手续，首先由医生开出申请。手术申请需要填写相关信息，包括手术、麻醉等信息，还有主刀医生和手术室等。医生在"住院医生工作站"主窗口中选择目标病人，选择"手术申请"，打开"手术申请"窗口，窗口显示的主要信息如下。

（1）病人信息。窗口上方的信息栏中会列出目标病人的基本情况。

（2）申请信息。在窗口下方的申请信息中输入手术的申请信息，包括辅诊、拟施手术、拟施麻醉、主刀医生等，其中红色部分是必选内容。如果勾选"急诊手术"，那么就不需要主任审核，否则需要主任审核。

（3）取消手术申请。在"住院医生工作站"主窗口的"查询功能"菜单中，单击"手术查询"选项，通过条件检索，检索到要取消的手术后取消手术申请。若手术已安排，那么需要手术室先取消安排。

10.3.3　住院护士工作站

住院护士工作站是住院管理系统的核心子系统，主要负责管理护士工作站：病人入、出院，病人医嘱核对，床位管理，护士长科室整体监控等。

信息系统的应用可以减轻护士的劳动强度，减少差错发生，缩短取药时间，自动完成统计报表，同时支持自动计价，完善病人费用管理。

住院护士工作站主要包括病区接收医嘱处理、药品单处理、执行单打印、费用处理、预出院处理查询和统计报表等功能。

住院护士工作站主要的业务流程如图10-16所示，住院护士工作站接收已进行入院登记的病人，给病人安排床位或者进行换床、转科（图10-17）等，在医生开具医嘱的情况下，进行医嘱的相关处理。若病人有药品医嘱，则进行药品单的生成，并发放到药房，然后打印执行单；当医生开具出院医嘱时，给病人打印出院通知单，并进行预出院处理（图10-18）。

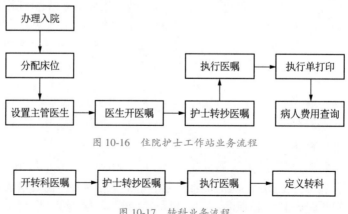

图 10-16　住院护士工作站业务流程

图 10-17　转科业务流程

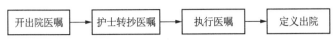

图 10-18　出院业务流程

住院护士工作站的主要功能如下。

（1）床位管理。负责管理各个科室病房中的床位，分配空床位给病人，并为病人设置主管医生等信息。在床位一览中可浏览所有病床情况，并查看目标病人的状态。

（2）病人管理。包括对已分配床位病人的查找、转科和定义出院等操作，可查询病人的具体信息。

（3）医嘱管理。当医生发送医嘱后，护士就接管了医嘱的工作，包括对医嘱的转抄、核对、执行、管理、打印等，并把相关医嘱录入账单中。

（4）日常业务。包括执行单打印、检验单打印、药品统领信息、药房处方查询等业务，此外还有科室申领单、申购单办理和电子病历管理。

1.“住院护士工作站”主窗口

住院护士成功登录系统后，打开如图 10-19 所示的“住院护士工作站”主窗口，其中包括床位管理、病人管理、医嘱管理、日常业务等功能板块。工具栏中列有住院护士的常用功能，包括分配床位、床位一览、住院病人综合查询、账单录入、医嘱转抄、医嘱执行、医嘱管理、执行单打印和电子病历管理等操作。

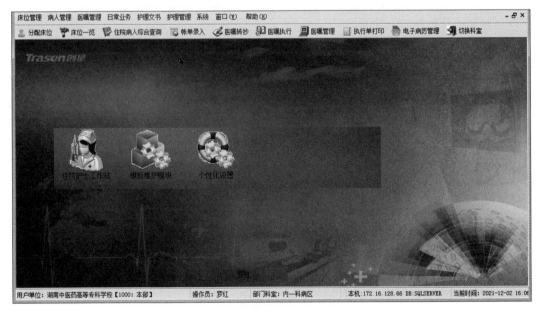

图 10-19　“住院护士工作站”主窗口

2.“分配床位”窗口

病人入院后需要安置在一个固定的病房和床位上休息，医生和护士通过床位号查找病人，分配床位是从科室病房中选取空病床分配给病人。在“住院护士工作站”主窗口中，选择“床位管理”中的“分配床位”，打开“分配床位”窗口。窗口包括上下两个列表，上方列表为未分配床位病人的列表，等待护士为其分配床位，下方列表为目标科室剩余的空床位，待护士为其分配病人。其中“入住时间修改”是修改该病人从什么时候开始计算床位费，当勾选"自动生成床位长期账单"项目时，系统将该病人的床位费作为长期账单自动录入。

3."床位一览"窗口

病房中的床位包含很多信息，除了病人信息，还有所属的医生和护士信息。如果要查找或修改相关信息，就需要进入"床位一览"窗口进行操作。护士在"住院护士工作站"主窗口中选择"床位管理"中的"床位一览"，打开"床位一览"窗口，主要包括左边的病人搜索列表栏、右上方的床位列表和右下方的床位信息栏。

（1）定位病人。为方便查找病人，可先在搜索列表栏中搜索病人，还可以通过选择日期查找病人，床位列表中会自动定位到目标病人并处于选中状态，并显示该病人的基本信息和状态。

（2）修改管床信息。选定病人后，右键单击弹出菜单，选择"修改管床信息"，在输入框中输入医生姓名拼音首字母查找医生，其中经治医生为必录项。可修改入院诊断，在入院诊断框中输入诊断内容。

4."医嘱转抄"窗口

医嘱从住院医生工作站发送到住院护士工作站后，护士需要对医嘱进行各种设定与处理，并且对医嘱内容进行审核确定，这个过程就是医嘱转抄。

医生开好医嘱并发送到护士站后，护士在"住院护士工作站"主窗口中选择"医嘱管理"中的"医嘱转抄"，打开"医嘱转抄"窗口，如图10-20所示。

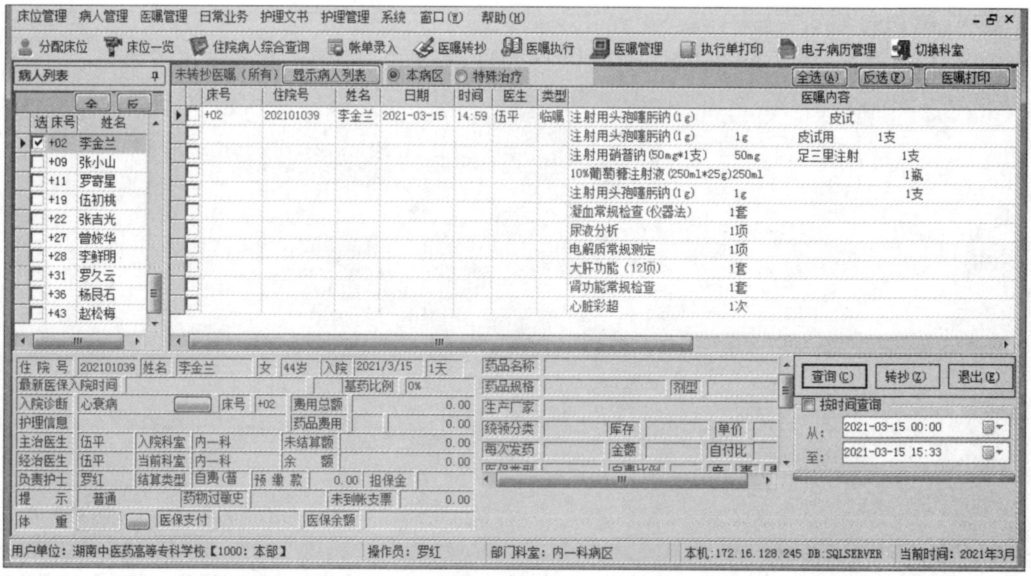

图10-20 "医嘱转抄"窗口

窗口左侧为病人列表，在此选定需要转抄医嘱的病人，选定后在右侧的"未转抄医嘱"列表中会列出单个或多个选定病人的未转抄医嘱项目。在列表中勾选需要转抄的医嘱，下方的病人信息栏自动显示选定病人的基本信息，以及所选医嘱的药品名称、生产厂家等信息。此外，也可根据需要在窗口右下角按时间查询一段时间内未转抄的医嘱。

转抄是医嘱的核对过程，除了核对医嘱外，还需要特别注意"首次"和"末次"内容的填写。"首次"表示医生开的该条医嘱当天实际执行的次数。例如，医生给病人开了一组静滴的药品，频率为"bid"（一日两次），病人当天晚上入院时这组药品未执行过，那么在转抄的时候将次数改为"0"，如果执行过一次则改为"1"，如果执行过两次则改为"2"。"末次"即医生停医嘱当天实际执行的次数，若不注意会引起漏费或重复记账的情况出现。

5. "账单录入"窗口

在病人住院期间，可能存在各种除医嘱外的治疗或其他消费情况，这些消费需要录入到账单中最后结算。单击"医嘱管理"中的"账单录入"，打开"账单录入"窗口。窗口左侧为病人列表，右上方为账单列表，右下方为病人信息栏及账单项目信息。在病人列表中选择目标病人，病人信息自动显示在病人信息栏，并在账单列表中列出已有账单项目。账单分为长期账单、短期账单、所有长期账单等选项，按需求切换到相应账单，可录入或修改目标病人的账单项目。

6. "医嘱执行"窗口

护士在执行医嘱前，需要对医嘱的项目进行扣费，如果余额不足会提醒病人缴费，执行医嘱后选择相关项目扣除费用，并设置执行的医嘱类型和日期。单击"医嘱管理"中的"医嘱执行"，打开"医嘱执行"窗口。窗口中显示病人列表，列表中列出了所有转抄过医嘱的病人姓名，可对多个病人所有的医嘱和账单进行发送记账，也可对单个病人的所有医嘱和账单进行发送记账。

7. "医嘱管理"窗口

护士在病人的治疗期间，需要对医嘱进行管理，包括医嘱的预算、冲正、打印等，如果为皮试医嘱，还需设置皮试结果。

单击"医嘱管理"中的"医嘱管理"，或者直接单击工具栏中"医嘱管理"按钮，打开"医嘱管理"窗口，如图 10-21 所示。

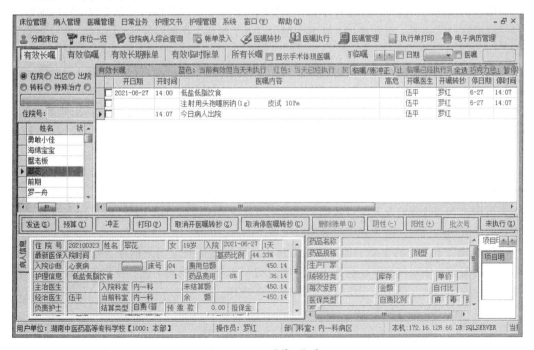

图 10-21　"医嘱管理"窗口

窗口左侧为病人列表，右侧为医嘱列表，下方为病人信息栏及医嘱信息。在"医嘱管理"窗口中可以对目标病人的医嘱进行冲正、预算、打印、取消转抄及记录皮试结果等管理操作。在病人列表中以筛选或搜索等方式查找到目标病人，选定后医嘱列表会自动列出医嘱项目，可在列表上方筛选有效长嘱、有效短嘱等。在医嘱列表中可选择单个或多个医嘱项目进行相关操作。

在给病人做完皮试后，首先转抄和执行需要皮试的临时医嘱，然后到"医嘱管理"窗口处理标有"皮试"字样的医嘱，标示阴、阳性。如果是阴性则到"医嘱转抄""医嘱执行"窗口再次转抄、执行剩下的医嘱，如果是阳性则通知医生重新开医嘱。

8. "执行单打印"窗口

护士在执行完医嘱后，要将相关医嘱项目及信息打印出来，打印单留给病人，让病人知悉治疗和收费情况。单击"日常业务"中的"执行单打印"，打开"执行单打印"窗口。窗口左侧为病人列表，右侧为医嘱列表。在病人列表中选定目标病人后，医嘱列表自动列出其医嘱项目，在医嘱列表上方可选定"全部""没打印"或"已打印"筛选医嘱项目。

9. "病人费用查询"窗口

护士通常需要为病人或医生查询相关收费情况，系统提供相关查询功能并列出费用清单。单击"病人管理"中的"病人费用查询"，打开"病人费用查询"窗口。窗口左侧为病人列表，右侧为费用项目。在病人列表中选定目标病人后，在右侧选择日期、类别、科室和分类小计，可查看该病人的费用清单。

10. "病人转科"窗口

病人在治疗过程中可能会出现转科的情况，由于病床属于所属科室，转科就要调换床位，并把病人信息一并转到新床位。在医生开转科医嘱发送至住院护士工作站后，首先转抄医嘱，再执行医嘱，然后单击"病人管理"中的"病人转科"，打开"病人转科"窗口。在窗口中显示申请转科清单，在清单中查找目标病人的姓名，确认即可。若要取消转科则先选择"取消转科"选项，再选择病人姓名，单击"取消转科"按钮。

11. "定义出院"窗口

病人出院或死亡后，需要空出病床。当护士确认床位空出，即可把床位定义为出院。医生开出院医嘱发送至住院护士工作站后，首先转抄医嘱，再执行医嘱，然后单击"病人管理"中的"定义出院"，打开"定义出院"窗口，在窗口的病人列表中查找待出院的病人，确认即可。

10.3.4 住院收费子系统

病人在住院的过程中，收费环节能有效记录病人的入院信息与收费情况。帮助病人和工作人员快速查询收费情况并统计数据的收费信息系统是医院必不可少的，现在很多医院把合理收取住院病人费用，作为优质服务的一项重要内容。

住院收费子系统的主要功能是为住院部的收费员提供登记病人信息、收费和查询的服务，在收费前要领取票据。在病人入院前登记病人信息、收取预交款，在病人出院时结算费用，在住院期间和办理出院手续时可查询病人的费用记录。

住院收费业务流程如图 10-22 所示。

图 10-22 住院收费业务流程

1. "票据领用"窗口

收费员的每次收费都需要开具票据，票据上有编号，编号由管理员负责发放。这样每次收费都能对应相关的票据，以便记录和查找。

先由管理员或有相关权限的人员为收费员分配发票，再由收费员自己启用所使用的发票段，收费员在住院管理系统的"票据管理"菜单中选择"票据领用"，打开"票据领用"窗口。窗口左侧为票据领用历史记录，右侧为票据领用设置区域。在设置区域中选择用户、票据类型，输入领用起号、领用止号，单击"领用"按钮即可。

2. "入院登记"窗口

病人在入院前要登记相关信息，第一次入院病人还要办理诊疗卡，缴纳预交金，设置医保类型等。收费员进入住院管理系统，选择"入院管理"菜单中的"入院登记"，打开如图10-23 所示窗口。

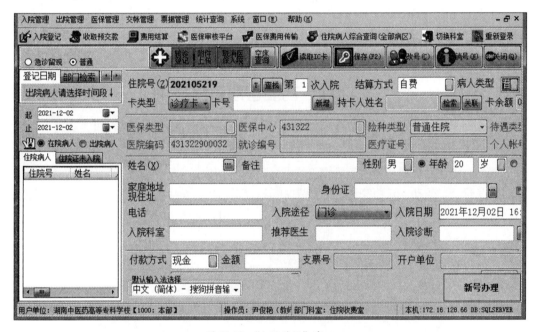

图 10-23 "入院登记"窗口

窗口左侧为病人检索栏，右侧为病人信息登记区域。在入院登记时，如果病人过去来院治疗过，可在病人检索中查找该病人，或者直接输入病人的诊疗卡卡号。如果病人是第一次入院，则首先在病人信息登记区中录入诊疗卡、入院科室、推荐医生、入院诊断和付款方式等信息。

3. "收取预交款"窗口

在住院期间病人的费用会自动从预交款中扣除，如果余额已不足以支付接下来的费用，那么病人就需要补交一定数额的预交款。在"入院管理"菜单中选择"收取预交款"，打开"收取预交款"窗口。窗口左侧为收据查询区，右侧为病人费用信息区。在收据查询区中可根据日期和收据号查询收费历史记录，收费员收取病人预交款后，在病人费用信息区查找目标病人，并选择"付款方式"和输入"金额"，下方的记录列表会增加此次付款的相关信息条目。

4．"费用结算"窗口

病人在办理出院手续时，需要对费用进行结算，这是出院的最后步骤。预交款中的余额会退还给病人，特殊情况下病人还要补齐部分费用。进入住院管理系统，在"出院管理"菜单中选择"费用结算"，打开"费用结算"窗口。窗口左上方为病人信息，左下方为消费项目列表，右侧为费用结算区。通过输入出院病人的住院号查找病人，检索出该病人的基本信息以及费用信息。该住院病人的费用明细将显示在消费项目列表中，可对其进行中途结算、出院结算、欠费结算。结算后选择"清单"可以打印出病人住院期间的费用清单。

病人出院必须满足以下几点条件。

① 由医生开具出院医嘱。

② 主管医生停止所有长期医嘱，并注明末次执行次数。

③ 护士转抄出院医嘱及停止医嘱，对已发生费用而未执行的冲正。

④ 护士停止长期账单上的床位费和诊疗费，并冲正已发生的床位费。

⑤ 护士应审核所有的费用是否都确认，如药房、检查检验科室的费用，如未确认系统会提示，并不予出院。

10.4　药品管理系统

随着医疗信息技术的发展，医院药品管理日趋智能化、自动化。药品管理系统是用于协助整个医院完成对药品管理的计算机应用程序，其登录窗口如图 10-24 所示。操作员通过输入账号、密码，选择相应的子系统或工作站即可对药库、门急诊药房、住院药房的用药计划，药品价格，效期，新药特药，处方或医嘱的合理用药审查与管理，医药费用等信息进行管理。药品管理应一切以患者为中心，坚持"合理使用、加速周转、保证供应"的原则，实现合理、安全、方便、经济、有效地使用药品。

图 10-24 "药品管理系统"登录窗口

10.4.1　业务流程和功能概述

医院的药品管理系统实现对分布于医院各药房、药库、病房等部门的各类药品的物流、财流的一体化管理，做到每种药品从入库到使用的全程跟踪，准确、动态地反映出某种药品在医院中的各种状态，实现药品数据自动存入、取出，简化工作、整合信息，便于数据在不同部门和岗位间共享，集中管理。其组织结构图如图 10-25 所示。

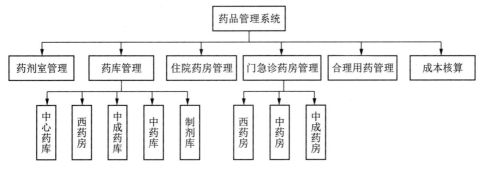

图 10-25　药品管理系统的组织结构图

药品在整个业务流程中主要是"进"与"出"两种状态，制定采购计划后，从供货商（药厂、药品公司、药品商店等）进药；根据实际使用需求重新分装、定价，生成药品库存；分发药品至各药房、科室部门；然后再由门急诊药房发药窗口和住院病区将药品按医嘱处方发放至病人。但面向不同的对象，其各环节处理的内容有所不同。

医院药品总业务主要是药库库房业务、门急诊发药业务、住院发药业务，因此医院一般采用药品库房的三级管理体系，如图 10-26 所示。

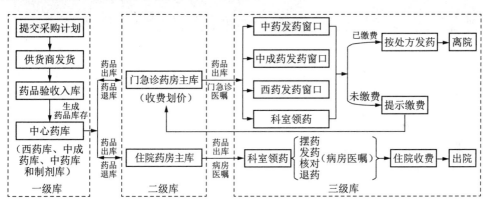

图 10-26　药品库房的三级管理体系

三级库房结构中，一级库主要负责全院的药品采购、验收、入库、储存、发放和管理等工作，是医院的中心药库，有的医院又分为西药库、中成药库、中药库等。二级库主要负责从药库领药、分装发放至三级库，由门急诊药房、住院药房等组成。三级库从上一级领药后，通过摆药、发药、核对、退药等功能，面向门急诊病人和住院病人实现发药业务，由门急诊药房发药窗口和住院药房科室领药，窗口作为独立的库房单位，有自己的库存及相应的管理业务，窗口之间可以互相调拨，也可以向中心药库申请调拨。实际中由于受各级医院规模及组成结构因素的影响，各医院并非都严格按三级库房管理模式来管理。

药品管理系统的主要功能模块有采购管理、库存管理等，如图 10-27 所示。

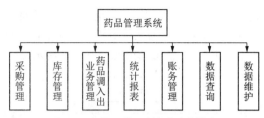

图 10-27　药品管理系统的功能模块

（1）采购管理。包括药品采购入库，采购退货，进/退单据和当前库存查询，与供货商的往来账目，药品入库批号等信息。

（2）库存管理。实现药房发药、退药、报损等数据互传，对药品进行进、销、存管理，以及药品库存盘点、近效期药品自动提醒、库存报警等管理。

（3）药品调入出业务管理。对药品的入库、出库等流程进行规范管理。

（4）统计报表。生成供应商、业务员、库存、药品销售统计等各种详细表格。

（5）账务管理。对药品进、销、存及利润等财务状况进行管理。

（6）数据查询。对药品进出库数量及金额进行查询，药品日常业务数据的查询。例如：药品字典查询、药库和全院药品的库存查询、单据分类查询等，如图 10-28 所示。

图 10-28　药品管理系统的数据查询功能

（7）数据维护。利用系统可以设置药品字典、药理分类、药品剂型、药品单位、生产厂家、领药科室、药库货位、库存上下限等，以及操作员设置、系统维护（备份/恢复数据、角色管理、修改密码）等。

10.4.2　药库管理子系统

药库管理是药品管理的重要组成部分，直接影响药品质量及临床治疗效果。充分利用信息系统，加强药库管理、保证药品质量、降低库存量、盘活资金是药库管理工作的重点，也是提高医疗质量，保证病人用药安全有效的重要环节。

药库管理子系统是药品管理系统的核心和起点。药库管理子系统主要通过管理药品进、销、存业务，实现药品数量和账务的一体化管理，实现药库、药房、病区、科室、手术室等的数据共享，减少不必要的重复劳动，并满足和方便医院对数据的查询、统计等需要。药库管理业务流程如图 10-29 所示。

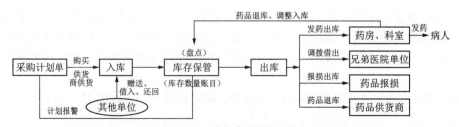

图 10-29　药库管理业务流程

药品采购员需严格依据医院制定的采购政策，以及当前库存量制定采购计划单，经领导审核通过后开展采购，以保持合理库存，防止药品缺货。供货商按采购申请配送药品，库管员、采购员应实事求是地按"随货同行单"仔细核对、验收到货药品，验收合格的入库，验收不合格退货。库管员按照药品储存管理制度做好库存管理，须对库存药品进行日常盘点，确保账、货相符。门急诊药房、住院药房、科室用药严格凭领药单从药库领取药品。同时药库还与药品供货商、兄弟医院等外单位发生联系，完成药品的出入库。

药库管理子系统是全院药品管理的核心，负责维护药品的采购、入库、在库保管、出库、盘点、账务管理等，其主要功能如图 10-30 所示。

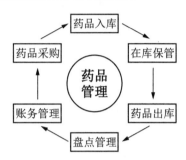

图 10-30 药库管理子系统的主要功能

1. 采购管理

药库可以定时进行集中药品采购，补充药库，也可以随时进行小规模进货，以补充急需的药品。药品采购员根据药品现有库存量、药品库存上下限额、上个进货周期用量，产生缺货药品清单。再根据各供货商药品价格信息选择供货单位、进价，产生采购计划单（图 10-31）。经领导审核确认后，根据采购计划单采购药品。药品到货后，须根据实际的进货情况认真填写进货通知单。

图 10-31 药品采购计划单

2. 药品入库管理

药品入库方式可分为采购入库、退药入库、赠送入库、借药入库、还药入库等。其中赠送入库、借药入库、还药入库这三种方式无金额交易。

（1）采购入库。从药品供货商买来的药品入库。

（2）退药入库。医院门急诊药房、住院药房等退还给药库的药品。退还后自动更新药品库存量，并建立退药药品账单及其明细。

（3）赠送入库。供货商或其他组织单位赠送的药品入库。

（4）借药入库。指本医院向兄弟医院等外单位借用的药品入库。

（5）还药入库。兄弟医院等外单位还给本医院的药品入库。

3. 在库保管

药品入库后，对药品的信息维护、储存保管等。

（1）药品信息维护。药品信息维护主要包括药品基本信息、药品库存上下限设置等，如图 10-32、图 10-33 所示。

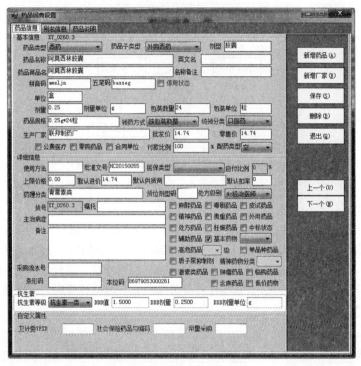

图 10-32　药品基本信息设置

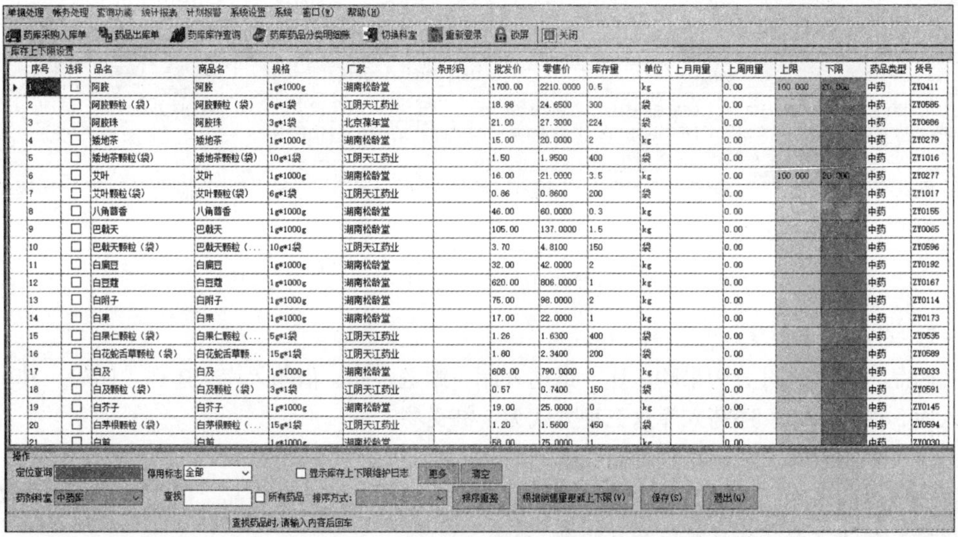

图 10-33　药品库存上下限设置

（2）储存保管。药品质量的优劣，直接关系到人们的健康，甚至生命安全。药品的稳定性不仅与其自身的性质有关，在很大程度上还受到许多外界因素的干扰，如温度、湿度、光线等，这些因素往往会使药品发生分解、挥发、潮解等变化。为了保证药品的质量，药品的正确储存就显得格外重要。库管员要细致、妥善做好药品储存工作，确保药品在储存过程中的安全，保证药品的使用价值。

4．药品出库管理

对报损、借出、发药、盘亏的药品进行出库处理。药品出库方式可分为发药出库、退药出库、报损出库、调拨出库、借出出库、还出出库、调整出库等。药品出库后系统自动更新库存量，并建立药品出库账单及其明细。

（1）发药出库。门急诊药房、住院药房、科室等通过填写领药单从药库领取药品。

（2）退药出库。药库将药品退还给供货商。

（3）报损出库。药品因变质、过期、损坏、遗失等原因而报废出库处理，报损出库后系统自动更新库存数据。

（4）调拨出库。处理药房之间应急药品的调拨，或外单位凭借调拨单向药库领药。

（5）借出出库。将药品借给外单位。

（6）还出出库。将暂借外单位的药品还给外单位。

（7）调整出库。盘点操作后，若盘点的药品实物库存比信息系统内记录的库存量小，则使信息系统中库存量与实物量一致。

5．盘点与账务管理

库管员将药品实物清点数和信息系统中药品库存进行对比，随时掌握库存的领、用、存情况，以便核实账务，调整实际库存，使药品得到合理有效的管理。库管员对账面数与实存数核实后修正系统库存，盘点结束后生成盘点账单及明细，列出损益药品品种、规格、损益数量、损益金额和损益原因等。药库管理子系统每月产生药库药品会计报表（药品收入明细表、药库财务报表等），供医院财务部门进行核算。

每季度盘点，检查药品，防止积压和变质（沉淀、变色、发霉、过期等），如发现问题，及时在系统中登记，并向上级领导汇报处理。

6．调价管理

为保证医疗收费的合法性，医院需根据供货商销售发票价格或政府物价部门统一调价令，及时调整药品批发价和零售价。对所有医疗服务项目（含允许收费的医用材料）价格的调整必须由专职价格管理人员统一修改；涉及政策性临时调整、变更的批量价格调整，应以书面形式报科室负责人，并经分管领导签字后，再进行价格调整。调价后应生成调价损益报表，计算损益。

10.4.3　门急诊药房管理子系统

门急诊药房作为承上启下的药品流通环节，是门急诊医疗过程中的二级药房管理环节。通过门急诊药房管理子系统，可以对门急诊病人的处方进行划价、发药、退药等操作。

一般医院门急诊药房管理业务流程如图 10-34 所示。

从业务流程图可知，门急诊药房做好药品申领计划，及时补充药品，保证药品充足供应；药库接受申请后，仔细清点，再出库；门急诊药房按领药单仔细核对药品、入库，及时按类归位、分装药品，并妥善保管，保障责任区内的药品质量。发药窗口药剂师收方后认真

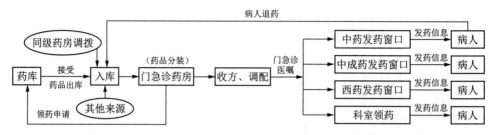

图 10-34 门急诊药房管理业务流程

审方，核对打印的清单，准确无误后调配药品，根据处方呼叫病人姓名，排除配伍禁忌后按处方发药；发药时再次仔细核对药名、规格、数量及药品有效期，仔细交待服法并加贴服法标签，需特殊条件保存的药品，向病人提出警示，耐心解答病人提出的问题；药剂师须在处方签名以示负责；做好处方清点、装订、统计工作，妥善保存。

医院药房是医院的形象窗口，其业务素质和服务水平的高低直接关系到社会对医院的满意度、认可度。因此医院管理能否得到社会的认可，在很大程度上取决于药房管理水平的高低。

门急诊药房管理子系统应本着以患者为中心，以方便取药，有效减少排队次数和等待时间为原则，提高内部管理水平。门急诊药房管理子系统的功能示意图如图 10-35 所示。

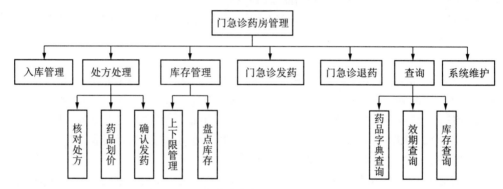

图 10-35 门急诊药房管理子系统的功能示意图

1．入库管理

当药房管理人员发现药品库存量低于下限后，填写领药单；审核通过后，药库接受，执行药品出库。采用自动入库功能，在门急诊药房管理子系统中增加库存，自动完成药品的入库管理。手工入库用于同级药房之间的药品平调管理和门急诊药品盘增等管理。

2．处方处理

门急诊药房的处方处理主要包括核对处方、药品划价、确认发药。医生在接诊时进入门急诊医生工作站输入处方，由系统自动划价，病人完成缴费，其数据被传输到相对应的门急诊发药窗口，由门急诊发药窗口确认发药。当发药确认并完成后，系统自动进行药品的库存减持，完成药品出库。

3．库存管理

药品入门急诊药房库后，要做好药品的效期管理，库存药品应按药品批号及效期远近依序集中码放，对不同批号的药品进行明显区分存放。

4．门急诊发药

发药操作是门急诊发药窗口接收病人处方、核对处方中的药品信息与门急诊收费处传来的病人处方药品信息的过程。确认发药后自动更新库存量。

5．门急诊退药

在确认病人能提供购药原始票据、保障药品质量的前提下，经医生开具"退药处方"并签字后，给予退药处理。系统对已收费的药品进行冲减，冲减后系统自动更新库存量，并建立退药药品账单及其明细。

6．查询

根据不同需求，系统可以处理一些查询操作，如药品字典查询、价格查询、库存查询、调价查询、月报查询、效期查询等。

10.4.4　住院药房管理子系统

医院住院药房是面向住院病人发药，在药品包装规格和药品费用结算上都与门急诊药房的操作方式不同。门诊病人一般是用药现结，住院病人则一般是用药记账后结。因此住院药房管理子系统与门急诊药房管理子系统有相同的库存管理、查询功能，但又比门急诊药房管理更复杂。

住院药房主要负责医院住院病人的药品供应与管理，以及临床科室的药学服务。当住院药房药品库存不足时，可向同级药房调拨，也可向药库申领药品；药库接受以及药品出库后，住院药房应做好药品库存管理；住院药房发药分为病区发药和医技科室发药两种，病区发药又包括普通医嘱发药、急诊用药和出院带药三种类型；住院药房根据病区用药申请进行摆药、发药和退药等工作，完成住院药房药品增减并在住院病人账页上进行记账处理。住院药房管理业务流程如图 10-36 所示。

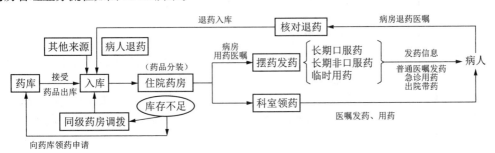

图 10-36　住院药房管理业务流程

根据住院药房管理业务流程，住院药房管理子系统具有入库管理、医嘱摆药、住院发药、住院退药、科室领药、库存管理及查询等功能，如图 10-37 所示。

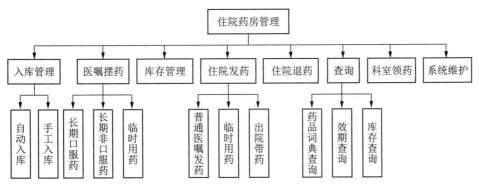

图 10-37　住院药房管理子系统的功能示意图

1．入库管理

住院药房入库管理分自动入库和手工入库两种工作方式，其入库数据主要来源于一级库中的西药、中药和中成药等药品库房。系统对来自一级库的大包装规格药品自动拆分成最小包装单位规格进行入库，并通过一级库的药品唯一码为药品建立账页，而后增加库存。

2．库存管理

包括向药库领药、其他入（出）库、药房之间调拨、盘存处理、月结处理等，另外还有库存调整、库存禁用等特殊操作。

3．医嘱摆药

此功能主要完成对病区提交到药房的长期和临时药品医嘱进行摆药处理：计算发药数量，完成医嘱记账，在医嘱中写入发药截止时间，生成并打印缺药单，对不发药病人将其退回病区。可以按日期、科室、发药类型和状态等多种摆药方式摆药，并生成摆药单，对于缺药单能自动生成面向药库的领药单。

4．住院发药

住院发药是对住院病人的处方发药。其中包括门急诊药房对住院病人的处方发药和病区药房对病区的医嘱发药等。接收病区传来的药品医嘱，针对不同的药品用法、发药方式、停嘱时间，对不同病区进行发药，处理出院带药，在发药确认后药房核销药品库存。确定费用后，药品费用信息自动传送到住院结算系统，自动扣除住院押金等。

5．住院退药

对已发药医嘱进行退药，药品库存会自动增加。通过系统参数可设定退药时是否含退费，如退药时不能退费，则护士要对该项医嘱进行退费。

此外，查询、系统维护功能与门急诊药房管理子系统相似。

10.4.5　安全用药咨询和监测子系统

临床上，因医生开出的处方不明确，导致的医疗事故或纠纷在所有的医疗事故或纠纷中占比很大，在各级医院的处方抽样调查结果中，常发现有问题处方，这些都是事故隐患。所以医院需要进行处方把关，借助安全用药咨询和监测子系统铸起一道"安全用药防火墙"。

安全用药咨询和监测子系统根据临床合理用药的基本特点和要求，运用信息技术对医药学及其相关学科知识进行结构化处理，实现对医嘱的自动审查和医药信息在线查询，促进临床合理用药。

系统记录病人入院以来的各种医生处方、处方审核、处理过程。护士、药剂师等人员应仔细核对，按处方发药，并按医嘱耐心指导病人用药；有问题处方返回请医生修改，如坚持使用，进行问题处方备案，并通过临床药学统计分析提出合理用药建议和控制，并进行安全日志记载，为日后处理医患纠纷提供参考依据。安全用药咨询和监测流程如图 10-38 所示。

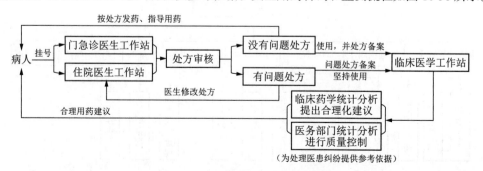

图 10-38　安全用药咨询和监测流程

安全用药咨询和监测子系统通常与门急诊医生工作站、住院医生工作站、护士工作站等子系统实现数据共享和协同工作。该系统以医学、药学专业知识为标准，在录入医嘱时能提供相关药品资料信息，并对医嘱进行药物过敏史、药物相互作用、禁忌症、副作用、注射剂体外配伍等审查来协助医生正确地筛选药物和确定医嘱，并在发现问题时能及时进行提醒和警示，以减少错误发生的可能。

1．处方实时审核功能

在输入药品信息时，每输入一个药品，都会显示一个"要点提示"框，重点显示该药品说明书中所提及的禁用、慎用、重复用药、给药途径和特殊人群用药等潜在不合理用药问题，进行主动、实时的审查和监测，将检测结果信息提示给医生或药剂师，以防范用药风险，达到合理用药的目的。

2．药物临床信息查询与学习功能

系统通过与医嘱相连接，可提供医生联机查询当次所开药品相关专业信息的功能。如选择某一检验项目，可查阅正常参考值及检验结果相应的临床意义，以及常用医学公式、用药科普知识、药品说明书、药物分类、医药法规等。

3．监测结果统计分析功能

对系统监测到的用药安全数据进行自动采集和保存，并多维度对用药处方进行监测，全方位统计和分析，生成各种统计结果报表，为医务部门、临床药学部门，以及其他管理部门提供合理用药分析研究和管理的数据信息。

10.5　电子病历系统

电子病历（electronic medical record，EMR）是以计算机为基础的病案记录系统，是指医务人员在医疗活动过程中，使用信息系统生成的文字、符号、图表、图形、数字、影像等数字化信息，并能实现存储、管理、传输和重现的医疗记录，是病历的一种记录形式，包括门急诊病历和住院病历。

电子病历系统（electronic medical record system，EMRS）是指医疗机构内部支持电子病历信息的采集、存储、访问和在线帮助，并围绕提高医疗质量、保障医疗安全、提高医疗效率而提供信息处理和智能化服务功能的计算机信息系统。医院通过电子病历以电子化方式记录病人就诊的信息，包括病程记录、检查检验结果、手术记录、护理记录等，其中既有结构化信息，也有非结构化的自由文本，还有图形信息。电子病历系统利用医疗过程数据作为主要的信息源，涉及病人信息的采集、存储、传输、质量控制、统计数据，提供超越纸质病历的服务，满足各种管理需求。"电子病历系统"登录窗口如图 10-39 所示。

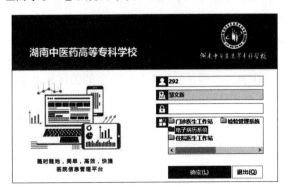

图 10-39　"电子病历系统"登录窗口

10.5.1 应用电子病历系统的意义

1. 提高病历合格率

一方面，可以通过各种管理手段以及规章制度来保证病历合格率，另一方面，需要结合各种新技术，通过可行的技术途径来整合各种资源，将具体职责明确落实到个人，提高医院对病案质量的管理能力。通过统计、分析、预警、三级质量评定等控制手段，有效提醒和督促医务人员按时、按质完成病历书写工作，提高病历合格率。

2. 节省时间

医生每天要接诊多名病人，日常工作中 70% 的时间用于手工书写病历。通过电子病历系统提供的多种规范化的模板及辅助工具，不仅可以将医生从繁琐重复的病历文书书写工作中解脱出来，集中精力关注病人的诊疗，而且通过模板书写的病历更加完整、规范，同时还可使医生将更多的时间用于提高自身的业务水平，收治更多的病人，从而可以提高医院的医疗水平。

3. 提高病案质量

电子病历系统通过提供完整、权威、规范、严谨的病历模板，避免书写潦草、缺页、漏项、模糊及不规范用语等常见问题，提高病案质量，提高医院服务综合竞争力。

4. 提供举证依据

病历是具有法律效力的医学记录，为医疗事故鉴定、医疗纠纷争议提供医疗行为事实的法律书证。在遇到医疗纠纷时，若因医生疏忽导致病历上缺少必要的记录，将被视为没有询问、检查，那么将被视为过失，这将对医院造成很大的被动，甚至是损失。同时，参照规范的病历模板书写病历，可以避免语义模糊、书写潦草、缺页、漏项等问题，为举证提供客观有力的法律依据，有助于维护医患双方的合法权益。

5. 提升认可度

电子病历系统为病人提供长期健康记录，并且支持健康记录快速检索，为医务人员决策提供更多的历史参考资料，提升病人对医院的认可度。

10.5.2 业务流程和功能概述

电子病历系统包括门急诊电子病历系统和住院电子病历系统。门急诊病人挂号就诊，医生在开处方的同时必须填写病历信息，如诊断、病史、处理意见等。住院病人收治入院，医护人员对其进行相关诊治时，使用电子病历系统记录诊治的过程，包括下达医嘱、书写病历，以及开具相关的检查检验申请单。在书写过程中，系统会对病历内容进行环节性质控。病人出院后，科室质控人员对整份病历进行质控评分，审核通过后发送给病案室接收、编码，进行医院质控，最后审核上架。

电子病历系统的使用能够极大地提高工作效率，这样医务人员就有更多的时间观察病情变化，更好地与病人进行接触、沟通，使病人得到更多的关怀和更完善的治疗。

1. 结构化电子病历与电子病历模板

结构化电子病历（structured EMR）在数据处理上和非结构化电子病历（non-structured EMR）有本质的区别。在非结构化电子病历系统中，除了表格式数据外，所有的医疗文书都以文本的方式保存到数据库中。这些文本包括不带格式的纯文本数据和带格式的文本。随着 XML（可扩展标记语言，一种简单的数据存储语言）技术的出现，一些非结构化电子病历也以 XML 的方式保存数据。

电子病历模板就是把病历中对医学术语的描述性文字拆分为小的有业务含义的元素，再把它们进行归类，然后按照不同科室、不同病种病历的书写格式和用词，分别把元素组织在一起。电子病历模板是各种电子病历书写格式的参照，如入院记录、护士文书、首诊记录等，是电子病历的基础。

2．电子病历系统的主要功能模块

（1）医生工作站模块

医生工作站模块包含住院医生工作站、会诊工作站、科室质控、病历借阅和个性化设置等子模块。其中，住院医生工作站子模块里包含病历完成、病历提交、质量自评、查询患者、移交病历、三级检诊、医嘱打印等，如图 10-40 所示。

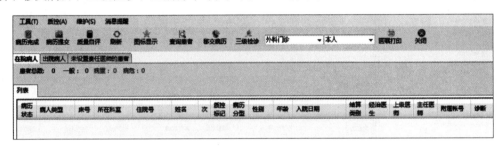

图 10-40　住院医生工作站子模块

科室质控包括病历查询浏览、修改病历、病历质量监控、病历封存等功能。其中，病历查询浏览是查询浏览本科室医生书写的病历；修改病历是按照三级检诊要求修改下级医生书写的病历；病历质量监控是按照科室质控要求检查有缺陷的病历，并向医生工作站发送质控消息；病历封存是封存已确认的出院病人的所有病历，并检查病历的完整性。

（2）住院护士工作站模块

住院护士工作站模块的主要功能包括病人管理、病历完成、病历提交、三测表信息录入等，如图 10-41 所示。

病历状态	质控标记	质控退回	床号	所在科室	住院号	姓名	婴儿	性别	年龄	入院日期	诊断	护
书写			+01	内一科	202100005	宝贝		女	20岁	2021/6/26 21:01		
书写			+02	内一科	202109724	欧宝		女	3岁	2021/6/26 21:00		
书写			+03	内一科	202100159	须须		女	22岁	2021/6/27 12:02		
书写			+04	内一科	202100011	zhu		男	56岁	2021/6/27 9:24		
书写			+05	内一科	202100092	邹楠		女	44岁	2021/6/27 9:22		
书写			+06	内一科	202100092	xazvs		女	20岁	2021/6/27 11:07		
书写			+09	内一科	202100018	黄死狗三号		男	20岁	2021/6/27 9:43		
书写			+11	内一科	202100718	胡小娟		女	19岁	2021/6/27 20:19		
书写			+14	内一科	202100691	胡小娟		女	19岁	2021/6/27 19:50		

图 10-41　住院护士工作站模块

其中，单击某一患者记录可进入电子病历的更多设置中，如护士文书、病案质控、个性化设置等，如图 10-42 所示。

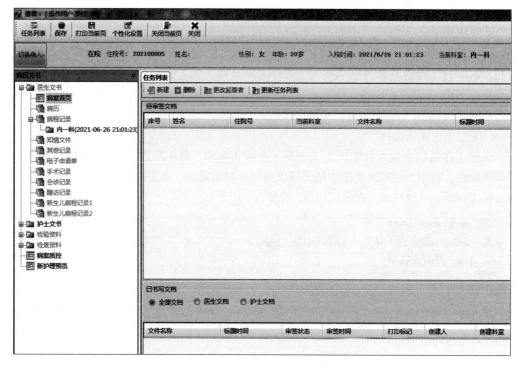

图 10-42 某一患者的电子病历设置

（3）病历模板维护模块

此功能模块主要帮助医生管理自己的个人模板及典型案例，包括标准模板维护、子模板维护、数据元素维护、模板备份导出等。标准模板维护是维护住院病历模板，如入院记录，首次病程等；子模板维护是按照疾病病种维护主诉、现病史等；数据元素维护是按照国家规范维护最小数据元素，方便病历录入；模板备份导出是备份模板数据到文件，或从外部文件导入模板。

（4）病案管理工作站模块

病案管理工作站模块包括病历查询浏览、病历封存、病历解封、知识库维护、病历签收检查。病历查询浏览是查询浏览全院医生书写的病历，不得修改；病历封存是封存已确认的出院病人的所有病历，并对病历的完整性做出检查；病历解封是在特殊情况下解除病历的封存；知识库维护包括药品库维护、ICD 编码维护、医技申请项目维护等；病历签收检查是对于提交封存请求的病历进行完整性检查。

（5）全院质控工作站模块

全院质控工作站模块包括质控概况、质量监控、终末考评、质控设置、考评设置。质控概况显示当前全院质控的基本概况；质量监控是查询出当前未归档的病历中有缺陷或未及时完成的病历，并向相应的医生发送质控消息；终末考评是针对病历进行终末考评打分；质控设置是设置质控要求相关的参数；考评设置是设置病历终末考评的标准。

（6）教科研统计工作站模块

教科研统计工作站模块包括病区工作情况统计、诊断符合率统计、出院病人分病种统计、自定义查询和统计数据导出。病区工作情况统计是统计病区的工作量情况；诊断符合率统计是统计疾病诊断符合率的情况；出院病人分病种统计是按病种统计出院病人的情况；自定义查询是根据病人的基本情况和病历数据自定义查询；统计数据导出是将统计的数据导出为 Excel 或 Word 文件。

10.5.3　电子病历系统的应用

1. 临床路径管理

临床路径（clinical pathway）是针对某一疾病建立一套标准化治疗程序，是一个有关临床治疗的综合模式，以循证医学证据和指南为指导来促进治疗组织和疾病管理的方法，最终起到规范医疗行为、降低成本、提高质量的作用。

临床路径是近年来才发展起来的诊疗标准化方法。它以缩短平均住院日，合理支付医疗费用为特征，按病种设计最佳的医疗和护理方案，根据病情合理安排住院时间和费用，不仅可以规范诊疗过程中应常规进行的诊疗操作，减少一些不必要、不合理的诊疗行为，而且还可以规范诊疗行为应完成的时间等，增强诊疗活动的计划性。临床路径提供了多专业协作的工作模式，并保证医疗护理等措施在既定时间内实现并达到预期的效果，促进了医疗资源的有效利用；同时通过使用病人版的临床路径，帮助病人及家属了解医护详细过程和时间安排，使病人能积极配合和监督医院的工作，促进交流和沟通，使医院的医疗服务质量得到不断提高。

2. 临床决策支持

在临床上，医生对病人进行诊断并做出治疗决定的过程，实质上是依据医生所掌握的信息做出判断的过程。计算机虽然不能取代医生做出判断，但却可以发挥计算机和网络的优势，为这一过程主动、智能地提供充分有效的信息，辅助医生做出判断。这方面的服务包括同类疾病的病历查阅，帮助医生选择最佳医疗方案；智能知识库，辅助医生确立医疗方案；医疗违规警告，如药品相互作用、配伍禁忌等；联机专业数据库，如药品数据库，供医生查询。

3. 临床知识库管理和应用

临床知识库的建设旨在运用知识管理的最新理念，整合先进的信息化、数字化、网络化技术，构建一个全方位的医学和临床知识管理、信息交流与区域共享的系统，全面提高服务质量，提供学术交流的网络平台，为临床信息系统提供运行环境。

临床知识库分为药品库、临床药学知识库、检验信息库、影像学知识库、诊疗知识库、疾病知识库、典型病例库、论文库等。临床知识库需要对疾病名称、药物名称、检查名称、疾病体系、药物体系、检查体系建立规范与标准。

4. 医院管理辅助决策

电子病历系统的应用有助于加强环节管理。传统的医疗管理主要是终末式管理，即各种医疗指标在事后统计出来，然后再反馈回医疗过程管理，如三日确诊率、平均住院日等。这样的管理滞后于医疗过程。通过电子病历系统，各种原始数据可以在医疗过程中及时地采集，形成管理指标并及时反馈，达到环节控制的目标，如三日确诊率、术前住院日限制的实时监控，根据病人的用药情况自动判断是否发生了感染等。

电子病历系统也为国家医疗宏观管理提供了丰富的原始数据库。医院或者管理部门可以从中提取各种分析数据，用于指导管理政策的制定，如疾病的发生及治疗状况、用药统计、医疗消耗等。当前正在实施的社会医疗保障体系，不仅在运行过程中需要病历信息实施对供需双方的制约，而且在医保政策及方案的制定上也需要大样本病历作为依据。

5．科研与教学

在医学统计、科研方面，典型病历不易筛选，检索统计困难。通过电子病历系统不仅可以快速检索出所需的各种病历，而且使以往费时费力的医学统计变得非常简单快捷，为科研与教学提供第一手有价值的资料。

近年来，我国医疗信息化政策频出，并大力支持电子病历系统的建设，医院整体的电子病历应用水平逐步提高。目前，电子病历系统已成为我国医院优先级最高的应用系统，有高达 86.14% 的医院将电子病历系统作为最重要的应用信息系统，充分说明医院对电子病历的高度重视，并将其作为未来的重要工作。

10.6　实验室信息系统

检验科（也称化验室、临床检验中心等）是医院最重要的医技科室之一，负责医院的临床检验工作，其出具的检验报告是医生诊断不可缺少的重要辅助文档。检验科常用的信息系统称为实验室信息系统（laboratory information system，LIS），它是利用计算机网络技术，实现检验科的信息采集、存储、处理、传输、查询，并提供分析及诊断支持的计算机软件系统。

实验室信息系统是医院信息系统的重要组成部分。系统结合临床检验科日常工作的需要，按照检验科工作流程设计，利用信息交互技术、信息处理技术、信息共享技术，使检验科与相关的各科室形成一个共同的整体，其功能模块包括以检测分析为核心的检验管理模块，以管理为基础的流程及事务管理模块，以质量控制为主体的质控模块，以信息交互与共享为主体的报告单输出模块四大部分。图 10-43 所示为报告单输出界面。

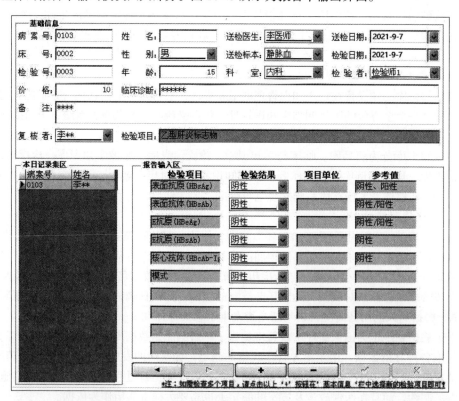

图 10-43　报告单输出界面

检验项目具有多样性，内容涉及生物化学、微生物学、细胞学、免疫学、体液学和分子生物学等多个学科。一般医院都对检验科进行分工，可分为临检、生化、免疫、血液、微生物、同位素、基因检测、细胞形态学等。

随着科技的发展及人民生活水平的提高，对于检验的需求量越来越大，医院面对不断扩大的检验需求，已开始不断引入新的检验项目和方法，逐渐实现实验室全面自动化。目前，在某些发达国家的医院，已有初级全面自动化的实验室信息系统出现，医生开具检验申请时，计算机可打印条形码并自动将它贴在采样容器上；采集样本后，样本处理和传送全部自动化，检验仪器可根据条形码自动识别样本并进行检验；检验的结果则通过网络实时传递至医生工作站，使医生工作站以最快的速度得到检验的结果。

10.6.1　建设应用实验室信息系统的意义

实验室信息系统能将检验仪器与计算机组成网络，使病人样品登录、数据存取、报告审核、打印分发，数据统计分析等繁杂的操作过程实现智能化、自动化和规范化管理。有助于提高实验室的整体管理水平，减少漏洞，提高检验质量。建设应用实验室信息系统的意义主要体现在以下三个方面。

1. 规范流程

实验室信息系统通过计算机网络使所有检验仪器相连接，数据集中存储，集中处理，使检验有关各部门分散的业务联成一个共同整体，并将检验工作的整个流程置于计算机的实时监控之下，加强检验科的内部管理。它采用条形码技术管理检验样本，简化样本传送签收流程，避免样本传送差错，提高检验科的工作效率。同时检验申请单与检验报告单完全分离，检验报告全面中文化、电子化和规范化，医生通过工作站可直接打印检验报告单，避免检验报告单在检验科打印而受到污染。

2. 提高效率

实验室信息系统可以将实时信息、必要信息及时反馈给医生或病人。检验科对检验结果审核后，实验室信息系统便可将检验数据进行分析，然后通过网络存储在数据库中，医生随时能够通过工作站快捷地看到病人的检验结果，节省了医生等待纸质检验报告单的时间，便于临床医生快速准确地分析病情。同时也缓解了检验科人员在各病区繁忙穿梭送检验报告单的压力。

实验室信息系统对样本信息的采集采用条形码技术，极大地简化了门急诊采血登记和临床标本接收的程序，减少了门急诊病人抽血等待的时间，解决了临床护士送检标本时手工登记检验项目的繁琐问题。同时实验室信息系统对病人申请单信息的采集，按照规定的接口协议，采用独立的接口模块，保证了数据的完整性、稳定性，避免了手工录入带来的缓慢、繁琐等问题。

3. 信息共享

实验室信息系统与医院信息系统的无缝对接，实现了全院检验数据的共享。实验室信息系统利用计算机网络技术、数据存储技术、快速处理技术，对检验科进行全方位信息化管理，使检验科自动化运行，病人除了能在窗口取报告外，还可以通过手机端获取报告结果，清晰明了，避免了检验报告的漏取现象。

10.6.2　业务流程

实验室信息系统收到来自门急诊医生和住院医生工作站提出的检验申请后，自动生成相应病人的条形码和标签，在生成检验申请单的同时将病人的基本信息与检验仪器相对应；一旦检验仪器生成检验结果，系统就会根据相应的关系，自动将检验结果与病人信息相对应，业务流程如图 10-44 所示。

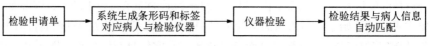

图 10-44　实验室信息系统业务流程

1. 数据加工流程

医院自动检验仪器既与医院信息系统（HIS）又与实验室信息系统（LIS）建立对接接口，实现自动化检验设备、应用系统之间数据的互联互通。医院自动检验仪器通过 HIS 获取工作内容（如病人标本需检验的项目），对病人标本进行检验。随后检验数据通过网络实时传入 LIS，与病人基本信息（如姓名、性别等）组合形成完整的病人检验数据，再经检验医师审核确认后，打印出检验报告单并存入数据库。进入数据库的临床检验数据，通过 HIS，可提供给医护人员查询和调用。数据加工流程如图 10-45 所示。

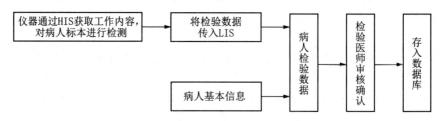

图 10-45　数据加工流程

2. 门急诊检验处理流程

门急诊检验作为医院的一个窗口，主要服务于病人临时性检验项目，包括接受病人陈述并开具检验申请单，病人缴费后，医护人员采集病人检验标本并实施检验、审核、打印发布等工作。门急诊检验处理流程见表 10-1。

表 10-1　门急诊检验处理流程

步　骤	说　　明
检验申请	门急诊医生根据病人病情需要，开具检验申请单
门急诊缴费	病人缴纳费用。对于实现门急诊预交金的医院，可以实现病人无需缴费即可进行下一步骤
生成条形码	门急诊标本采集点为病人生成相应的标本条形码和标签，贴在标本采集的试管或容器上。对于部分由病人自留标本的检验项目，流程可能有所不同，生成条形码的流程一般由门急诊护士完成，有些地方根据情况可以交由检验科标本接收窗口完成
标本采集	护士为病人采集标本或病人自留标本，保存在贴好条形码和标签的容器里，交由送标本的相关人员（根据管理情况而定，可以是护士、护工、病人家属等）
标本接收	检验医师对标本进行接收，扫描容器上的条形码，即可自助登记接收情况
标本检验	检验医师将标本送入相应的仪器进行检验，并由计算机接收仪器传出结果，生成报告单，对于部分无法通过设备直接产生结果的，还需由检验医师自行录入结果
报告单审核	对于所有需发布的报告单，都要进行审核，防止报告单出现错误或由于设备失控带来的错误结果
报告单发送	医师打印检验报告单并发送到相应的临床部门。对实现全院信息共享的医院，病人可通过自助设备自行打印检验报告单

3．住院检验处理流程

住院检验是主要针对住院病人开展的检验项目，住院医生根据病人情况开具检验申请单，护士在病房为病人采集检验标本并送至检验科进行检验、审核、打印发布，传送检验结果，相关检验费用直接计入病人的记账单。住院检验处理流程见表10-2。

表 10-2　住院检验处理流程

步　骤	说　　　明
检验申请	由住院医生开具检验申请单，护士按照医生开具的医嘱生成条形码和标签，贴在标本采集的试管或容器上
标本采集	护士为病人采集标本或病人自留标本，保存在贴好条形码和标签的容器里，交由送标本的相关人员（根据管理情况而定，可以是护士、护工、病人家属等）
标本接收	检验医师对标本进行接收，扫描容器上的条形码，即可自助登记接收情况
标本检验	检验医师将标本送入相应的仪器进行检验，并由计算机接收仪器传出结果，生成报告单，对于部分无法通过设备直接产生结果的，还需由检验医师自行录入结果
报告单审核	对于所有需发布的报告单，都要进行审核，防止报告单出现错误或由于设备失控带来的错误结果
报告单发送	医师打印检验报告单并发送到相应的临床部门。对实现全院信息共享的医院，医生或护士可以通过计算机直接在科室中自行打印检验报告单

10.7　医学影像信息系统

医学影像信息系统（medical imaging information system，MIIS）是近年来随着数字成像技术、计算机技术和互联网技术的进步而迅速发展起来、旨在全面解决医学影像获取、显示、存储、传送和管理的综合系统。医学影像信息系统主要由影像采集、数字化诊断、信息流管理、影像显示、高级处理、影像会诊、网络存储、网络发布等构成，是一套可弹性组合且极易扩充的医疗解决方案，其目的在于协助用户建立全院级大容量的数字化影像管理系统及影像数据库。

医学影像信息系统的主要任务包括日常产生的各种医学影像（包括核磁、CT、超声、X光机、红外仪、显微仪等设备产生的影像）通过各种接口以数字化的方式海量保存起来，当需要时在一定授权下能够很快地调用，同时增加一些辅助诊断管理功能。由于医疗影像设备接口的类别众多，每天产生大量数据，所以在各种影像设备间如何传输数据和如何组织存储数据是至关重要的。在医学应用上，医学影像信息系统完成的是数字化影像，与传统的胶片相比，无论在管理影像档案、传输信息，还是成像速度与使用材料上，都具有明显优势。随着计算机软硬件技术、多媒体技术和通信技术的高速发展，医学影像信息系统标准化进程不断推进，尤其是 DICOM 3.0 标准得到普遍接受。

10.7.1　业务流程和架构

医学影像信息系统数据中心对所有影像的原始资料进行管理，并通过相关接口，实现与医院信息系统之间的数据共享和双向传输。医学影像信息系统数据中心可将各种影像设备的影像信息、检查报告信息传送并存储在医院的服务器，形成数据库。服务器在后台对数据按照一定的规则进行分类，提供给不同影像设备、存储介质、工作站等，实现数据交换与共享。

医学影像信息系统的大致业务流程如图 10-46 所示。

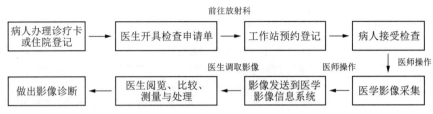

图 10-46　医学影像信息系统业务流程

从物理结构上，医学影像信息系统可以分为 4 层：网络用户层、接入层、核心层、资源提供层。其中，网络用户层是网络中众多的终端或工作站；接入层是与网络用户层中的终端或工作站相连接，为这些终端或工作站提供互联的网络设备集合；核心层是将接入层网络设备汇集起来，形成全网互联的网络设备的集合，如服务器、路由器、防火墙等；资源提供层是众多的医疗影像设备终端。

10.7.2　医学影像信息系统的临床应用

医学影像信息系统通常部署在医院放射科。系统建成后，可以完全改变以往放射科传统的工作模式。病人在办理住院登记手续后，通过系统可实时获取医生开具的放射检查申请单，并尽快安排治疗；系统既能实时监控各种数据信息，也能存储病人的既往影像资料，方便医生在诊治病人过程中，结合病人以往的病史及影像资料，做出综合性诊断。医学影像信息系统不但使数字化规范诊断报告体系得以实现，同时使医护人员的工作流程得以优化，缩短病人留在医院等待观察的时间，改善医院就诊环境。另外，医学影像信息系统还具有一定的共享、拷贝、存储等功能，为放射科提供高效管理手段，更为其他科室的医生及时提供病人的基础诊断资料。

10.7.3　影像存储与传输系统

医院信息系统（hospital information system，HIS）和放射信息系统（radiology information system，RIS）的发展，带动医学影像技术的飞速发展，同时推动医生工作模式的变革，远程医学教育、远程会诊和远程诊断催生了快速、高质量、随时、获取所需医学影像及诊断报告并实施诊断的需求。一些全新的数字化影像设备应运而生，医学影像设备的网络化已逐步成为影像科室的必然发展趋势。影像存储与传输系统（picture archiving and communication system，PACS）和医学影像诊断报告系统得到快速发展，使整个影像学科发生着巨大变化，提高了影像学科在临床医学中的地位和作用。

影像存储与传输系统以高速计算机设备为基础，以高速网络连接各种影像设备和相关科室，利用大容量磁、光存储技术，以数字化的方法存储、管理、传送和显示医学影像及其相关信息，具有影像质量高，存储、传输和复制无失真，传送迅速，影像资料可共享等突出的优点，是实现医学影像信息管理的重要条件。影像存储与传输系统主要有以下功能。

1. 采集

图像或影像采集是提供资源的基本环节，影像资源是整个系统围绕其动作的"核心内容"。只有采集到影像后，才能进行后续的显示、处理、存档等工作，采集的影像质量决定着系统的可用性以及实用意义。

根据影像的特点，影像采集可分为两种类型：一是静态影像采集，主要是单帧图片，如腹部超声扫描发现的结石影像；二是动态影像采集，是一段或多段连续的影像系列，如心脏超声可以采集一个或多个心动周期的影像。

根据仪器的特点和原始信息的表现方式，影像采集大致有三种方式：数字影像采集、模拟视频影像采集以及原始胶片数字化。数字影像采集直接通过网络实现影像采集。实现该方式的前提一是仪器可输出数字信号，二是影像支持国际医学影像标准，如 DICOM 3.0 或其他标准，三是开发支持对应格式的影像存储、显示等软件。模拟视频影像采集是将影像设备输出的模拟视频信号通过视频影像采集转化为数字信号送到采集工作站，再通过接口送入服务器。采集工作站界面如图 10-47 所示。

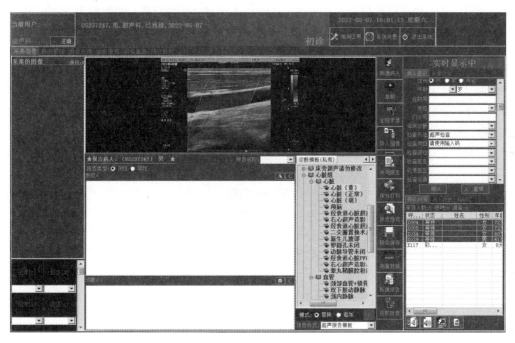

图 10-47　采集工作站界面

2．存档

影像存储一般分为在线和离线两种。在线数据一般要求存储在本地计算机硬盘上，而离线数据则可以存储在移动硬盘上。根据对系统数据的等级划分和系统存储设备的容量，将最近要使用的数据和等级较高的数据存储在在线设备上，其余的存储在离线设备上。一般医生在客户端查询和显示病人信息和影像时是从服务器上读取数据的。然而，系统可以根据需要将一部分数据直接保留在客户端，这样可以减少网络的流量，提高查询和显示速度，这种技术称为预读技术。常用的存储设备包括服务器（可采用集群或容错结构）、磁盘阵列、磁带库、光盘库等分级存储设备，配置带有图形数据传输、数据库管理和影像处理等功能的 DICOM 3.0 服务器软件。

3．显示与处理

临床医生和放射学研究人员可通过医学影像显示处理工作站、医学影像浏览终端等直接调用各种医学影像，用于观察、诊断和会诊，要求影像的查询和显示都是实时的，一般第一幅影像的显示时间要在 2 s 以内，而且要求有很强的影像处理功能，以便提供符合医生习惯的医学影像，让医生对影像进行多方位和多角度的观察。影像的显示必须不依赖硬件，在医生的客户端对病人的医学影像进行显示、处理的同时，在服务器端也可对数据库进行查询、访问以进行远程诊断或远程教学。依据原始数据实现影像动态或静态显示，也可以通过软件进行影像的三维重建及回放。影像处理目前包括影像放大、缩小、增强、锐化，窗宽、窗位等的调整，以及相关区域影像面积、周长、灰度等的测量。

4．通信

由于医院信息系统的独特性，在系统运行过程中，对通信提出了比较高的要求。其一，医学影像数据量大，医疗诊断对数据的访问多为突发性的，所以一般应采用高速宽带的网络，或者采用存储区域网络。其二，由于 PACS、HIS/RIS 以及 Web 服务系统三者的技术标准不相同，在需要进行数据交换和协调工作时，需设有外围接口进行技术标准变换。其三，PACS 与不同传输速率组合，构成不同类型的信息系统，采用高分辨率显示器的图形工作站高速传输影像信息，提供远程会诊等信息服务。

将医疗影像从成像设备中解放出来并实现集中的数据存档和管理，只是 PACS 的初步实现形式。更先进的 PACS 能保证为使用者在任何地点、任意时间提供完整的信息，即能提供基于医疗影像的工作流服务，以最大限度地提高诊断的质量和效率。虽然现在这类产品还不够成熟，但一定会有极大发展。

素材下载

医院信息系统
实操素材
与指导

第 11 章
社区卫生服务信息管理系统

社区卫生服务信息管理系统通过使用计算机和通信设备，帮助社区卫生服务工作者准确有效地采集、存储、处理和传输社区居民健康问题，以及社区卫生服务管理的有关信息。社区卫生服务机构是公共卫生服务网络的网底，也是卫生相关信息的重要采集源头，因此，建立健全社区卫生服务信息管理系统不仅有助于完善和规范社区卫生服务的功能、提高社区卫生服务质量、推动社区卫生服务体系的深入发展，推广中医药服务、健康教育等内容渗透到公共卫生服务，而且有助于促进卫生信息系统的整体发展，加快卫生信息化建设步伐。

本章以湖南省基层卫生信息系统为例，介绍居民电子健康档案管理模块、人脸识别模块、慢性病患者健康管理模块、中医药健康信息管理模块的应用，为毕业后服务社区卫生服务中心和基层医院提供必备知识和技能。

> 📖 **学习目标**
>
> 1. 了解社区卫生服务的本质、社区卫生信息化的特点与意义。
> 2. 学会应用湖南省基层卫生信息系统进行居民电子健康档案建档、人脸识别、慢性病患者健康管理、中医药健康信息管理等工作。
> 3. 具有淡泊名利、任劳任怨，为基层卫生事业无私奉献的精神。

11.1 社区与社区卫生服务

1. 社区

社区是若干社会群体或社会组织聚集在某一个领域里所形成的一个生活上相互关联的大集体，是社会有机体最基本的内容，是宏观社会的缩影。社区是具有某种互动关系和共同文化维系力的，在一定领域内相互关联的人群形成的共同体及其活动区域。尽管社会学家对社区下的定义各不相同，在构成社区的基本要素上认识还是基本一致的，普遍认为一个社区应该包括一定数量的人口、一定范围的地域、一定规模的设施、一定特征的文化、一定类型的组织。

2. 社区卫生服务

社区卫生服务是在政府领导、社区参与、上级卫生机构的指导下，以人的健康为中心、家庭为单位、社区为范围、需求为导向，以妇女、儿童、老年人、慢性病人、残疾人等为重点服务对象，融预防、保健、医疗、康复、健康教育等服务为一体的基层卫生服务。在服务过程中，以全科医生为骨干解决社区基本卫生服务需求。

3. 社区卫生信息化

社区卫生信息化是应用于社区卫生服务中的信息技术，反映社区主要健康特征、环境特征、卫生资源及其利用状况等信息。社区卫生信息化是以健康信息为核心、管理信息为纽带、分析决策系统信息为主导的全面信息化进程，它体现现代信息技术在医疗卫生领域的充分应用，有助于实现医疗资源整合、流程优化，降低运行成本，提高卫生服务质量、工作效率和管理水平。

社区卫生信息化主要具有以下四个特点。

（1）实现主动式动态活档管理。健康信息能在居民每一次体检、门诊或住院中收集和完善，打破传统上孤立、静态的健康档案管理模式，形成一体化、动态的电子健康信息数据库。

（2）健康档案的内容包括从儿童到老年保健的全程信息，与现有的其他健康信息相比具有内容完整、信息规范的特点，采用模块式组合，由核心部分和专项部分构成。核心部分主要包括人口学资料、健康状况、简单的物理学指标、主要危险因素和社会适应，以及对现有卫生资源的利用。专项部分主要为适应老年人、妇女、儿童等各种重点人群和疾病人群管理需要而设计。

（3）建立健康信息数据中心，可以在任何需要的地方浏览和查询健康信息，使用者能方便地将社区有关人群的健康信息及相关信息调取出来，将个人的疾病历程进行串联，使全科医生能够根据病程，做出准确快速的诊断。

（4）建立以电子病历为基础的疾病电子监测网络，通过对重大疾病和急性传染病的主要诊断指标的动态监测和智能分析，为卫生管理部门及时提供疾病预警和疾病发展趋势的视图。

11.1.1　国家基本公共卫生服务规范

国家基本公共卫生服务是促进基本公共卫生服务逐步均等化的重要内容，是深化医药卫生体制改革的重要工作，它是以儿童、孕产妇、老年人、慢性病人为重点人群，面向全体居民免费提供的最基本的公共卫生服务。

《国家基本公共卫生服务规范》是乡镇卫生院、村卫生室和社区卫生服务中心（站）等城乡基层医疗卫生机构为居民免费提供基本公共卫生服务的参考依据，也可作为各级卫生管理部门开展基本公共卫生服务绩效考核的依据。该规范所列基本公共卫生服务项目主要由乡镇卫生院和社区卫生服务中心负责组织实施，村卫生室、社区卫生服务站分别接受乡镇卫生院和社区卫生服务中心的业务管理，并合理承担基本公共卫生服务任务。城乡基层医疗卫生机构开展国家基本公共卫生服务应接受当地疾病预防控制、妇幼保健、卫生监督等专业公共卫生机构的业务指导。

《国家基本公共卫生服务规范》共包括12项内容，包括居民健康档案管理、健康教育、预防接种、0～6岁儿童健康管理、孕产妇健康管理、老年人健康管理、慢性病患者健康管理（包括高血压患者健康管理和2型糖尿病患者健康管理）、严重精神障碍患者管理、肺结核患者健康管理、中医药健康管理、传染病及突发公共卫生事件报告和处理，以及卫生计生监督协管。在各项服务规范中，分别对国家基本公共卫生服务项目的服务对象、内容、流程、要求、考核指标及服务记录表等做出了规定，针对个体服务的相关服务记录表也纳入居民健康档案统一管理，考核指标标准由各地根据本地实际情况自行确定。

11.1.2　应用社区卫生服务信息管理系统的意义

社区卫生服务信息管理系统以居民健康档案信息系统为核心，以基于电子病历的社区医生工作站系统为枢纽，以全科诊疗、收费管理、药房（品）管理等为主要功能模块，满足居民健康档案管理、经济管理、监督管理和公共卫生服务信息管理等基本需求。社区卫生服务信息管理系统的使用对象是城乡各级社区卫生服务中心、服务站、诊所、村卫生室等。 社区卫生服务信息管理系统是区域公共卫生服务信息管理系统的重要组成部分。如果说区域公共卫生服务信息管理系统是个"信息大陆"，则社区卫生服务信息管理系统就是一个个的"信息岛"，通过开放的体系结构，将众多的社区"信息岛"最终连接成为完整的"信息大陆"，所以社区卫生服务信息管理系统的建设在区域公共卫生服务信息管理系统中的地位至关重要。

目前，我国社区卫生服务信息管理系统建设取得了不少成绩，但依然存在基础研究不足、信息标准缺乏、流程管理落后、信息孤岛现象突出、组织协调工作薄弱等问题，今后必然要走集成化、网络化、智能化、区域化、国际化的道路，只有这样才能最大限度地发挥卫生资源的作用，为人们提供便捷、低廉、优质、高效的医疗卫生和保健服务。

11.2　主要模块及功能

11.2.1　居民电子健康档案管理模块

电子健康档案是以居民个人健康为核心，贯穿整个生命过程，涵盖各种健康的相关因素，实现信息多渠道动态收集，满足居民自身需要和健康管理的信息资源。居民电子健康档案的建立，为医疗信息化的统一管理打下了坚实的基础。通过电子健康档案，医生可以全面掌握和了解患者既往就医情况及健康状况，为医生诊疗提供更多的决策所需要的基础信息；能够较大程度地提高医疗服务质量，使各级各类医疗卫生服务机构的医生随时获取患者病史资料，避免重复医学检查，既提高效率，也节省患者支出。通过电子健康档案，医生可以第一时间了解患者的病史，药物过敏史等，并有针对性地进行医疗诊治准备，避免因无法询问病史造成病史不明确而救治不力的情况，真正把握急诊抢救的"黄金 6 小时"。

下面以湖南省基层卫生信息系统为例，介绍居民电子健康档案管理模块的功能。

1．面对面服务建档

由居民提供身份证号码，在系统中单击"健康档案"→"居民健康档案"→"新增"，打开"新增个人基本信息表"窗口，如图 11-1 所示。

图 11-1　"新增个人基本信息表"窗口

在该窗口中录入待建档居民的身份证号码，单击"建档前置校验"进行建档前置校验，如果是已建档人员，系统会提示证件号码重复。未建档人员经系统校验后，由于该系统与公安户籍部门信息系统建立了接口，系统将在相应位置自动弹出基本信息，录入完成后单击"提交"按钮，即可完成建档。图 11-2 所示为"新增个人基本信息表"提交窗口。

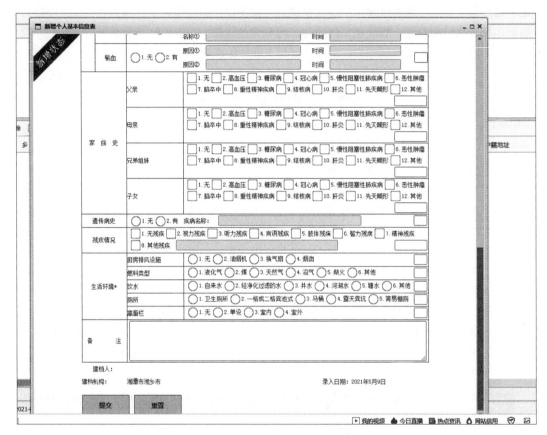

图 11-2 "新增个人基本信息表"提交窗口

2. 通过手机微信公众号申请建档

打开手机微信公众号"湖南省居民健康卡"，单击"健康卡"→"家庭健康档案管理"，初次使用需进行人脸认证。经人脸认证后，根据提示输入相应信息，即可申请建档。相关卫生管理部门人员审核通过后，即可完成建档。已完成建档的居民在微信公众号"湖南省居民健康卡"中可查阅本人电子健康档案。

3. 居民电子健康档案的迁入、迁出、转档和结案

已建档居民如需申请变更辖区接受公共卫生服务，可在湖南省基层卫生信息系统中申请迁入、迁出、转档、结案等操作。

（1）居民电子健康档案的迁入

在湖南省基层卫生信息系统中单击"健康档案"→"流动人口管理"→"流动人口登记"，如图 11-3 所示。

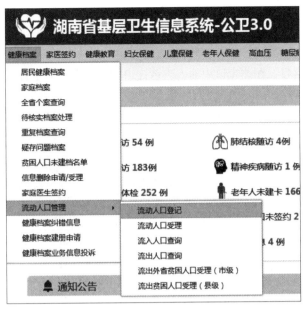

图 11-3　"流动人口登记"菜单

在弹出的界面中单击"流入流出登记"→"流入登记"，输入申请流入居民的身份证号码，单击"查询"按钮，弹出湖南省基层卫生信息系统的登录窗口，工作人员输入登录密码后即可调出档案。双击该居民档案，进入"新增流入登记"窗口，如图 11-4 所示。

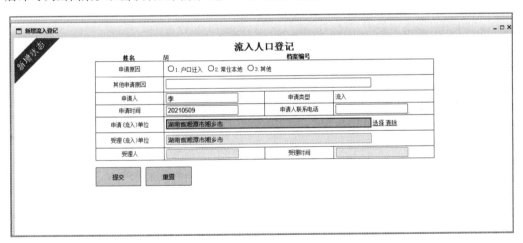

图 11-4　"新增流入登记"窗口

在"申请原因"单选框中选择相应内容，在"申请（流入）单位"文本框中填写流入单位的详细地址，单击"提交"按钮，即可完成迁入申请。

📍知识链接

已建居民电子健康档案的外地居民，若提出迁入申请，需在本社区卫生服务中心进行面访（人脸识别）后，实施申请迁入操作，可立即迁入。否则需对方社区卫生服务中心或乡镇卫生院在流动人口受理模块单击"同意"后方可迁入。

（2）居民电子健康档案的迁出、转档

本辖区居民如需申请迁往外地接受公共卫生服务，在湖南省基层卫生信息系统中单击"健康档案"→"流动人口管理"→"流动人口登记"→"流入流出登记"→"流出登记"，打开"流出登记"窗口，在该窗口中输入申请迁出的居民身份证号码后单击"查询"按钮，即可调出居民档案，双击该居民档案，进入"新增留出登记"窗口，如图 11-5 所示。在"申请原因"单选框中选择申请原因，在"申请（流出）单位"文本框中填写流出单位的详细地址，单击"提交"按钮，即可完成迁出申请。

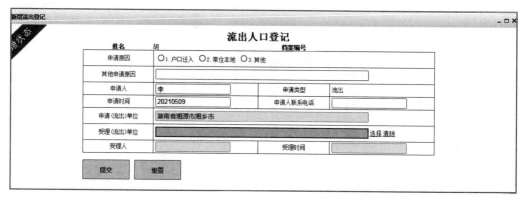

图 11-5 "新增留出登记"窗口

（3）居民电子健康档案的结案

当居民因死亡、迁出、失访、拒绝等因素需要结束档案时，可以进行结案操作。在湖南省基层卫生信息系统中单击"健康档案"→"居民健康档案"菜单，打开"居民健康档案"窗口，在该窗口中输入居民身份证号码，单击"查询"按钮，调出居民档案后，选中该档案，单击"状态变更"按钮，打开"状态变更"窗口，如图 11-6 所示。

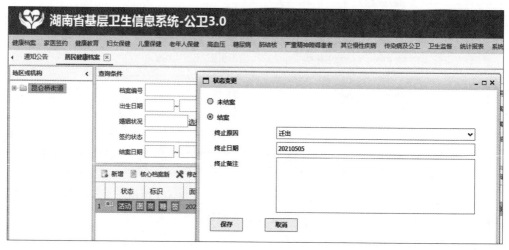

图 11-6 "状态变更"窗口

在该窗口中填写终止原因、终止日期后，单击"保存"按钮提交，即可完成结案操作。

4. 居民电子健康档案的动态管理

居民健康档案信息在日常医疗服务、体检中随时更新，目前已经与湖南省内医疗系统实现数据互通。在湖南省基层卫生信息系统中单击"健康档案"→"居民健康档案"菜单，打开"居民健康档案"窗口，在该窗口中输入居民身份证号码，单击"查询"按钮，调出居民档案后，选中该档案，单击"档案浏览"按钮，打开如图 11-7 所示的"健康档案调阅"窗口，即可查询该居民在湖南省内医疗系统的就医记录。

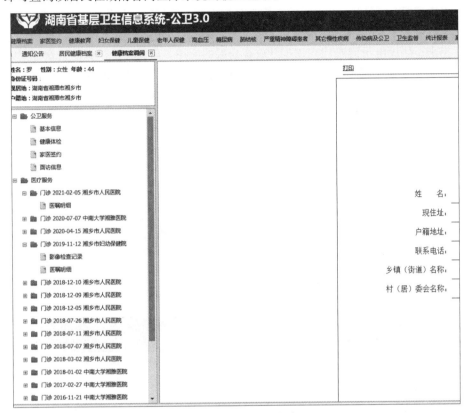

图 11-7　"健康档案调阅"窗口

　　居民可通过手机微信公众号"湖南省居民健康卡"中的"家庭健康档案管理"来查询自己的健康档案资料，或修改自己健康档案中的基本信息。居民电子健康档案的基本信息经修改提交后，相关部门责任人在湖南省基层卫生信息系统的"通知公告"→"消息提醒"→"纠错信息"或"投诉信息"中可审核居民提交的修改内容，从而实现居民电子健康档案的更新。图 11-8 所示为"消息提醒"公告栏。

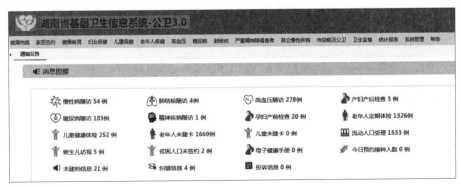

图 11-8　"消息提醒"公告栏

11.2.2　人脸识别模块

湖南省公共卫生面访工具是湖南省基层卫生信息系统的补充应用，主要用于面对面随访服务。通过扫描居民身份证与服务对象人脸的真实性验证后，方可开展面访并记录随访数据。目前所有面对面公共卫生随访服务均需在面访后，才能在卫生信息系统中进行随访数据更新。

近年来，居民电子健康档案逐步开放客户端的应用。居民在手机微信公众号"湖南省居民健康卡"中按照提示进行人脸认证后，单击"健康卡"，可以领取湖南省居民电子健康卡。图 11-9 所示为湖南省居民电子健康卡客户端界面。在该界面中单击"家庭健康档案管理"，即可查询个人健康档案，包括个人的既往健康信息查询、随访记录、就诊记录等信息。

1. 面访工具的下载

目前湖南省使用的面访工具为"联旭健康"APP。该 APP 在联网和脱网的状态下均可使用。在脱网状态下，所有录入信息将暂时存储在手机中，用户在网络条件较好的环境下，应及时将暂存的数据上传至湖南省基层卫生信息系统，该 APP 支持安卓 5.0 以上版本手机。第一次登录 APP 时，需要输入工作人员的湖南省基层卫生信息系统的账号和密码。

2. 面访工具的应用

打开"联旭健康"APP，进入面访服务界面，如图 11-10 所示。

图 11-9　湖南省居民电子健康卡客户端界面

图 11-10　面访服务界面

（1）证件扫描

单击"扫身份证"，系统将自动采集身份证信息并识别导入的身份证照片。

（2）人脸识别

身份证扫描后将自动启动人脸识别，面访对象可选择前置摄像头或后置摄像头，当摄像头聚焦对象面部 3 s 左右将完成人脸识别，图 11-11 为人脸识别界面。这里需要注意的是，照片、录像均无法通过认证。

（3）数据填报

人脸认证完成后，即可录入面访对象的各项指标数据。图 11-12 为数据填报界面。录入完成后，单击"暂存本地"。因 APP 随访未包含生活方式的采集，因此该 APP 将自动以上一次随访记录的生活方式为指导。如有变化，需要在湖南省基层卫生信息系统中修改。

图 11-11　人脸识别界面

图 11-12　数据填报界面

（4）数据上传

在 APP 中录入的数据将暂存在手机中。在网络条件较好时，应及时将数据全部提交至湖南省基层卫生信息系统。按信息安全要求，手机不允许留存个人信息超过 50 条。因此，在全部数据上传后，立刻删除手机上的所有暂存数据。图 11-13 所示为数据上传界面。

（5）联网查询

在联网状态下，工作人员可在 APP 上查询已经提交的数据以及湖南省基层卫生信息系统反馈的处理结果，图 11-14 所示为联网查询界面。

图 11-13 数据上传界面

图 11-14 联网查询界面

11.2.3 慢性病患者健康管理模块

随着我国人口趋向老龄化、人们健康意识的提高及医疗制度的不断完善，慢性病的健康管理日趋重要。慢性病的发病因素相当复杂，但许多因素是可以有效预防的。公共卫生工作人员通过健康宣教，提高老百姓对疾病的认识，提供针对性的健康指导，从而促进人们有目的地采取各种行动，改善健康，减少慢性病的患病几率。本章重点介绍对高血压患者和 2 型糖尿病患者的健康管理。

针对高血压、糖尿病这两大常见慢性病，最重要的是让患者具备自我管理疾病的能力。基层医疗机构利用系统建立居民慢性病健康档案，家庭责任医生通过系统及时获取患者相关信息并进行随访，针对患者开展个性化指导。首先让患者从心理上接受慢性病，其次使患者处理好疾病所带来的各种情绪，三是督促患者规律服药，改变生活方式，做好疾病的自我监测，使血压、血糖控制稳定。公共卫生工作人员是居民健康的守门人，慢性病的管理是一个长期、复杂、艰巨的过程，需要基层公共卫生工作人员耐心细致、数年如一日地持续进行健康管理工作，从而改善居民健康水平，提高生命质量。

社区卫生服务中心（站）或乡镇卫生院、村卫生室要通过社区卫生诊断和门诊服务、健康体检等途径筛查和发现高血压或 2 型糖尿病患者，及时掌握辖区内居民高血压或 2 型糖尿病的患病情况。对辖区内 35 岁及以上常住居民每年为其免费测量一次血压，非同日三次测量均高于正常（ ≥ 140/90 mmHg）可初步诊断为高血压，建议转诊到有条件的上级医院确诊并取得治疗方案，两周内随访转诊结果。对已确诊的原发性高血压患者纳入高血压患者健康

管理，每年要提供至少四次面对面随访，每年进行一次较全面的健康体检。对工作中发现的
2 型糖尿病高危人群进行有针对性的健康教育，建议其每年至少测量一次空腹血糖，并接受
医务人员的健康指导。对已确诊的 2 型糖尿病患者每年提供四次免费空腹血糖检测，至少进
行四次面对面随访，每年进行一次较全面的健康体检。

下面以湖南省基层卫生信息系统为例，介绍慢性病患者健康管理模块的具体应用。

1. 高血压专案信息的登记

在湖南省基层卫生信息系统中单击"高血压"→"新增"，打开"人员查找【新增高血
压管理卡】"窗口，如图 11-15 所示。

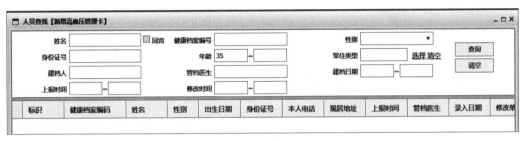

图 11-15　"人员查找【新增高血压管理卡】"窗口

在该窗口中输入患者身份证号码后，单击"查询"按钮，在窗口的下方将显示查询到的
患者个人信息。双击患者信息，在"新增高血压管理卡"→"登记"→"高血压专案信息"
窗口中，录入患者信息，单击"提交"按钮，即可完成登记。图 11-16 所示为"高血压专案
信息"窗口。

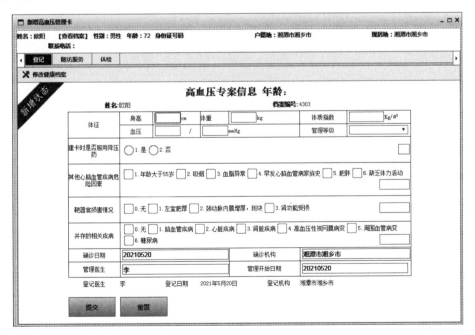

图 11-16　"高血压专案信息"窗口

2. 高血压随访服务的更新

在湖南省基层卫生信息系统中，单击"高血压"→"高血压查询"。在弹出的窗口中输

入患者身份证号码，单击"查询"按钮，在窗口的下方将显示查询到的患者个人信息。双击患者信息，在"新增高血压管理卡"→"随访服务"→"高血压患者随访服务记录表"窗口中，将患者的随访信息录入完成，单击"提交"按钮，即可完成更新。图 11-17 所示为"高血压患者随访服务记录表"窗口。

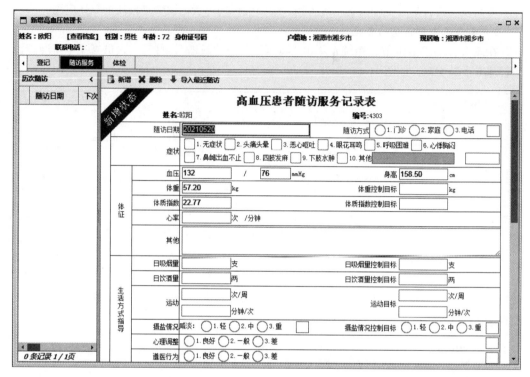

图 11-17　"高血压患者随访服务记录表"窗口

3．2 型糖尿病专案信息的登记

在湖南省基层卫生信息系统中，单击"糖尿病"→"新增"，打开"人员查找【新建糖尿病管理卡】"窗口，如图 11-18 所示。

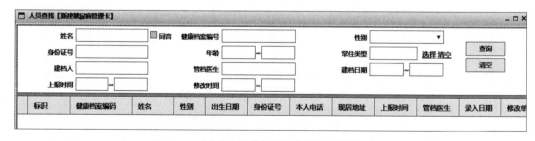

图 11-18　"人员查找【新建糖尿病管理卡】"窗口

在该窗口中输入患者身份证号码后，单击"查询"按钮，在窗口的下方将显示查询到的患者个人信息。双击患者信息，依次单击"新建糖尿病管理卡"→"登记"→"2 型糖尿病专案信息"，在打开的如图 11-19 所示"2 型糖尿病专案信息"窗口中，录入患者信息，单击"提交"按钮，即可完成登记。

图 11-19　"2 型糖尿病专案信息"窗口

4.2 型糖尿病随访服务的更新

在湖南省基层卫生信息系统中，单击"糖尿病"→"2 型糖尿病查询"。在弹出的窗口中输入患者身份证号码，单击"查询"按钮，在窗口的下方将显示查询到的患者个人信息。双击患者信息，在"新增糖尿病管理卡"→"随访服务"→"2 型糖尿病患者随访服务记录表"窗口中，将患者的随访信息录入完成，单击"提交"按钮，即可完成更新。图 11-20 所示为"2 型糖尿病患者随访服务记录表"窗口。

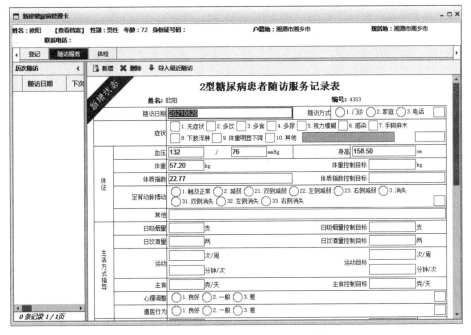

图 11-20　"2 型糖尿病患者随访服务记录表"窗口

5．慢性病患者的分类干预

（1）高血压患者的分类干预。对血压控制满意（一般高血压患者血压降至 140/90 mmHg 以下，≥ 65 岁老年高血压患者的血压降至 150/90 mmHg 以下），无药物不良反应，无新发并发症或原有并发症无加重的患者，预约下一次随访时间。对第一次出现血压控制不满意或出现药物不良反应的患者进行治疗方案调整后两周内随访。对连续两次出现血压控制不满意或药物不良反应难以控制，以及出现新的并发症或原有并发症加重的患者，建议其转诊到上级医院，两周内主动随访转诊情况。

（2）糖尿病患者的分类干预。对血糖控制满意（空腹血糖值 < 7.0 mmol/L），无药物不良反应，无新发并发症或原有并发症无加重的患者，预约下一次随访。对第一次出现空腹血糖不满意（空腹血糖值 ≥ 7.0 mmol/L）或出现药物不良反应的患者，结合其服药情况进行指导，调整治疗方案后两周内随访。对连续两次出现空腹血糖控制不满意或药物不良反应难以控制，以及出现新的并发症或原有并发症加重的患者，建议其转诊到上级医院，两周内主动随访转诊情况。

11.2.4 中医药健康信息管理模块

中医药健康信息管理模块的应用，将中医药服务、健康教育等内容渗透到公共卫生服务中。中医药健康信息管理主要针对两类服务对象：辖区内 65 岁以上老年人和 0~36 个月的儿童。

（1）对 65 岁以上老年人，每年提供一次中医药健康管理服务，内容包括中医体质辨识和中医保健指导。①中医体质辨识。按照老年人中医药健康管理服务记录表采集的信息，根据体质判定标准进行体质辨识，并将辨识结果告知服务对象。②中医保健指导。根据不同体质从情志调摄、饮食调养、起居调摄、运动保健、穴位保健等方面进行相应的中医药保健指导。

（2）对 0~36 个月的儿童家长，进行儿童中医药健康指导，包括：①向家长提供儿童中医饮食调养、起居活动指导；②在儿童 6、12 月龄向家长传授摩腹和捏脊的方法；在儿童 18、24 月龄向家长传授按揉迎香穴、足三里穴的方法；在儿童 30、36 月龄向家长传授按揉四神聪穴的方法。

中医历来重视预防保健，与公共卫生服务"以预防为主的核心理念"十分契合。开展中医药健康管理服务，对于充分发挥中医药简便价廉的传统优势，推广中医药适宜技术在预防、保健、医疗、养生、康复等方面的优势和作用，具有十分重要的意义。

下面以湖南省基层卫生信息系统为例，介绍中医药健康信息管理模块的具体应用。

1．中医体质信息采集

在湖南省基层卫生信息系统中，单击"老年人保健"→"老年人健康管理"，在弹出的窗口中输入患者身份证号码，单击"查询"按钮。在窗口的下方将显示查询到的患者个人信息。双击患者信息，单击"中医药健康管理"→"老年人中医药健康管理服务记录表"，打开如图 11-21 所示的"老年人中医药健康管理服务记录表"窗口。在窗口中根据提示信息，完成所有选项设置后，单击"提交"按钮，即可完成信息采集。同时系统会根据体质判定标准进行体质辨识，自动生成辨识结果。

图 11-21 "老年人中医药健康管理服务记录表"窗口

在辨识结果对应的中医药保健指导栏中选中相关保健指导后,单击"提交"按钮,即可完成信息采集。

📍 知识链接

记录表所列问题不能空项,须全部询问填写。采集信息时要避免主观引导老年人的选择,避免即时感受,要能够反映老年人近一年来的感受。

2. 中医体质辨识

在湖南省基层卫生信息系统中,单击"老年人保健"→"老年人健康管理",在弹出的窗口中输入患者身份证号码,单击"查询"按钮。在窗口的下方将显示查询到的患者个人信息。双击患者信息,单击"中医药健康管理"→"老年人中医药健康管理服务记录表"→"历次中医药健康",选中本次辨识结果,系统自动生成患者的中医体质辨识报告,如图 11-22 所示。单击"打印"按钮,即可打印患者的中医体质辨识报告。

3. 中医药保健指导

医生根据体质判定标准对患者实施体质辨识后,应将体质辨识结果及时告知患者。老年人机体生理功能衰退,老年性疾病逐渐增多,平和体质相对较少,偏颇体质相对较多。根据体质判定标准,将中医体质分为平和质、气虚质、阳虚质、阴虚质、痰湿质、湿热质、血瘀质、气郁质、特禀质九种基本类型,每种体质有其独自的特征。老年人中医药健康管理服务根据老年人的体质特点,从情志调摄、饮食调养、起居调摄、运动保健、穴位保健等方面进行相应的中医药保健指导。

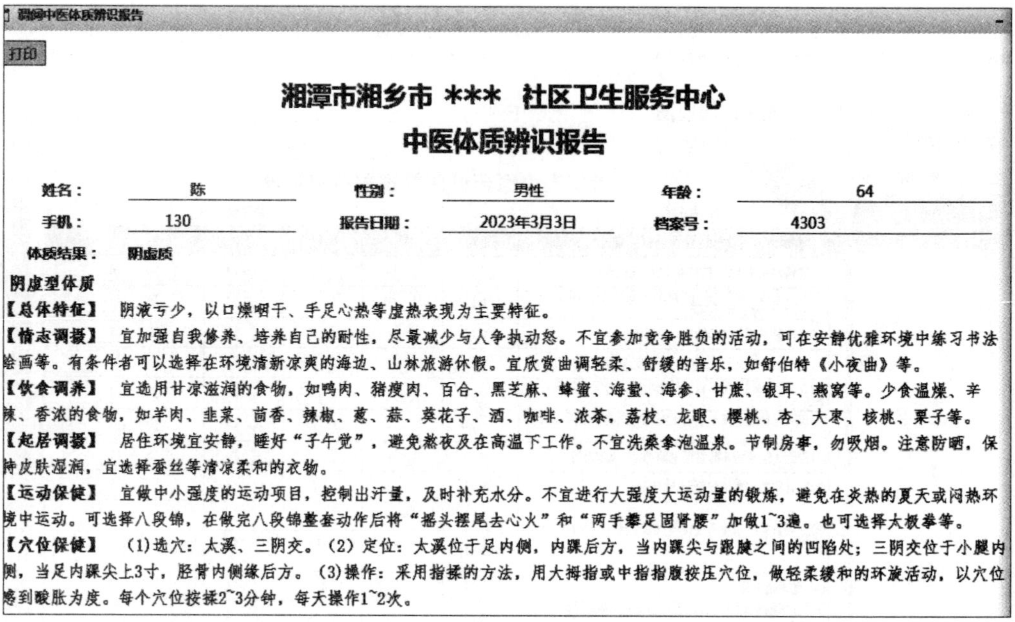

打印

湘潭市湘乡市 *** 社区卫生服务中心
中医体质辨识报告

姓名：	陈	性别：	男性	年龄：	64
手机：	130	报告日期：	2023年3月3日	档案号：	4303

体质结果： 阴虚质

阴虚型体质

【总体特征】 阴液亏少，以口燥咽干、手足心热等虚热表现为主要特征。

【情志调摄】 宜加强自我修养、培养自己的耐性，尽量减少与人争执动怒。不宜参加竞争胜负的活动，可在安静优雅环境中练习书法绘画等。有条件者可以选择在环境清新凉爽的海边、山林旅游休假。宜欣赏曲调轻柔、舒缓的音乐，如舒伯特《小夜曲》等。

【饮食调养】 宜选用甘凉滋润的食物，如鸭肉、猪瘦肉、百合、黑芝麻、蜂蜜、海蜇、海参、甘蔗、银耳、燕窝等。少食温燥、辛辣、香浓的食物，如羊肉、韭菜、茴香、辣椒、葱、蒜、葵花子、酒、咖啡、浓茶、荔枝、龙眼、樱桃、杏、大枣、核桃、栗子等。

【起居调摄】 居住环境宜安静，睡好"子午觉"，避免熬夜及在高温下工作。不宜洗桑拿泡温泉。节制房事，勿吸烟。注意防晒，保持皮肤湿润，宜选择蚕丝等清凉柔和的衣物。

【运动保健】 宜做中小强度的运动项目，控制出汗量，及时补充水分。不宜进行大强度大运动量的锻炼，避免在炎热的夏天或闷热环境中运动。可选择八段锦，在做完八段锦整套动作后将"摇头摆尾去心火"和"两手攀足固肾腰"加做1~3遍。也可选择太极拳等。

【穴位保健】 （1）选穴：太溪、三阴交。（2）定位：太溪位于足内侧，内踝后方，当内踝尖与跟腱之间的凹陷处；三阴交位于小腿内侧，当足内踝尖上3寸，胫骨内侧缘后方。（3）操作：采用指揉的方法，用大拇指或中指指腹按压穴位，做轻柔缓和的环旋活动，以穴位感到酸胀为度。每个穴位按揉2~3分钟，每天操作1~2次。

图 11-22 患者中医体质辨识报告

第 12 章
远程医疗管理系统

随着社会经济的发展和生活水平的提高，人们对医疗健康服务需求逐渐增加，但医疗卫生资源相对于人民群众日益增长的服务需求，显得相对不足，且分配不均衡，农村和城市之间、各省份之间医疗资源配置存在巨大差异。临床医疗资源总量不足和医疗资源分布不均衡已经成为我国当前医疗服务系统面临的主要问题。建立远程医疗服务体系，则可以缓解我国医疗资源结构性失衡、优质资源分配不均的问题，同时使基层患者及时获得有效的诊疗服务。近年来，随着国家医改的深入推进和医院信息化的不断发展，远程医疗管理系统以其就医便捷、降低就医成本、不受时空限制等优点在我国发展迅速，并发挥着越来越重要的作用。党的二十大报告提出：推进健康中国建设。远程医疗作为我国创新医疗健康服务模式和服务理念的一种重要手段，是推进健康中国建设的重要抓手。

本章将从医联体、远程医疗、远程会诊、移动医疗四个方面对当前的远程医疗管理系统进行介绍，并阐述其未来的发展趋势。

> **📖 学习目标**
>
> 1. 掌握医联体的概念、意义和建设模式；熟悉以县级医院为核心的医联体平台；了解远程医疗的定义和我国远程医疗的发展历程。
> 2. 能说出远程会诊的特点和工作流程；掌握部分移动医疗设备的具体应用。
> 3. 具备较高的医学信息素养，具有民族自信、家国情怀。

12.1　医联体

为解决我国医疗资源分配不均衡的问题，国家大力推进医联体建设。医联体充分利用大型综合医院的技术优势，推进大医院带社区的服务模式，构建分级诊疗、急慢分治、双向转诊的诊疗模式，方便群众就医。

医联体作为推动分级诊疗的重要实施途径，在国家正式出台分级诊疗实施指导意见后得到快速发展。所有的医联体形式都应用了远程医疗协同体系，远程医疗已成为推动医联体分级诊疗制度的重要技术支撑。

12.1.1　医联体概述

1. 医联体的概念

医联体即区域医疗联合体，是将同一个区域内的医疗资源整合在一起，通常由一个区域内的三级医院与二级医院、社区医院、村卫生室等而组成。通过医联体能有效实现分级诊疗，即形成小病、常见病、慢性病到社区医院就医，大病、重病到二、三级医院就医，疑难杂症到三级医院就医的诊疗模式。在医联体内，患者可以享受优质的诊疗服务，例如下级医院与上级医院之间的双向转诊，检查检验结果互认，三级医院专家到下级医院出诊等。

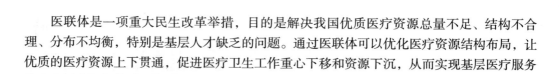

医联体是一项重大民生改革举措，目的是解决我国优质医疗资源总量不足、结构不合理、分布不均衡，特别是基层人才缺乏的问题。通过医联体可以优化医疗资源结构布局，让优质的医疗资源上下贯通，促进医疗卫生工作重心下移和资源下沉，从而实现基层医疗服务能力和医疗服务体系整体效能提升的目的。

2. 我国医联体的发展历程

2013 年，时任卫生部部长陈竺在"两会"期间接受记者采访时表示：医改下一步最重要的是建立"医联体"，即以三级医院为核心，带着几个二级医院，辐射一片社区和乡镇医疗机构，实现城乡医疗统筹。并在随后对媒体表示：医改下一步最重要的是让基层医院真正强起来，和大医院上下联动、沟通，最好是一体化的构架，就是"医联体"。虽然之前各地已有了类似"医联体"形式的医院集团的探索，但随着"医联体"概念的正式提出，全国各地掀起了探索联合体形式的医疗资源整合热潮。

2016 年，国家卫生计生委发布《关于开展医疗联合体建设试点工作的指导意见》，根据"十三五"相关规划及分级诊疗指导意见，首次提出医联体建设目标、原则，并明确四大组织模式。2017 年，国务院办公厅印发《关于推进医疗联合体建设和发展的指导意见》，意见提出，开展医疗联合体建设，能更好实施分级诊疗和满足群众健康需求。

2018 年，国家卫生健康委员会统计当年全国医疗机构双向转诊患者 1 938 万例次。其中，上转患者比上年同期减少 15%；下转患者比上年同期增加 83%。75% 的医疗机构实现医联体内检查检验结果互认。远程医疗协作网覆盖所有地级市和 1 800 多个县。截至 2018 年底，全国 62% 的县级医院达到二级医院水平，22% 的县级医院达到三级医院水平。

2020 年 7 月，国家卫生健康委员会与国家中医药管理局发布《关于印发医疗联合体管理办法（试行）的通知》，提出加快推进医联体建设，逐步实现医联体网格化布局管理。

截止到 2022 年，我国医联体建设已经全面推开，所有三级医院均参加医联体建设，我国的医联体建设已经取得了显著成效。

3. 医联体建设的意义

医联体建设是迈向健康中国的重要举措，对实现全民健康具有重要意义。

一是就近就医。医联体强化基层医疗卫生机构居民健康守门人的能力，通过"患者不动，标本动，信息动"的方式逐步实现"基层检查，医院诊断"的模式，方便群众就近就医。同时，医联体促进医疗与预防保健相衔接，使慢性病预防、治疗、管理相结合，医疗卫生与养老服务相结合，推动卫生健康事业发展从"以治病为中心"向"以健康为中心"转变，逐步实现为人民群众提供全方位、全周期健康服务的目标。

二是看病便捷。医联体充分发挥区域内三级医院的引领作用，引导不同级别、不同类别医疗机构建立目标明确、权责清晰的分工协作关系，通过建立转诊绿色通道，上级医院可以更加便捷地对基层转诊患者提供优先就诊、优先检查、优先住院等服务，极大地推进分级诊疗，方便患者看病。

三是节省医疗费用。医联体内各医疗机构提供一体化服务，实现医联体内各医疗机构间互认检查检验结果。这对于合理有效利用资源、避免重复检查、降低患者就医费用、简化就医环节、改善医疗服务有着重要意义。

四是获得全面服务。以医联体建设为主要载体，建立完善慢性病协同管理体系、重点慢性病人群规范化筛查流程，为高危人群提供生活方式干预、高危因素控制方案。建立慢性病规范化诊疗路径，实现家庭医生签约服务。针对目标人群进行规范化随诊康复管理，从而对辖区内居民建立筛查、预防、诊疗、康复随诊、健康教育等全闭环和全周期管理体系。使医生不仅管治病，更是管健康。

12.1.2　医联体建设的模式

深化医改以来，不少地方积极探索、因地制宜开展医联体建设，逐步形成四种较为成熟的模式。

1. 医疗联合体模式

医疗联合体是城市开展医联体建设的主要模式。以一家三级医院为牵头单位，联合若干城市二级医院、康复医院、护理院以及社区卫生服务中心，构建"1+X"医联体，纵向整合医疗资源，形成资源共享、分工协作的管理模式，如图 12-1 所示。医联体可以分为紧密型和松散型，紧密型即医联体内人、财、物统一管理模式；松散型是在医联体内以对口帮扶、技术支持为纽带形成松散型合作。

图 12-1　"1+X"医联体模式

2. 医共体（即医疗共同体）模式

医共体是农村开展医联体建设的主要模式。重点探索以"县级医院为龙头，乡镇卫生院为枢纽，村卫生室为基础"的县乡一体化管理，构建县乡村三级联动的县域医疗服务体系，如图 12-2 所示。在资源供应方面，物质资源供应及医疗技术支持都是通过县域内对口帮扶的形式。在筹资与支付方面，采用基本公共卫生服务项目资金与新农合基金统一由医共体统筹管理的方式。在政策监管方面，对县、乡两级医疗机构实行目标考核责任制，建立以行政绩效、工作量绩效、经济绩效等为主要内容的综合目标考核体系。

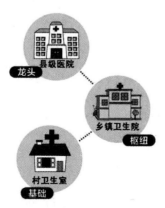

图 12-2　农村医共体模式

3．跨区域专科联盟模式

医疗机构之间以专科协作为纽带形成的联合体。根据区域内医疗机构优势专科资源，以一所医疗机构特色专科为主，联合其他医疗机构相同专科技术力量，形成区域内若干特色专科中心，提升解决专科重大疾病的救治能力，形成补位发展模式，如图12-3所示。横向盘活现有医疗资源，突出专科特色。

图 12-3　专科联盟模式

4．远程医疗协作网模式

由牵头单位与基层、偏远和欠发达地区医疗机构建立远程医疗服务网络。大力推进面向基层、偏远和欠发达地区的远程医疗服务体系建设，鼓励二级、三级医院向基层医疗卫生机构提供远程医疗服务，提升远程医疗服务能力，利用信息化手段促进医疗资源纵向流动，提高优质医疗资源可及性和医疗服务整体效率。

上述四种医联体模式的比较见表12-1。

表 12-1　四种医联体模式的比较

比较方面	医疗联合体模式	医疗共同体模式	跨区域专科联盟模式	远程医疗协作网模式
组建区域	城市	县乡	城—区—乡，可跨省	全国
主要特点	基层检查+集团诊疗	服务共同体、利益共同体、责任共同体和发展共同体	专家技术支持，专科人才培养	信息化手段促进资源纵向流动
优点	基层首诊、分级诊治、急慢分治、双向转诊	有效整合县乡两级医疗机构资源，优化基层医疗卫生资源	联盟内人才专科化，疑难杂症患者就医便利化	不受地域的限制，可为边远地区提供技术支持
缺点	资金要求高，可能会加剧医疗服务垄断的状况	县乡卫生服务机构人才短缺，县级医院技术水平有限	专科人员培养周期长，上级医院人、财、物等支援有限	远程网络技术高，难度大，易误诊

12.1.3　以县级医院为核心的医联体平台

以县级医院为核心的医联体（也称医共体）是以"医联体云数据中心"为理念，县级医院是云端，终端是基层医疗机构（乡镇卫生院、村卫生室、个体诊所、药店），以医疗协同，分级诊疗为指导思想，主要有以政府主导的模式和以县级医院主导的模式两种。这两种模式都采用"统一规范、统一接口、统一运行、集中部署、分级享用"的方式，建设医联体平台，实现医疗机构管理信息的统一管理和信息共享。各级医疗机构使用医联体云数据中心的服务器和网络资源，不需投资建设硬件和软件系统，可以节约建设机房、服务器系统的资金。

医联体平台的应用系统通常包括以下几部分。

1．远程会诊平台系统

远程会诊平台系统是一个包括数据、视频、语音、影像等服务交换的统一平台，可以提供实时和延时服务。远程会诊平台系统覆盖到二级医疗机构、社区卫生服务中心、乡镇卫生院，支持省内多部门协作互通互联，并可以与其他远程会诊平台互通互联，平台中所有资源均可统一存储、统一调度。

2．分级诊疗管理系统

为实现医联体分级诊疗，需要分级诊疗软件及相关配套软件系统，包括分级诊疗、缴费、预约挂号、查看报告、在线咨询等功能，是面向居民服务的软件系统。分级诊疗管理系统通过就诊和医疗信息的联网管理，实现分级诊疗云平台与医院信息系统的门急诊挂号、预约挂号、门急诊医生、住院医生等系统互联互通。

分级诊疗管理系统提供患者身份验证、社区和医院间签约关系验证、转诊各方电子病历等诊疗共享信息，建立医联体成员医院及所辖社区医疗机构之间的患者上转、转回通道。便于社区了解已转诊患者诊断治疗情况，进行跟踪服务，转诊医院也可了解已转回下级医院或社区的患者的情况。

3．医联体一体化的电子病历系统

电子病历系统是居民在医疗机构就诊过程中产生和记录的完整、详细的临床信息资源。通过在医联体平台上建立一体化的电子病历系统，集中对电子病历等临床信息管理，实现电子病历采集、存储、检索、质控、科研、交换的统一管理，按照《电子病历基本规范》和《医院信息系统基本功能规范》，统一数据交换格式，实现电子病历跨医疗机构共享。

4．医联体一体化的医院信息系统

医联体一体化的医院信息系统通过医疗信息专网与医疗云服务中心互联互通，实现数据共享，为各级医疗机构提供软件和信息服务，形成便捷、高效、一体化的医疗服务。主要包括一卡通管理系统、电子病历（electronic medical record，EMR）、放射信息系统（radiology information system，RIS）、影像存储与传输系统（picture archiving and communication system，PACS）、实验室信息系统（laboratory information system，LIS）、手术麻醉管理系统、输血管理系统、医疗质量管理系统、合理用药系统、合理输液系统、医院运营管理系统等软件系统。

通过医联体一体化的医院信息系统对整个医疗检查、检验过程进行集中管理，实现医联体范围内病人检查检验报告单在医联体成员单位内共享和结果互认。通过管理体制、业务流程、资源分配等变革和优化，实现医联体内的检查检验资源合理分配。

12.2　远程医疗

远程医疗利用信息化技术突破时空限制，在解决我国医疗资源总量不足且分布不均衡问题，促进优质资源下沉等方面具有显著优势，远程医疗在医联体模式下得到了广泛开展。随着信息技术的发展以及国家政策的引导，远程医疗服务需求迅速增加，远程医疗逐渐成为医疗服务领域的一种重要形式。

12.2.1　远程医疗的定义

远程医疗（telemedicine）从广义上说是指使用远程通信技术、全息影像技术、计算机多媒体技术等，发挥大型医学中心医疗技术和设备优势，对医疗卫生条件较差的地区及特殊环境提供远距离医学信息和服务，包括远程诊断、远程会诊及护理、远程教育、远程医疗信息服务等所有医学活动。从狭义上说是指远程影像学、远程诊断及会诊、远程护理等一系列医疗活动。

远程医疗有不同的定义，典型的定义如下所述。

世界卫生组织对远程医疗的定义：通过使用各种技术来交换有效信息，并将其用于疾病和损伤的诊疗和预防、研究和评估，以及对卫生保健医务人员进行培训。

欧盟委员会对远程医疗的定义：患者无论在哪里都可利用远程信息通信技术迅速获得远端医学专家的共享通道。

美国远程医疗协会对远程医疗的定义：利用远程通信设备，可以异地传输患者的诊疗病历，从而达到提高患者治愈率以及基层医疗卫生机构的诊疗服务水平的目的。

以上几种远程医疗的定义描述虽然不尽相同，但是本质上是一致的，主要包含以下两个要素。

（1）应用各种信息通信技术将不同地理位置的用户连接起来。

（2）以提供医疗服务，改善医疗效果为目标。

由于信息通信技术和现代医学技术的不断发展，使得远程医疗包含的内容也在不断完善和补充。

12.2.2　我国远程医疗的发展状况

我国从 20 世纪 80 年代开始远程医疗的探索，和世界发达国家相比虽然起步较晚，但由于较为注重并持续推进远程医疗体系的建设，后期发展十分迅速。尤其是近年来信息通信技术与现代医学技术的持续高速发展，为远程医疗提供了更优的技术和平台，经过几十年的发展，我国远程医疗已进入高速发展的阶段。

1．探索阶段

我国远程医疗从 20 世纪 80 年代开始进行研究性实验探索。1986 年，远洋公司陆上医疗机构开展急诊电报会诊，指导船医救治急症船员的活动被普遍认为是我国最早的远程医疗活动。而真正现代意义上的远程医疗活动则是 1988 年解放军总医院通过卫星与德国一家医院开展的关于神经外科的远程病例讨论。

这一时期，学术领域对远程医疗的概念、内容和技术方法进行了初步探索。

2．推广阶段

20 世纪 90 年代中期我国开始进行实用性远程医疗系统建设与应用。例如，1994 年上海华山医院与上海交通大学用电话线进行会诊演示；1995 年上海教科网、上海医大远程会诊项目启动，并成立远程医疗会诊研究室；1997 年中国金卫医疗网络正式开通；中国医学基金会IMNC 骨干网络、上海白玉兰远程医学网和解放军远程医疗网络平台开始构建并初步应用。

1999 年,《关于加强远程医疗会诊管理的通知》明确远程医疗权责。其后全国多个省市相继开始地区性的远程医学网络建设,相继涌现了一大批提供远程医疗服务的实体单位和服务模式。在服务内容方面,由最初的远程视频会诊、远程教学拓展到远程影像会诊、远程病例会诊和远程手术示教等。在通信技术手段上,逐步由卫星方式过渡到 Internet 网络方式,但是这个阶段网速不高而且价格昂贵,远程医疗应用的普及性不高。

3. 普及阶段

进入 21 世纪,我国远程医疗进入到快速发展阶段。2010 年,中央财政开始拨专款支持我国中西部省份建立远程医疗服务系统。2012 年国家建立远程医疗管理与培训中心,负责基层医师培训,提高临床诊治能力,确立远程医疗的全国示范体系和质控体系,确定远程医疗质量技术标准。2014 年,国家开展省院合作试点项目,由北京协和医院、中日友好医院、解放军总医院分别对接云南、贵州、西藏、内蒙、宁夏 5 个省(自治区)。在解决远程医疗服务定价收费问题方面,贵州省率先将远程医学诊疗服务纳入基本医疗保险基金支付体系中。随后,四川省、湖北省也紧随其后,将远程医疗费用纳入基本医保,使得远程医疗的服务项目定价、医保报销、收费标准化等难题得到有效解决,这些在支付环节的探索研究极大地推动了我国远程医疗的发展。

2017 年,《远程医疗信息系统技术规范》和《远程医疗服务基本数据集》规定远程医疗系统的整体框架和技术标准,以及远程医疗服务业务数据的标准化表达。2018 年 4 月,国务院确定发展"互联网 + 医疗健康",推进远程医疗覆盖全国所有医联体和县级医院,推动东部优质医疗资源对接中西部需求,支持高速宽带网络覆盖城乡医疗机构,建立互联网专线保障远程医疗需要。

2020 年 5 月,国家卫生健康委员会印发《关于进一步完善预约诊疗制度加强智慧医院建设的通知》,明确提出加快建立互联网医疗服务监管平台,优先建设具备监管和服务功能的平台,并依法依规加快对互联网诊疗和互联网医院的准入,推动互联网诊疗服务和互联网医院健康、快速、高质量发展。自此,我国远程医疗开始进入高速发展期。根据国家卫生健康委员会发布的通报显示,截至 2020 年底,83.42% 的三级公立医院建立了远程医疗制度,70.53% 的三级公立医院建立了远程医疗中心,81.29% 的三级公立医院能够向医联体内成员单位提供至少一项远程医疗服务。远程医疗已覆盖所有贫困县并向乡村延伸,至 2021 年底,已经累计有 2.3 万家基层医疗机构达到服务能力基本标准和推荐标准。

12.3　远程会诊

为解决我国医疗资源不足及分布不合理问题,我国大力推动医联体建设。通过医联体实现优质医疗资源的合理分配与充分利用,让患者无需辗转奔波,在基层医院也能得到专家的会诊和指导。我国的远程会诊正是在这样的形势下开始普及应用的。远程会诊是医联体的主推手段之一。

12.3.1　远程会诊的特点

远程会诊是利用互联网技术将患者的病历资料进行传输,本地医生与异地专家通过视频、音频等设备进行面对面的会诊,专家通过询问患者病史、查阅传输的病历资料对患者病情进行分析和讨论,并进一步明确诊断或确定治疗方案的一种特殊的远距离会诊模式。图

12-4 所示为某个远程会诊中心的工作场景。

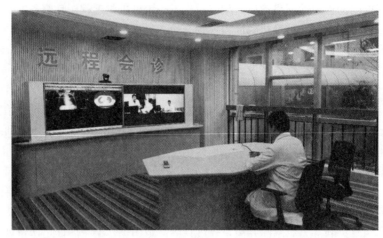

图 12-4　某个远程会诊中心的工作场景

远程会诊可以提供包括普通会诊、点名会诊、急诊会诊、联合会诊、影像会诊、病理会诊、病历会诊、专家远程查房等全方位会诊服务。许多患者的疾病在小医院很难确诊，使用远程会诊为患者赢得最宝贵的治疗时机和获取最佳的治疗方法，也更省时省力省钱。

远程会诊常见的服务模式有以下三种。

1．集团化模式

由一个远程会诊中心连接多个提供远程会诊服务的单位和多个接受远程会诊服务的单位，形成"多点—中心—多点"的远程会诊集团化模式。远程会诊中心负责管理远程会诊的工作安排，该模式适合人口密集，拥有多家实力强、医疗资源优质的三级医院的大城市。

2．一对多模式

一对多模式是单个提供远程会诊服务的单位、多个接受远程会诊服务的单位均与远程会诊中心相连的模式。这种模式在组织结构上较简单，管理起来相对容易。但远程会诊提供服务的单位存在单一、孤立、不全面等问题，一旦提供远程会诊服务的单位出现问题，将无法继续会诊工作。这种模式适合中小城市，尤其三级医院相对少、人口比较少的城市。

3．三级诊疗对接模式

这种模式的实施关键是通过构建三级医院与地方周边基层医院组建"医联体"，实现医疗护理资源优化结构。通常由行政区域内的一家三级医院与当地周边基层医院签约医联体，对其所管辖区周边的下级医院（二级医院、一级医院、社区医院、乡镇卫生院等）进行远程会诊。该模式适用于边远山区、中小城市。

12.3.2　远程会诊的意义

国家为推进远程会诊更好发展，制定了一系列的政策文件。例如，国务院办公厅于2018 年 4 月印发的《关于促进"互联网 + 医疗健康"发展的意见》中鼓励医疗联合体面向基层提供远程会诊等服务。

发展远程会诊的意义主要体现在以下几个方面。

对患者而言，可以通过远程会诊得到知名医学专家的治疗，享受到高水平、高质量的医疗服务，节约看病的时间和往返费用。在偏远地区，远程会诊可以减少病人的痛苦，也为不允许长途颠簸的重症患者赢得宝贵的治疗时间。

对医院而言，由于医学是要不断学习进步的一门学科，医护人员需要及时更新医疗知识，远程会诊可以通过对疑难杂症、跨科疾病的诊断治疗，增强医生与专家交流的范围与深度，使其获得更多更直接的最新医学知识和诊断技巧，不断提高其业务水平和工作经验，为医院迅速培养一批业务精通、技术精湛的专业技术人才。具备远程会诊系统的医院，可以提高医院的知名度，扩大医院的业务。

对社会而言，远程会诊可以优化医疗资源分布，提高社会整体的医疗技术水平。还可以使医生突破地理范围的限制，共享病人的病历和检查检验资料。从而有利于临床研究的发展。

远程会诊能够促进优质医疗资源覆盖到更广阔的地区，因此在我国发展远程会诊有重要的现实意义。

12.3.3　远程会诊的工作流程

远程会诊的工作流程如图 12-5 所示。

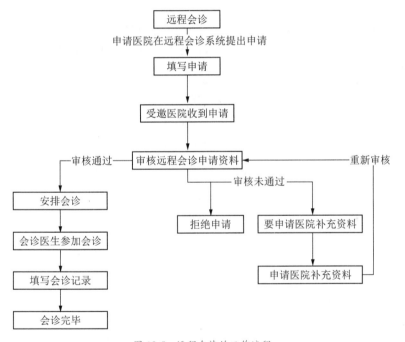

图 12-5　远程会诊的工作流程

下面以具体案例说明远程会诊的工作流程。

1．患者签署远程会诊知情同意书

医生征得患者同意后，由患者本人签字确认远程会诊的《患者知情同意书》。

2．医生导出患者的所有病历资料

医生在医生工作站导出患者的病历资料，各种检查检验结果，病理切片的图片，若有 CT 等检查的影像资料，注意使用 DICOM 标准格式。图 12-6 所示可以将病历信息导出为 RTF 文件。

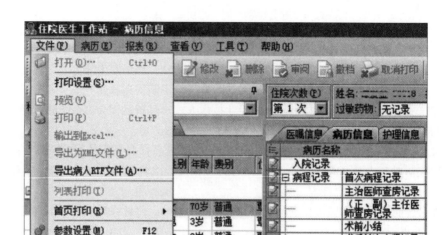

图 12-6　导出病历信息

图 12-7 所示可以将病历的各种检查检验报告导出。

图 12-7　导出检查检验报告

3．登录远程会诊系统

登录远程会诊系统，选择会诊方式，通常有"点名会诊"和"非点名会诊"两种。若选择"非点名会诊"，需要指定科室和专长。

4．上传患者信息

填写患者的基本信息，包括临床信息、主诉、病史、既往史、诊断、会诊目的等必填信息，还需要填写申请医院、申请科室、申请医生、医生联系电话等信息，方便协助医院联系。

填写完毕后，提交远程会诊申请和病人资料包（包括病历资料、检查检验报告等），上传扫描后的《患者知情同意书》。

完成上述操作后，提交，远程会诊申请就完成了。协助会诊医院收到会诊请求信息后，若确认接受会诊，将通知请求会诊医生确认会诊时间。按约定时间进入远程会诊的视频会议系统，进行视频通话。会诊结束后，可以直接下载会诊结果报告。

12.4　移动医疗

远程医疗与智能手机紧密结合，促进了新的医疗服务形式——移动医疗的出现。移动医疗使医生与患者的沟通更便捷、更灵活。移动医疗是当前新兴的、受到广泛关注的多学科交叉的研究领域，它将现代科技的技术创新与医学临床及护理知识相结合，基于无所不在的网络、移动通信技术，以及各种不同的移动设备，随时随地提供和医疗相关的信息和服务。

近年来，"互联网＋"的国家战略推动移动医疗的快速发展，面向智能手机的各种应用越来越多，更多的人倾向使用智能移动终端获取服务。由于移动医疗可以简化工作流程，提高效率，医院开始把各种医疗服务系统转换到智能手机的平台上。构建移动医疗信息系统，可以提升医院的管理效率和服务水平，是医疗服务事业发展的趋势。一些商业机构也纷纷推出各种移动医疗服务，在一定程度上解决了部分医疗服务需求。

12.4.1　移动医疗的定义和种类

1．移动医疗的定义

不同机构和组织对移动医疗有不同的定义。

（1）美国国立卫生研究院（NIH）：移动医疗是利用移动设备提供医疗服务的一种模式。

（2）移动医疗联盟：移动医疗是一种基于或借助移动技术，从而提供医疗服务的加强手段。在发达国家和发展中国家，普遍使用的移动设备为人们提供改善医疗与健康服务的机会。此外，人们能够借助信息化和通信技术，将这样的医疗与公共卫生服务推广到世界上更偏远的地方。

（3）国家宽带计划：移动医疗是基于宽带网络和移动设备技术支持下的一种电子化医疗服务，其应用主要通过通用移动工具。例如，在智能手机中与医疗、健康相关的应用软件与短信服务功能等，可带动医生和患者们共同的参与。

（4）世界卫生组织：移动医疗是使用移动技术和设备，如智能手机、平板电脑等，为人们提供医疗与公共卫生服务。

（5）百度百科：移动医疗是通过使用移动通信技术——例如 PDA、移动电话和卫星通信来提供医疗服务和信息，具体到移动互联网领域，则以基于安卓和 iOS 等移动终端系统的医疗健康类 APP 应用为主。

通过以上定义可以看到，移动医疗的本质已完全不同于传统的诊疗形式，而是一种全新的医生与患者之间互动方式，一种利用多种技术手段的医疗及健康服务模式。

2. 移动医疗的种类

移动医疗主要采用 APP 的形式提供服务，移动医疗的 APP 种类繁多，以下从不同的角度对其进行分类。

（1）按功能分类

移动医疗 APP 提供的功能主要包括医疗健康信息推送、数据采集及分析、健康指导、临床管理、沟通交流和提醒报警等，大致可归纳为以下四类。

① 日常健康管理类

日常健康管理类 APP 主要根据用户的日常身体、心理等数据的采集、记录与干预，帮助用户形成良好的健康行为习惯。

② 医疗健康服务类

医疗健康服务类 APP 通过跟踪采集患者的体征数据，如心率、血压和血糖等，为医护人员的临床决策提供数据或信息支持。

③ 医疗健康咨询类

医疗健康咨询类 APP 可以提供医疗信息的查询、推送，以及针对患者面向医生的咨询服务，从而建立患者与医护人员之间、患者与医疗信息之间的信息连接。

④ 医疗教育交流类

医疗教育交流类 APP 能够为医护人员和患者提供健康医疗相关的教育学习和互动培训，并建立不同类型用户间的交流渠道。

（2）按用户对象分类

① 普通人群 / 患者

对于普通人群 / 患者，移动医疗 APP 在健康管理、慢性病防控、疾病诊疗及院外康复等均有所应用。

② 专业医护人员

对于医学专业人士，移动医疗 APP 可以提供临床管理工具，从而帮助医护人员提高工作效率。此外，通过 APP 中前沿医学知识和资源的在线共享与交流，医护人员的专业能力也能得到提升。

（3）按患者需求分类

① 健康管理类

健康管理类 APP 主要关注日常生活中的健身活动、饮食营养、生活方式和精神压力等方面。

② 疾病预防和治疗类

疾病预防和治疗类 APP 用于疾病的预防和治疗，提供包括药物提醒、慢性病（如糖尿病、高血压等）防控与诊疗等功能。

（4）按研发者性质分类

① 移动运营商类

由移动运营商开发的移动医疗 APP，可提供求医问药、预约挂号和数据采集等服务和功能。

②传统互联网类

由传统的互联网站推出的移动客户端版本的移动医疗 APP，仍然保留原网站的功能，同时更具有使用的便捷性。

③医疗机构类

由医疗机构推出的移动医疗 APP，主要是将本机构的医疗服务转移到线上，方便患者使用。

12.4.2　移动医疗的应用

当今社会，人们越来越多地关注如何在日常生活中促进健康，以及如何有效预防和控制慢性病（如糖尿病、高血压等）的发生。同时，慢性病的产生与否也和日常生活方式是否健康息息相关。因此，移动医疗通过在人们的日常生活、疾病预防、寻医问诊、入院治疗、院后康复等各个环节的应用，以更便捷的方式，让人们能够及时并清晰地了解自己的身体情况。

1. 健康教育

医疗健康知识是大多数移动医疗 APP 的常见模块，主要涵盖内容包括针对某类疾病的预防和治疗知识、诊疗经验分享、用药和保健建议等，目前移动医疗 APP 上大多数的医疗健康知识都是免费的。

医疗健康知识的信息来源多样，有的是出自执业医师的原创文章，有些是从其他微信公众号转载而来。这些信息既能满足普通用户学习基本医疗和健康知识的需要，也能帮助医疗工作者学习执业技能，进一步提高自身知识水平。图 12-8 所示为好大夫在线的"科普知识"模块。

2. 健康管理

随着生活水平的提高，人们对于自我健康的要求也随之提高。在日常健康管理环节，各种用于健康管理的可穿戴医疗设备以及健康管理类 APP 开始广泛地应用。通过应用这些移动终端，可以对用户的体征数据，如睡眠、饮食、运动、营养等，进行实时监测，同时收集、处理并分析这些数据，之后利用分析的结果对用户的身体和健康情况进行评估，并与健康指标进行比对，从而为用户提供具有针对性、个性化的健康知识、建议和指导，最终帮助用户逐渐建立良好健康的生活方式。

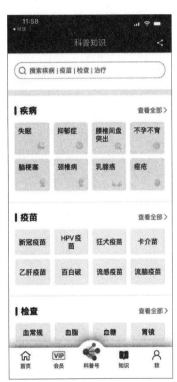

图 12-8　好大夫在线的"科普知识"模块

健康管理类 APP 通过收集各式各样的运动过程信息，如跑步距离、速度、节奏、心脏状态等，不仅可以计算身体质量指数、能量消耗，提供饮食和运动指导，同时可以呈现个人健身的长期趋势走向，帮助用户建立个性化的瘦身或健身计划。例如，薄荷健康 APP 提供强大的健康营养管理功能，包括食物营养、热量查询、定制食谱、饮食分析、拍照识别、食物热量、健康社区以及在线商店等。针对用户不同生活阶段的健康压力，研发推出多种类食品，更好地满足用户日常饮食、加餐、营养补充等需求。健康管理类 APP 种类非常多，一些典型的健康管理类 APP 见表 12-2。

表 12-2　一些典型的健康管理类 APP

健康管理领域	典型 APP
综合健康管理	云健康、健康云
体重管理	薄荷健康
睡眠管理	蜗牛睡眠、催眠大师
女性孕期管理	宝宝树孕育
运动健身	咕咚
饮食营养	健身食谱、薄荷健康

从应用模式上，健康管理类 APP 可以分为两类：一类是借助可穿戴医疗设备或者其他仪器收集健康数据，另一类则需要自己收集和输入数据，APP 的功能仅限记录和分析。

例如，薄荷健康 APP 主要采集用户摄入的营养信息、能量消耗等数据，为用户提供个性化营养建议，从而形成健康饮食习惯。它提供强大的健康营养管理功能，可以建立体重、体脂、BMI、围度、生理期、孕期、热量等的健康档案，如图 12-9 所示。

薄荷健康 APP 拥有一个食物热量数据库，其中包含的食物种类多达数万种，并且提供食物相应的热量数值等信息，由此可以把用户一天摄入食物所含的热量以数值形式呈现，用户可逐渐实现科学饮食、健康瘦身。

图 12-9　薄荷健康 APP 功能界面

3. 医院就诊

为了改善患者的就医体验，全国各地的医院纷纷推出移动医疗服务，优化服务流程和服务模式，通过移动医疗构建线上线下一体化服务。图 12-10 所示是北京协和医院移动医疗 APP 服务界面。医院移动医疗 APP 通常提供智能导医分诊、在线挂号、候诊提醒、移动支付、院内导航、检查检验结果推送，以及自助打印和查询等线上服务。

医院移动医疗 APP 主要把门急诊或住院系统的部分业务迁移到移动端，而商业移动医疗 APP 则主要定位于解决用户在寻求和接受医疗服务过程中的痛点问题，提供的服务包括医疗健康知识、在线挂号、在线问诊、购买药物、健康检测等。

下面以涵盖用户医疗流程多项服务的春雨医生 APP 为例，说明在线问诊的运作方式。春雨医生 APP 的在线问诊主要分为两种模式：一种是"快速问诊"，主要帮助用户初步判断病情，找到对应的医生对症治疗，如图 12-11 所示。用户通过描述疾病的症状或者身体状况，由智能助手初步分析并匹配医生。

另一种是"找医生"。用户可以输入症状、疾病、医院、科室或者医生姓名进行搜索，搜索的结果显示为相关医生的信息。医生信息包括医生头像照片、姓名、科室、专业职称、所在医院、擅长领域、服务人次。单击医生信息就可以通过图文或电话方式咨询医生，如图 12-12 所示。

图 12-10　北京协和医院移动医疗 APP 服务界面

图 12-11　春雨医生 APP 的"快速问诊"模块

图 12-12　春雨医生 APP 的"找医生"模块

📍 知识链接

在科技兴国的新时代，如何应用高新科学技术改善我国医疗服务模式，简化医疗流程，是解决医疗服务难题的关键。移动医疗（如微信公众号、应用程序APP、WPA网站）等互联网信息服务模式逐步成为患者与医院间信息与资源交互的纽带。

其中，微信公众号以其便利性、互动性、高效的传播能力等特性已成为最直接和受众最广的服务模式。医院在微信公众号上与自身的医疗服务系统相结合，为患者提供信息公告、预约挂号以及检查检验报告单查询、医疗缴费等功能模块，简化患者就医流程。医疗微信公众号是医院在探索"互联网＋医疗"模式中在移动医疗方面的重要尝试之一。

基于微信公众号的移动医疗服务系统和独立的移动医疗APP相比具有如下优势：

（1）为患者就医提供更多便利

微信的应用已逐渐渗透到人们生活的方方面面，基于微信公众号的移动医疗服务能够使用户操作的适应性更强。而且公众号建立在微信平台上，不会占用更多的移动设备储存空间。另外，微信公众号进行的单位认证可以使患者更容易分辨真伪。同时，医院财务通过与微信支付的对接，通过专门的结算流通渠道，在一定程度上加快了缴费清算环节的处理速度，减少患者排队缴费的等待。

（2）为医院降低开发成本

移动医疗APP的开发成本较高，还需要患者进行单独的下载操作，微信公众号具有开发耗时短、成本更低、开发难度较小的优势。另外，微信还提供对接医院信息系统的调试工具，使得开发更便捷。

4．慢性病管理

慢性病通常难以完全治愈，需要对患者进行持续的观察与控制，并且及时全面地了解患者的相关信息。利用可穿戴医疗设备或移动医疗APP，通过对人体数据的动态监测，一方面能够帮助人们尽早发现亚健康状态或慢性病潜在症状，及时发现异常，降低慢性病的发生几率；另一方面对于已患慢性病的患者，能够及时测量相关数据，并可以将不同时段的数据提供给医生。

例如，对于普通人群或糖尿病患者，在血糖监测时要收集数据，一般都是在用户空腹状态或用餐后进行。这样测量得到的数据，反映的只是某个时间段内的血糖指标，无法得到总体和全面的人体血糖状况。利用可穿戴医疗设备或移动医疗APP，通过动态监测血糖水平的实时变化，可以得到更全面的数据。这样的数据不仅能够让用户实现有效的自我管理，同时可以支持医护人员全面了解用户的血糖变化，提供个性化建议和指导，从而帮助普通人群降低患病风险，帮助糖尿病患者实现更有效的血糖控制。

智云健康APP是一款针对糖尿病患者的医疗健康管理软件，帮助患者与医生在线联络，实现便捷的远程复诊和开药，并打通零售配送，实现送药上门，享受定制化的糖尿病管理方案，其功能界面如图12-13所示。

图 12-13　智云健康 APP 功能界面

5. 出院康复

患者治愈出院后，在康复过程中，可穿戴医疗设备或移动医疗 APP 通过持续追踪患者的身体健康数据和指标，不仅能够帮助患者了解自身的疾病及康复情况，同时在患者和医生之间建立了连接，帮助医护人员在患者出院后，追踪患者生理和心理情况，跟踪用药情况，以及提供治疗跟进。由于医护人员对院外的患者情况有较全面的了解，也能够降低患者再次入院的可能性，帮助患者尽早康复。

"耳鸣眩晕小助手"是一款耳鸣眩晕康复软件。耳鸣模块为耳鸣用户量身定制专业的评估、康复和随访方案；眩晕模块为眩晕用户量身定制专业的评估、康复和随访方案。用户的治疗信息均可进行存储，可供医护人员进行治疗后的跟踪观察和评估分析，其功能界面如图 12-14 所示。

"哮喘管家"是一款专为哮喘患者及其家人打造的支气管哮喘管理软件，可为患者提供哮喘相关信息的记录和分析功能，以及进行长期的健康教育和发作预警。记录并存储用户峰流速及相关症状，帮助患者了解病情变化；自动为用户生成标准格式的"哮喘日记"文档，并提供邮件发送功能，辅助医生诊断；通过专业模型分析哮喘控制情况，并对未来发作风险进行预警。"哮喘课堂"栏目为用户提供专业的哮喘管理知识和长期健康教育，指导患者实现哮喘的自我管理。"用药提醒"功能提醒患者按时用药，避免忘记服药带来的病情反复。"哮喘管家"APP 功能界面如图 12-15 所示。

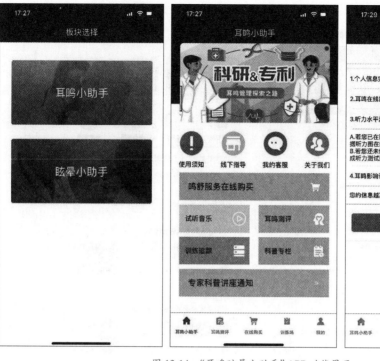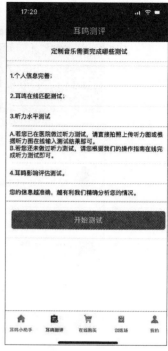

图 12-14　"耳鸣眩晕小助手"APP 功能界面

图 12-15　"哮喘管家"APP 功能界面

12.4.3　可穿戴医疗设备

移动医疗不仅限于各种移动 APP，还包括移动医疗物联网服务模式，即以患者为中心，通过便携可穿戴医疗设备，将患者实时体温、血压、脉搏、血糖、心电、血氧含量等生命体征和预警情况及其他检查结果，通过无线网络传输并记录到医疗信息系统中，帮助实现远程诊断和监护。随着人们越来越关注自身的身体健康情况，可穿戴医疗设备在医疗健康领域得到了广泛的应用，未来的发展拥有极大的空间。

1. 关键技术

可穿戴医疗设备的关键技术主要包括传感器技术、芯片技术、电池技术、无线传输技术和大数据处理技术。

（1）传感器技术

传感器是可穿戴医疗设备必需的核心部件，并且具有质量轻、体积小、稳定性好、可靠性高等特点。可穿戴医疗设备内嵌的传感器大体分为以下三类：①运动传感器。主要应用于运动监测，可以提供健身、康复等相关信息。例如，计步器采用运动传感器统计步数、距离、速度等数据。通过加速计、陀螺仪、磁力计等传感器的整合，可穿戴医疗设备能够提供更多的运动细节描述。②生物传感器。主要应用于具有医疗价值的生理参数监测，可以提供体温、心率、血压、血糖等人体生理数据。③环境传感器。可以提供温度、湿度、紫外线、pH 值、气压、颗粒物、辐射等环境数据，从而指导用户出行和活动，保障用户的健康和安全，主要应用于健康提醒等领域。

（2）芯片技术

主控芯片是可穿戴医疗设备的核心，是进行指令控制的重要设备。目前可穿戴医疗设备的主控芯片主要包括：SoC（system on chip）芯片、AP（application processor）芯片、MCU（microcontroller unit）。SoC 芯片主要支持通信功能，AP 芯片主要支持复杂运算，MCU（微控制单元）主要负责数据的传输和传感器的管理。

除了主控芯片，无线连接芯片、GPS 芯片、低功耗蓝牙芯片等都是可穿戴医疗设备应用于不同场景下的配置。

（3）电池技术

目前，锂电池是绝大多数可穿戴医疗设备采用的供电电池。由于可穿戴医疗设备要求能够满足连续实时监测的需求，因此电池的容量需要增大，但同时又受限于可穿戴医疗设备的便携性和易于穿戴的特点。因此，开发体积更小、续航时间更长的能源形式，才能推动可穿戴医疗设备的持续发展。

（4）无线传输技术

由于可穿戴医疗设备体积小巧，具有便携的特点，同时由于持续实时监测，采集到的人体生理数据是海量的，这就要求设备采集的数据及时上传至处理器或云端进行处理计算，得到的结果又需要返回到可穿戴医疗设备，以反馈给用户，整个过程的实现需要高效安全的无线传输技术作为支持。目前普遍采用的无线通信技术主要包括：蓝牙、ZigBee、WiFi、GPS、红外线等。

（5）大数据处理技术

可穿戴医疗设备可以持续实时采集海量人体数据，如果可穿戴医疗设备只提供简单的数据采集、数据存储和数据显示功能，就浪费了数据的价值。可穿戴医疗设备只有与大数据处理技术相结合，才能够为用户提供更精准的个性化医疗健康服务。

2．医疗应用

可穿戴医疗设备主要应用在健康管理、慢性病防控、诊断治疗、院外康复四个方面。

（1）健康管理

可穿戴医疗设备在日常健康管理中，主要采集不同类型用户的日常体征参数、睡眠、运动等信息，达到培养健康生活方式、实现自我健康管理的目的。

最常见的健康管理可穿戴医疗设备是智能手环，以华为智能手环为例，汇集多项健康检测功能，如图 12-16 所示。主要功能包括日常活动数据记录；通过计入步数、中高强度活动时间、活动小时数计算活力；支持跑步、骑行等九种运动模式，结合专业运动算法，提供专业运动评估及建议；智能心率检测，即刻提醒心脏状态，精细化识别心率失常，提供房颤及早搏筛查；睡眠检测，提供完整的睡眠结构、睡眠改善建议和个性化助眠服务，筛查睡眠呼吸暂停风险；支持全天压力指数检测；呼吸训练功能，帮助调整呼吸、舒缓压力；测量血氧饱和度；支持女性生理周期管理。

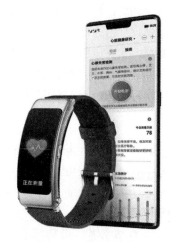

图 12-16　华为智能手环

有些可穿戴医疗设备专门为特殊人群设计，例如智能防抖勺，它针对生活中老年人在吃饭时经常会出现手抖的情况，可以辅助手抖患者更好地进食，解决进餐的困扰，如图 12-17 所示。

图 12-17　智能防抖勺

（2）慢性病防控

可穿戴医疗设备利用传感器技术和无线传输技术，极大地简化了传统设备采集和记录血糖、血压和心电等与慢性病相关的体征数据的过程，使得医护人员可以更好地对慢性病进行防控，患者也能够实现更好的自我管理。

传统的血糖测量方法，如刺破手指采血或皮肤下插针抽血，均让人感到疼痛，因此众多公司都在探索和研究无针血糖监测方法。雅培瞬感动态血糖检测仪如图 12-18 所示，外观是一个直径 34 mm 大小的一次性圆形传感器，通过微型针头和胶贴固定于上臂外侧，由于柔性传感器针头直径小,插入到使用者皮肤下仅 5 mm,大多数使用者感觉不到它的存在。该设备能够实时监测血糖,每分钟获得一个血糖值,最多可以获取三个月的完整血糖图谱,因此患者和医护人员能够根据大量数据,制定治疗策略和饮食计划。

1. 安装传感器　　　　2. 扫描　　　　3. 获取数据

将传感器贴于上臂外侧　用手机或扫描仪接近　扫一扫随时随地
　　　　　　　　　　　传感器,进行扫描　获取葡萄糖数据

图 12-18　瞬感动态血糖检测仪

在我国,高血压患者的数量有上亿人,高血压已成为最常见的慢性病之一,也是心脑血管病最主要的危险因素。因此对血压的日常监测,能够让用户及时发现异常,做出预警,进而预防心脑血管等疾病的发生。MUMU 智能血压计是市场上最小的臂式血压计之一,采集血压数据简单易行,测量的数据可上传到云端永久保存。同时,基于百度云的支持,用户的血压状况和趋势能够以图表形式直观展现,帮助用户了解个人血压情况,并给出分析建议,从而更好地达到预防和监测高血压疾病的效果。

由于心脏病的发作经常是随机突然的,如果缺乏有效监护,有可能导致患者病情恶化甚至死亡。因此利用可穿戴医疗设备加强对心脏的监护,防控心脏相关疾病的意义重大。防猝死中风手表可以 24 小时检测生命体征数据,监测身体异常情况,综合各种数据对身体健康状态进行判断,监测到异常数据自动发出预警提醒。当健康出现异常触发预警提醒时,紧急联系人会收到佩戴者预警位置,人工监控中心也可以针对预警信息及时采取救援措施。移动端可以查看每日、周、月的数据报告,图 12-19 所示是防猝死中风手表的工作模式。

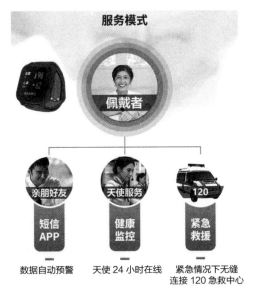

图 12-19　防猝死中风手表的工作模式

（3）诊断治疗

在疾病诊疗阶段，可穿戴医疗设备能够方便及时地采集患者的多项生理生化指标和影响数据等，从而辅助医护人员进行诊断和治疗。

对于帕金森患者，如果能够采集患者在药物吸收后产生的症状变化信息，准确控制药物剂量，将改善患者的生活质量。例如，可通过传感器检测帕金森患者静止性震颤的严重程度，置于患者背部的二维加速传感器可监测患者的步频、步态等信息，之后对患者症状进行观察评分，从而判断药物种类和剂量的使用效果。

（4）院外康复

可穿戴医疗设备的另一广泛应用是将采集的人体体征指标及康复情况实时反馈给医护人员，以及协助患者在医院外进行自我康复管理。

例如，利用贴在患者皮肤上的类似膏药的传感器贴片，监控用户的生理反应和行为，从而追踪患者是否按照医嘱服药，协助医护人员跟踪治疗。利用内置电感式传感器，采集患者躯干弯曲程度的相关信息，可以在训练过程中指导患者的训练状态，从而协助脊椎受损病人进行辅助康复训练。利用可穿戴式辅助膝盖康复设备，可以采集膝盖弯曲角度等信息，并根据不同角度控制发光导线的明暗程度，从而让用户直观了解膝盖的康复程度。

此外，可穿戴医疗设备可以借助虚拟现实环境和交互式游戏平台，协助患者康复，这种不同于传统康复模式的新型康复方法，更加安全、有效，并且趣味性高。

参考文献

［1］张海藩，吕云翔.软件工程［M］.4版.北京：人民邮电出版社，2013.

［2］陆惠恩.软件工程［M］.3版.北京：人民邮电出版社，2017.

［3］刘卫国.数据库技术与应用：Access 2010：微课版［M］.2版.北京：清华大学出版社，2020.

［4］郭永青，周怡.医药数据库应用基础教程［M］.北京：清华大学出版社，2008.

［5］李连成，莫大鹏，付应明.现代医院管理制度全集［M］.北京：中国言实出版社，2019.

［6］徐建江.新编医院药事管理制度［M］.长春：吉林科学技术出版社，2018.

［7］王凤.医院信息系统在优化医院管理中的应用分析［J］.智慧健康，2018，4（20）：15-16.

［8］王一冰.小型医院药品管理信息系统的搭建［D］.燕山大学，2018.

［9］谷岩.医院药品管理系统的设计与实现［J］.学园，2017（20）：163-164.

［10］俞颖婕.中小型医院门诊管理信息系统的设计与实现［D］.北京交通大学，2019.

［11］冯天亮，尚文刚.医院信息系统教程［M］.北京：科学出版社，2012.

［12］王博，金艳，李其铿，等.卫生信息技术基础［M］.3版.北京：高等教育出版社，2018.

［13］牟岚，金新政.远程医疗发展现状综述［J］.卫生软科学，2012，26（06）：506-509.

［14］周丽君，张丽萍，于京杰，等.远程医学技术的发展与应用［J］.医疗卫生装备，2014，35（8）：119-122.

［15］齐惠颖.医学信息资源智能管理［M］.武汉：湖北科技出版社，2019.